辽河流域水专项技术成果转化与应用

宋世伟　刘文杰　石玉敏　靳　辉　姜　曼　王博文　编著

中国环境出版集团·北京

图书在版编目（CIP）数据

辽河流域水专项技术成果转化与应用/宋世伟等编著.
—北京：中国环境出版集团，2023.8
ISBN 978-7-5111-5570-2

Ⅰ．①辽… Ⅱ．①宋… Ⅲ．①辽河流域—水污染—
污染控制—研究 Ⅳ．①X52

中国国家版本馆 CIP 数据核字（2023）第 137961 号

出 版 人 武德凯
责任编辑 张 倩 孟亚莉
封面设计 宋 瑞

出版发行 中国环境出版集团
（100062 北京市东城区广渠门内大街 16 号）
网 址：http://www.cesp.com.cn
电子邮箱：bjgl@cesp.com.cn
联系电话：010-67112765（编辑管理部）
发行热线：010-67125803，010-67113405（传真）
印 刷 北京中献拓方科技发展有限公司
经 销 各地新华书店
版 次 2023 年 8 月第 1 版
印 次 2023 年 8 月第 1 次印刷
开 本 787×1092 1/16
印 张 12.5
字 数 277 千字
定 价 66.00 元

前　言

辽河流域位于我国东北地区的南部，辽河全长 1 345 km，流域面积为21.9 万 km²，是我国七大流域之一。流域地跨河北省、内蒙古自治区、吉林省、辽宁省，且辽宁省中部城市群是流域主体。辽河流域曾是我国重工业最为发达的地区，下游地区集中分布着沈阳、抚顺、鞍山、本溪等大中型工业城市，又是东北地区和辽宁省的重点商品粮基地，用水量很大，河流污染较严重。2007 年，为满足流域水污染防治的技术需求，国家正式启动了水体污染控制与治理科技重大专项（以下简称水专项），开展理念与理论创新、技术与方法创新、体制与机制创新、综合与集成创新，精心设计、循序渐进，分"控源减排""减负修复"和"综合调控"三阶段部署，组织了一系列流域水污染控制与治理技术研究及综合示范。

针对流域水专项实施的大量技术成果，同时结合流域治理的实际需求，水专项在"十二五"期间专门设置了"辽河流域分散式污水治理技术产业化"课题（2012ZX07212-001），这也是水专项的第一个产业化课题，对水专项技术成果进行了初步的转化与推广。为了进一步加强水专项技术成果的转化与应用，"十三五"期间水专项设置了"辽河流域水专项技术成果推广与产业化"课题（2018ZX07601-004）。以上课题均由辽宁省环保集团有限责任公司（简称辽宁省环保集团）牵头承担，同时，辽宁省环保集团还承担了辽宁省"兴辽英才计划"中的"辽宁省水污染治理技术成果转化模式研究与产业化应用"课题（XLYC1902018）。课题研发团队经过多年的科学研究与工程实践，形成了系列成果，并进行了大量转化，撰写完成本书。全书以总结辽宁省环保集团承担水专项的实施情况、水专项技术成果转化应用途径、典型领域技术成果示范转化等为对象,分析了水专项技术成果在辽河流域的转化路径和典型领域技术的推广应用情况。

本书共分6章,第1章主要由靳辉撰写,第2章、第5章、第6章主要由刘文杰撰写,第3章主要由姜曼撰写,第4章主要由王博文撰写,全书由宋世伟、石玉敏统稿审核,石玉敏参与了相关章节的撰写。本书在撰写过程中得到了行业内众多专家、同行的指导,在此表示衷心的感谢!期望本书的出版能为辽河流域水专项技术成果转化应用与产业化推广提供一定的借鉴,同时也为高校科技成果的转化应用提供一定的参考。

由于时间和作者水平所限,书中难免存在不妥之处,敬请读者批评指正。

作者

2022 年 5 月

目　录

第1章　绪　论 ……………………………………………………………………… 1

1.1　流域概况 ………………………………………………………………………… 1

1.2　水专项实施背景及成效 ………………………………………………………… 8

1.3　辽河流域水专项实施情况及成效 ……………………………………………… 11

1.4　龙头企业承担水专项情况 ……………………………………………………… 21

1.5　水专项培育发展 ………………………………………………………………… 35

第2章　辽河流域水专项技术成果转化路径 …………………………………… 40

2.1　水专项技术成果的产业化要素 ………………………………………………… 40

2.2　辽河流域水专项技术成果转化现状 …………………………………………… 42

2.3　环保管家深度市场挖掘 ………………………………………………………… 47

2.4　辽河流域产业战略联盟 ………………………………………………………… 49

2.5　辽宁省环保产业集聚区 ………………………………………………………… 69

2.6　辽宁环保产业技术研究院 ……………………………………………………… 73

第3章　辽河流域畜禽养殖污染治理技术转化与应用 ……………………… 77

3.1　辽河流域畜禽养殖污染概述 …………………………………………………… 77

3.2　辽河流域畜禽养殖污染治理技术 ……………………………………………… 80

3.3　辽河流域畜禽养殖污染治理设备 ……………………………………………… 101

3.4　典型案例示范与推广 …………………………………………………………… 117

3.5　效益分析 ………………………………………………………………………… 123

第4章　辽河流域农村生活污水治理技术转化与应用 ……………………… 125

4.1　辽河流域农村生活污水治理现状 ……………………………………………… 125

4.2　辽河流域农村生活污水治理技术 ……………………………………………… 130

4.3 典型案例示范与推广 ·· 144

4.4 效益分析 ·· 150

第5章 辽河流域生态治理技术转化与应用 ································ 153

5.1 辽河流域生态治理现状 ·· 153

5.2 辽河流域典型生态治理技术 ·· 157

5.3 人工湿地成套技术及设备 ·· 174

5.4 典型案例示范与推广 ·· 178

5.5 效益分析 ·· 186

第6章 辽河流域水专项技术成果转化应用存在的问题及展望 ···· 189

6.1 水专项技术成果转化应用存在的问题 ·························· 189

6.2 水专项技术成果转化应用展望 ······································ 190

参考文献 ··· 192

第1章 绪 论

1.1 流域概况

1.1.1 流域概况

（1）水资源分配利用水平需进一步提高。

辽河流域位于中国东北地区西南部，辽河全长 1 345 km，年均径流量 126 亿 m³，流域面积为 21.9 万 km²，是我国七大流域之一。辽河在辽宁省内流域总面积为 41 836 km²，包括柳河口以上、柳河口以下、浑河、太子河及辽河干流，其区域总面积为 65 254 km²，其中，平原区面积为 28 231 km²，山丘区面积为 37 023 km²，分别占总面积的 43.3% 和 56.7%。柳河口以上区域面积为 24 635 km²，其中，平原区面积为 11 140 km²，山丘区面积为 13 495 km²，分别占总面积的 45.2% 和 54.8%；柳河口以下区域面积为 13 292 km²，其中，平原区面积为 8 631 km²，山丘区面积为 4 661 km²，分别占总面积的 64.9% 和 35.1%；浑河区域面积为 11 481 km²，其中，平原区面积为 3 484 km²，山丘区面积为 7 997 km²，分别占总面积的 30.3% 和 69.7%；太子河及辽河干流区域面积为 15 846 km²，其中，平原区面积为 4 976 km²，山丘区面积为 10 870 km²，分别占总面积的 31.4% 和 68.6%。流域内降水量年际变化较大，丰、枯水期明显，年内分配不均匀，降水量高度集中在汛期，又因地处北方寒冷地区，冰冻期达 4~5 个月。辽河流域中下游地区是我国重工业最为发达的地区之一，下游地区集中分布着沈阳、抚顺、鞍山、本溪等大中型工业城市，形成的工业布局呈高污染、高耗水特征。辽河流域又是东北地区和辽宁省的重点商品粮基地，用水量很大，流域水资源距离以需水为导向的配置目标还存在较大差距，水资源分配与利用水平仍需进一步提高。

（2）河口与近岸海域湿地生态系统退化较快。

辽河河口湿地位于辽河流域最末端，是辽河流域的重要组成部分，其作为辽河入海口的最后屏障，发挥着污染物去除、区域气候调节、重要栖息地提供等多项重要功能。近年来，人口的快速增长给农业和自然资源带来前所未有的压力，湿地的开垦开发速度加快；经济的高速发展、气候变暖、水资源短缺、海平面上升等自然条件恶化使处于海陆过渡区的湿地退化严重，由于湿地退化导致的水质净化能力降低等多种环境问题日趋严峻。

（3）部分河流城市段污染较重，人居水环境质量有待进一步提升。

辽河流域水质污染较重，尤其是城市段污染突出。2006 年，铁岭城市段污染严重，盘锦段污染再次加重；浑河由抚顺流至沈阳，水质由Ⅳ类变为Ⅴ类、劣Ⅴ类，污染加重；太子河流经本溪、辽阳和鞍山 3 个城市，水质污染逐步加重。

辽河全程共 8 个断面，2006 年均超过劣Ⅴ类标准，辽河上游的铁岭三合屯断面水质污染最重，流至下游沈阳城市段前，水质得到改善，出市断面红庙子化学需氧量为 41.4 mg/L，但进入盘锦后，曙光大桥断面化学需氧量浓度再度升至 79.4 mg/L，水质污染加重。浑河全程共 7 个断面，2006 年从上游到下游水质由Ⅳ类变为Ⅴ类、劣Ⅴ类，污染不断加重。沈阳七台子断面氨氮达 14.1 mg/L，为全省最高。太子河全程共 8 个断面，2006 年因氨氮超标为劣Ⅴ类水质，上游至下游总体呈污染加重趋势。上游源头老官砬子断面为Ⅱ类水质，流经本溪、辽阳和鞍山 3 个城市后，水质污染逐步加重，出市水质均为劣Ⅴ类。大辽河受浑河、太子河的影响，2006 年也因氨氮超标而成为劣Ⅴ类水质，浑河、太子河汇合后的盘锦段为劣Ⅴ类水质，化学需氧量、氨氮和生化需氧量浓度分别超标 0.2 倍、2.1 倍和 0.2 倍。

由于河流城市段水质污染，以及人居水环境质量下降，严重影响群众亲水娱乐活动。同时，造成沿河土地资源价值下降，影响投资环境和城市建设及发展。例如，每年 5 月浑河上中游大伙房水库农用灌溉开闸放水时，沈阳和盘锦段河床淤积的污染物，随着巨大的水流向下游冲散，黑臭熏天，会持续 1 周左右，生态景观、沿岸植被和空气质量受到严重影响。辽河流域内城市河段基本为Ⅴ类、劣Ⅴ类水质，已经基本失去生态景观用水功能。

经过多年的治理，流域治理取得很大成就，辽河于"十一五"期间摘掉了重污染的"帽子"，流域水质持续向好，人居环境大幅提高。

1.1.2 辽河流域水环境变化趋势

20 世纪 80 年代中期，作为我国的老工业基地，辽河流域经济的快速发展和能源的过度消耗给环境带来了严重破坏。流域沿岸分布着许多大型工业城市，大量工业废水和生活污水直排入河，致使水体严重污染，沿河农民用河水灌溉甚至导致庄稼绝收，辽河流域一度沦为七大流域中污染最严重的流域。

根据 1991—2019 年的《中国环境状况公报》和《中国生态环境状况公报》，梳理辽河流域国控监测断面水质数据发现：20 世纪 90 年代，辽河流域水环境遭到急剧污染，根据《地表水环境质量标准》（GB 3838—88）1999 年辽河流域内劣Ⅴ类水质断面占 69.3%，干流 15 个断面中劣Ⅴ类水质断面比例高达 86.7%，在七大流域中污染最为严重；自 2000 年起，辽河流域水质恶化趋势逐渐得到遏制，到 2006 年劣Ⅴ类水质断面稳定低于 45%；2008 年辽河流域转为中度污染，到 2011 年整体呈轻度污染，2014—2019 年劣Ⅴ类水质断面比例有所增加，但水质优良比例整体稳步提升。基于此，将辽河流域 1991 年以来水质类别变化情况划分为以下 3 个阶段。

（1）第一阶段（1991—1999 年）。

该阶段辽河流域水环境呈重度污染并持续恶化，水质优良断面比例（达到或优于Ⅲ类）常年低于 20%，劣Ⅴ类水质比例连年增加，到 1999 年升至历史最高，达 69.3%。

（2）第二阶段（2000—2006 年）。

该阶段辽河流域水质恶化趋势基本得到遏制，但仍是重度污染，水质优良比例升至 30.0%，劣Ⅴ类水质比例降至 43.0%。

（3）第三阶段（2007—2019 年）。

2007 年辽河流域水质优良比例首次突破 40.0%，到 2013 年，水质优良比例创历史新高，达 45.5%，劣Ⅴ类水质比例降至历史最低，仅 5.4%。近 5 年劣Ⅴ类水质比例超过 10%，但辽河流域水质优良比例整体持续提升，2019 年达 52.0%。

1.1.3 辽河流域水污染治理历程

（1）污染溯源，环境治理起步阶段（1991—1999 年）。

该阶段辽河流域城市人口增加了 200 万人，流域内城市化进程不断加快。辽河流域大中型企业集中，大量工业废水未经处理直接排入河道，工业污染源是辽河流域的主要污染源。辽河流域的国有大中型企业大部分始建于 20 世纪 50—60 年代，是以能源、原材料生产为主的产业结构。原材料和水资源消耗高，污染物排放量大，生产工艺落后，设备装备水平较低，污染治理设施历史欠账较多。辽河流域共有大中城市 16 座，这些城市的污水大都未经过处理直接排入河道，是造成辽河流域水污染的另一大污染源。1995 年，辽河流域的内蒙古自治区、吉林省、辽宁省 3 省区废水排放总量为 19 亿 t，其中工业废水排放量为 12 亿 t，生活污水排放量为 7 亿 t，分别占总排放量的 62% 和 38%。流域内 3 省区 COD_{Cr} 排放总量为 74 万 t，其中工业废水 COD_{Cr} 排放量为 47 万 t，生活污水 COD_{Cr} 排放量为 27 万 t，分别占总排放量的 63% 和 37%。随着城市化进程不断加快，产业快速发展，加之污水收集与处理设施建设滞后，辽河流域水环境质量达标率逐年降低，1999 年达最低点，劣Ⅴ类断面比例达 69.3%。各城市断面水质均超过Ⅴ类水质标准，基本丧失使用功能，严重污染的河水又污染了两岸浅层地下水，使沿岸地区的居民饮水受到严重影响。

辽河流域水污染问题严重，各级政府和相关部门十分重视，出台了一系列的流域规划和政策法规。1991 年年底，《辽河流域规划》和《辽河、松花江流域水资源综合开发利用规划》完成修编。1993 年 9 月，辽宁省第八届人民代表大会常务委员会第四次会议通过了《辽宁省环境保护条例》，使环境保护工作更有区域环境管理针对性和可操作性。1994 年，辽宁省环境保护厅制定了《关于加强环境保护促进经济发展的意见》。1997 年 11 月辽宁省第八届人民代表大会常务委员会第 31 次会议通过了《辽宁省辽河流域水污染防治条例》。1996 年，辽河流域被列为国家重点治理"三河三湖"之一，开始编制《辽河流域水污染防治"九五"计划及 2010 年规划》，该规划稿经过多次修改完善，1999 年 3 月获得国务院批复。仅依靠政策法规体系的建设，流域治污收效甚微，且该阶段尚处于法规实施初期，执法保障不足，导致其对地方水环境保护约束力有限。

（2）控源治污，污染趋势遏制阶段（2000—2006 年）。

该阶段辽宁省生态环境监测中心、科研单位及高等院校对辽河流域开展水质监测，进行了广泛研究，初步摸清了流域污染和危害状况，水体污染体现区域、行业特征。浑河中游、太子河、辽河上游等 6 个流域，其 90%以上的 COD_{Cr} 负荷均来自各自经济社会发展的重点区域，呈现污染的区域性特征；造纸、石化、冶金、医药、印染、化工等重点行业污染负荷高，结构性污染特征明显。辽宁省开展以"治水"为重点的工业"三废"治理行动，对辽河流域实施污染物排放目标总量控制，全省实现主要污染物排放量基本控制在国家下达的指标范围内，大部分工业污染源排放达到国家标准。按照"一控双达标"计划，以市为单位制定辽河流域企业达标方案，根据不同情况，要求企业开展治理、清洁生产、转产、关停等措施。2000 年，流域内 532 家企业全部实现达标排放，工业源污染得到有效控制。2003 年，辽宁省环境保护厅印发了《辽宁省排放污染物许可证管理办法（试行）》。2004 年，吉林省发布了《吉林省地表水功能区标准》（DB 22/388—2004），通过制定办法和标准进一步推动治理。2005 年，辽宁省辽河流域内建成 19 座城市污水处理厂，全省新增城市污水处理能力达 367.5 万 m³/d。随着工业污染源实现达标排放，以及城市污水处理厂的建设和点源治理能力的提高，辽河流域的水污染状况得到缓解，水质恶化趋势得到遏制，控源治污有效抑制了水质恶化，但水污染治理效果仍不明显。

（3）科技支撑，综合调控阶段（2007—2019 年）。

该阶段国家加强科学技术支撑，中央和地方协同治污。2007 年，针对流域水污染防治迫切的技术需求，国家正式启动了水体污染控制与治理科技重大专项（以下简称水专项），相继在辽河流域开展了多个项目。"十一五"期间，辽河水污染治理项目针对流域结构性、区域性、流域性污染特征开展治理技术创新，着力探索构建流域水污染治理技术体系。围绕冶金、石化等五大行业，在水污染控制、清洁生产、生态修复等领域突破关键技术 75 项，在辽河流域六大重污染控制单元建设 30 个示范工程，实现污水减排 85 万 t/d，有效地支持了辽河流域示范区污染物减排。2008—2010 年，辽宁省实施"三大工程"，目标是实现辽河干流 COD_{Cr} 全部消除劣 V 类。工业污染治理方面，实施以造纸企业整治为核心的工业点源治理工程，通过"上大、压小、提标、进园"的总体部署，推动造纸行业向"规模化、集聚化"发展，对全省 417 家造纸企业实施全部停产治理，其中彻底关闭 294 家造纸企业。城镇污染治理方面，主要是实施以提高城镇生活污水处理率为目标的污水处理厂建设工程，在中下游新建 99 座污水处理厂，新增污水处理能力 273 万 t/d，将辽河干流城市段的 80 个工业直排口和 34 个市政直排口全部取消，从工程减排角度进一步保证入河排污量被切实削减。此外，加强支流综合整治，实行"乔、灌、草、水面"结合的生态治理工程，流域内重点湿地得到有效恢复，干流城市段全面建成沿河景观带。随着辽宁省城市污水处理厂的建设和点源治理能力的提高，辽宁省的水污染状况得到缓解。以水专项研究成果为支撑，辽河流域"十二五"水污染防治规划率先提出了水生态保护修复目标，即"辽河干流水生态得到显著恢复，干流及主要支流实现'河河有鱼'，河流湿地生态系统显著恢复，湿地鱼类及鸟类生物多样性显著提高"。

为加速推进辽河流域水污染治理步伐，辽宁省发动了"三大战役"，有效实现了"十二五"辽河流域"摘掉重度污染帽子"的目标。

一是以水质改善为核心，实现控源、截污与生态治理三位一体，使辽河治理与生态带、城镇带、旅游带的建设充分融合、互相促进辽河治理的攻坚战；

二是以环境优化经济增长为理念，通过水污染治理带动城市布局结构调整和产业结构调整，实施生态同城、环境同治，实现水环境、景观环境、生态环境和城市发展环境"四个环境"提升的"大浑太"（大辽河、浑河、太子河）治理攻坚战；

三是针对辽西地区缺水和生态环境脆弱的特点，采取以恢复和保护为主的策略，对生态脆弱地区进行生态修复、对河道进行封育的凌河治理保卫战。实施流域上游涵养、干流保护区封育及河口湿地生态恢复，创新性地提出了源头区水源涵养林结构优化与调控技术体系，构建三套适合该区域的河岸植被缓冲带模式，修筑堤防和生态护岸 22.7 km，有效改善源头水质，保护了水源地的生态环境。

以水专项研究成果为支撑，创新大型河流治理保护思路，将辽河干流从福德店到入海河口 538 km、左右岸 1 050 m 范围划定为保护区，开展大规模生态修复，每年投入超过 2 亿元，从沿河农民手中回收、回租河道内河侧河滩 386.86 hm²，实行退耕还河、自然封育，实现了辽河干流长 538 km、总面积 440 km² 的生态廊道全线贯通，生物多样性得以快速恢复。通过改善辽河口区水质、恢复河口湿地生态工程，在污染物持续削减的基础上，于枯水年和平水年分别增加微咸水 30 万 t 和 120 万 t，实现河口湿地芦苇生物量提高 65% 以上。辽河流域在持续改善水质的同时，实现了水生态系统修复和保护，流域生态环境质量整体好转。

1.1.4　辽河流域现状主要问题

（1）资源型和水质型水资源短缺并存，制约经济社会发展。

辽河流域水资源可利用总量为 83.54 亿 m³，人均水资源量仅为 535 m³，不足全国人均水资源量的 1/4，开发利用程度高，全流域水资源开发利用程度已达 77%，浑太河流域已达 89%，水资源利用中生态用水占比仅为 2.2%，生态用水严重不足，水资源紧缺。同时，辽河流域地处北方寒冷地区，冰封期长，季节性污染明显。冬季冰封期流量补给主要来自污水处理厂出水，致使流域水质较差；春季冰雪融化后的"桃花水"也使河流呈现季节性水质波动。而流域内食品、纺织、电镀等行业水体污染造成严重的水质型缺水，进一步加剧了水资源供需矛盾。资源型、水质型水资源的双重短缺严重影响了城镇居民生活和工农业生产，制约了区域经济发展。水质反弹，总量控制压力大。近 20 年来，辽河流域水质明显好转，但 2014—2018 年劣 V 类水质比例出现反弹。其中，2000—2012 年，水质优良比例由 13.4%增至 48.9%，水环境质量逐年好转。然而，2013—2018 年，劣 V 类断面的比例由 5.4%增至 22.1%，2019 年降至 10.3%，劣 V 类断面难以稳定达标。2017 年辽河流域辽宁省 COD_{Cr} 和氨氮的排放量仍分别达 25.36 万 t 和 4.81 万 t，分别超过水环境容量的 0.23 倍和 4.4 倍，总量控制的压力依然很大。流域断面氨氮达标率在 15.4%~48.1%，影响了个别断面和饮用水水源地水质达标。流域内存在各水环境功能区水质目标不协调、点源水污染物排放标准与水质关联不足等问题，以行政区域为控制单元进行总量指标的分配难以满足和实现流域内河流水质的目标要求。

（2）水生态修复成果脆弱。

辽河流域已实现 455.6 hm^2 退耕（林）还河和自然封育，但封育的实现须政府每年投入大量资金从沿河农民手中回收、回租河道，尚缺乏系统的水域岸线管理保护与利用规划指导，河流生态空间还需要进一步精细化管控。封育和恢复后的河滨带及陆域植被生态系统趋于封闭，外来入侵物种威胁较大。调查显示：流域内草本植物占 90%以上，且以芽植为主；61%的监测区域，外来植物达 10 种以上。除辽河口等个别区域鸟类生境类型较为丰富外，流域整体鸟类生境系统较为单一，空间异质度低，整体鸟类生境需进一步改善。近年来流域内鱼类物种丰富度明显提高，但水产养殖引入的外来鱼类物种，对本地区野生鱼类产生竞争，造成整体鱼类小型化趋势明显。物种多样性单一和外来物种的入侵，直接影响流域生境的进一步恢复，现有流域水环境考核目标体系缺少相应的生态指标，不利于水生态修复成果的维护和保持。

（3）流域管理机制体制有待完善。

辽河流域现行的按行政区域划分的流域管理体制无力承担横跨 4 省（区）的流域跨界管理，地方政府各自为政，协调不畅，流域跨省（区）生态补偿机制尚未有效建立。2010 年设置的辽河保护区的管理机构经历调整，已由辽宁省省政府直属调整为辽宁省水利厅管理。流域管理体制的变动影响辽河保护区等流域区域监管的连续性和效能，如《辽河保护区管理条例》和《凌河保护区管理条例》相继废止，以致辽河干流区域的污染防治和生态保护缺乏有效法制保障。此外，过度依赖政府环保资金扶持的流域治理模式需要优化改革，以市场化为导向的环保技术产业化政策保障机制尚未形成。

1.1.5 科技需求

辽河流域水环境污染由来已久，早已引起国家的重视。1996 年辽河作为首批重点治理的"三河三湖"之一，已实施了"九五""十五"两期五年规划，水污染防治工作得到了加强，污染物排放总量得到了一定控制。但是，水质污染依然严重，1995 年 90%的断面超过Ⅴ类标准，各城市段全部超过Ⅴ类标准，水体已丧失使用功能，不仅无使用价值，而且造成环境质量恶化。究其原因，既有改革开放以来流域经济社会快速发展造成的污染总量迅速增长的客观问题，又有片面追求经济增长，重发展轻环保的管理问题；既有缺乏经济、高效的污染治理技术的问题，又有污染治理设施不能正常运转的污染控制管理问题。总之，对辽河流域水环境污染整治问题缺乏科技支撑是十分重要的原因。在辽河流域选择典型行业、敏感区和重要环境目标，研究开发废水减量化、资源化利用的关键技术，面源污染控制技术，河口湿地保护技术；建立典型行业废水减量化、资源化利用技术体系；并通过工程示范将技术系统集成，形成辽河流域典型行业污染控制成套技术体系，对实现辽河流域经济社会环境可持续发展至关重要。具体需求如下所述。

（1）流域水环境污染特征的科学认识及危害的科学研判。

全面把握流域水环境特征是水环境保护的基础。辽河流域上游水源涵养区和大型水库、中游城市区、下游河口区，水生态环境特征、水环境承载力等有很大的差异。但是尚未系统全面地研究各流域不同河段（区域）的水环境特征，无法准确判断流域（区域）水环境承载力和水生态环境特征，更没有建立流域社会经济发展对水环境影响的输入响应关系，致使对流域污染源控制与水环境管理都存在很大的盲目性，难以实现有效保护。此外，水利工程开发和利用所涉及的生态环境效应、水质水量联合评价和联合调控、河流生态完整性评价、水利工程的生态和环境影响等方面的研究尚处于起步阶段，一定程度上制约了水环境保护和水资源可持续利用。因此，亟须对辽河流域水环境污染的特征进行全面深入的研究。

（2）工业污染源控制技术。

辽河流域城市群是我国重化工业基地之一，工业门类齐全、工艺水平差异大。虽然加大了工业污染防治力度，解决了一批行业和企业的污染问题，但一些行业、企业由于清洁生产技术落后、原材料消耗高、排污量大，污染问题依然突出。亟须通过水专项的实施，针对重污染工业行业，研发污染治理技术及成套设备，形成一批对重污染行业传统技术的重大替代性技术与清洁生产技术，从源头和生产过程控制污染物产生，构建高效、低耗的工业污染治理技术体系。

（3）非点源污染控制技术。

非点源污染由于其随机性、广泛性、复杂性和可控性难的特点，一直未得到有效解决。通过实施水专项，探索建立水源涵养区循环经济型生态农业技术，研发与集成畜禽粪水无害化处理与资源化利用技术，研发适合北方地区农村生活污染控制技术，进而构建非点源污染控制技术体系。

（4）河流水体净化与水生态修复技术。

"十五"期间，以辽河流域城市段为重点，以消除黑臭水体、改善人居环境为目的，相继实施了浑河沈阳城区段、抚顺城区段，太子河本溪城区段水体净化工程，并取得了一定成效。但是,所实施的工程基本是以清淤、截流为主,以种植少量水生植物为辅,由于辽河流域地处北方寒冷地区,尚缺少适宜的水生态修复技术。

(5)水污染控制技术与设备的集成创新。

辽宁省和吉林省均是工业大省,也是科技大省,结合流域、海域污染防治,形成了一批行之有效的水处理技术与设备,有力支撑了全国水污染防治工作。但与发达国家、国内先进省市相比,两省处理技术水平仍然较低,对化工、冶金、油田、石油炼制、印染、造纸等污染源仍然缺乏高效、经济、切实可行的治理技术措施,高效城镇污水处理技术也没有得到有效解决;缺乏高效污泥处理处置技术、高效脱氮除磷技术和污水再生利用技术。污水处理设备的国产化率较低,大部分核心设备仍依赖进口。同时,缺乏在单项技术基础上的集成创新,难以解决复杂的水污染问题。因此,亟须进行辽河流域水环境污染控制的技术开发和集成创新研究。

1.2 水专项实施背景及成效

1.2.1 水专项实施背景

《国家中长期科学和技术发展规划纲要(2006—2020年)》(以下简称《规划纲要》)在重点领域中确定一批优先主题的同时,围绕国家目标,进一步突出重点,筛选出若干重大战略产品、关键共性技术或重大工程作为重大专项,充分发挥社会主义制度集中力量办大事的优势和市场机制的作用,力争取得突破,努力实现以科技发展的局部跃升带动生产力的跨越发展,并填补国家战略空白。确定重大专项的基本原则:一是紧密结合经济社会发展的重大需求,培育能形成具有核心自主知识产权、对企业自主创新能力的提高具有重大推动作用的战略性产业;二是突出对产业竞争力整体提升具有全局性影响、带动性强的关键共性技术;三是解决制约经济社会发展的重大"瓶颈"问题;四是体现军民结合、寓军于民,对保障国家安全和增强综合国力具有重大战略意义;五是符合我国国情,国力能够承受。根据上述原则,围绕发展高新技术产业、促进传统产业升级、解决国民经济发展"瓶颈"问题、提高人民健康水平和保障国家安全等方面,确定了一批重大专项。重大专项的实施,根据国家发展需要和实施条件的成熟程度,逐项论证启动。同时,根据国家战略需求和发展形势的变化,对重大专项进行动态调整,分步实施。对于以战略产品为目标的重大专项,要充分发挥企业在研究开发和投入中的主体作用,以重大装备的研究开发作为企业技术创新的切入点,更有效地利用市场机制配置科技资源,国家的引导性投入主要用于关键核心技术的攻关。

重大专项是为实现国家目标,通过核心技术突破和资源集成,在一定时限内完成的重大战略产品、关键共性技术和重大工程,是我国科技发展的重中之重。《规划纲要》确定了核心电子器件、高端通用芯片及基础软件，极大规模集成电路制造技术及成套工艺，新一代宽带无线移动通信，高档数控机床与基础制造技术，大型油气田及煤层气开发，大型先进压水堆及高温气冷堆核电站，水体污染控制与治理，转基因生物新品种培育，重大新药创制、艾滋病和病毒性肝炎等重大传染病防治，大型飞机，高分辨率对地观测系统，载人航天与探月工程等 16 个重大专项，涉及信息、生物等战略产业领域，能源资源环境和人民健康等重大紧迫问题，以及军民两用技术和国防技术。

水专项是为实现我国经济社会又好又快发展，调整经济结构，转变经济增长方式，缓解我国能源、资源和环境的"瓶颈"制约，根据《规划纲要》设立的 16 个重大科技专项之一，旨在为我国水体污染控制与治理提供强有力的科技支撑，为我国"十一五"期间主要污染物排放总量、化学需氧量减少 10% 的约束性指标的实现提供科技支撑。

根据《规划纲要》要求，按照"自主创新、重点跨越、支撑发展、引领未来"的环境科技指导方针，水专项从理论创新、体制创新、机制创新和集成创新出发，立足我国水污染控制和治理关键科技问题的解决与突破，遵循集中力量解决主要矛盾的原则，选择典型流域开展水污染控制与水环境保护的综合示范。针对解决制约我国社会经济发展的重大水污染科技"瓶颈"问题，重点突破工业污染源控制与治理、农业面源污染控制与治理、城市污水处理与资源化、水体水质净化与生态修复、饮用水安全保障及水环境监控预警与管理等水污染控制与治理等关键技术和共性技术。将通过湖泊富营养化控制与治理技术综合示范、河流水污染控制综合整治技术示范、城市水污染控制与水环境综合整治技术示范、饮用水安全保障技术综合示范、流域水环境监控预警技术与综合管理示范、水环境管理与政策研究及示范，实现示范区域水环境治理改善和饮用水安全的目标，有效提高我国流域水污染防治和管理技术水平。

水专项精心设计，循序渐进，分 3 个阶段进行组织实施，第一阶段目标主要是突破水体"控源减排"关键技术，第二阶段目标主要是突破水体"减负修复"关键技术，第三阶段目标主要是突破流域水环境"综合调控"成套关键技术。水专项是中华人民共和国成立以来投资最大的水污染治理科技项目，总经费达 300 多亿元。

1.2.2　水专项实施成效

2019 年全国科技活动周于 5 月 19—26 日在中国人民革命军事博物馆举办。活动周突出"科技强国、科普惠民"主题，展示科技创新成果，促进科技成果惠民。住房和城乡建设部牵头组织完成的水专项成果——"全流程饮用水安全保障系统"演示模型，集中展示了近年来我国饮用水安全保障科技领域的最新进展。该展品直接关系民生，受到观众的极大关注。

1.2.2.1　水专项实施总体情况

2007 年 12 月 26 日，国务院常务会议审议通过了《水体污染控制与治理科技重大专项实施方案》。水专项的实施，旨在针对制约我国社会经济发展的水污染治理重大科技"瓶颈"问题，按照"控源减排""减负修复""综合调控"三步走战略，构建适合我国污染特点和社会经济发展的水污染治理、水环境管理和饮用水安全保障三大技术体系，在典型流域和重点地区开展综合示范，为重点流域污染物减排、水质改善和饮用水安全保障提供科技支撑。

1.2.2.2 水专项实施成效

水专项组织实施 10 余年来，在城市水污染治理和饮用水安全保障领域，突破了一批关键技术，解决了一批技术难题，取得了一批标志性成果，围绕国家战略和地方重大工程规划的实施，在太湖、滇池等流域和京津冀等区域进行综合性示范，在当地重点城市水污染治理和饮用水安全保障的规划建设方面，发挥了重要的科技支撑作用，并对全国城镇水污染治理和水安全保障起到了良好的示范引领作用。

（1）在城市水污染治理领域，突破了一批城市水污染控制与城市水环境管理关键技术，提高了自主创新能力和综合技术水平，带动行业水平整体提升。

水专项以削减城市整体水污染负荷和改善城市水环境为核心目标，重点攻克城镇清洁生产、污染控制和资源化关键技术，突破城市水污染控制系统整体设计、全过程运行控制和水体生态修复技术，并开展技术集成应用示范，建立了城市水污染控制与水环境整治的技术体系。一是研制的以强化脱氮除磷 MBR、改良 A^{2}O、悬浮填料强化硝化等新工艺流程为核心的城市污水高标准除磷脱氮及稳定化运行成套技术，支撑了 1 000 余座城市污水处理厂出水稳定，满足一级 A 及更高排放标准要求，大幅削减了流域污染排放负荷，实现再生水的大规模生态化利用。二是开发了污泥全链条处理处置技术，解决了城镇污水处理厂污泥减量化、稳定化、无害化、资源化的关键技术难点，建设了 32 项示范与推广工程，为我国污水处理厂污泥的安全处理处置和资源化利用提供技术支撑。三是构建了以排水管网完善、内涝防治、径流污染控制、雨水资源化利用为核心的城市雨水管控技术体系，全面支撑了全国城市黑臭水体治理及海绵城市建设工作。

（2）在饮用水安全保障领域，突破了一批水质净化关键技术，构建了"从源头到龙头"全过程饮用水安全保障技术体系，提高了我国供水安全保障能力。

水专项针对我国饮用水水源污染、水污染事件频发等问题和供水系统的安全隐患，系统研发了水源保护、水质净化、管网输配、水质监测、预警应急和安全管理等关键技术，有效解决了藻类、嗅味、氨氮、砷等有毒有害物质去除的技术难题，并在太湖流域、南水北调受水区、珠江下游等重点地区和典型城镇进行了技术示范和规模化应用，直接受益人口超过 1 亿人。通过水专项技术支持，北京市等南水北调受水区及时应对了因水源切换造成的管网"黄水"问题；上海市解决了长期困扰的饮用水异臭味问题，保障了 2 000 万人口特大城市的供水安全；江苏省实现城市饮用水深度处理全覆盖，有效避免了因太湖蓝藻暴发导致无锡等城市的供水危机；嘉兴市有效解决了重污染河网水源的季节性高氨氮去除问题；深圳市在盐田区开展了自来水直饮示范。水专项组织研究编制了《城镇供水设施改造指南》，支撑了"十二五""十三五"全国供水规划的编制和实施，以及全国市、县饮用水水质督察（抽检）及供水规范化管理工作，促进了我国饮用水安全技术保障能力整体提升，为让群众喝上放心水作出了重要贡献。

（3）水专项在组织实施过程中，以市场需求为导向，综合配置企业、高校、社会科技资源，建立产学研用协同的科技创新机制。

水专项专门设置城市水污染控制关键设备与重大装备、饮用水安全保障关键材料设备产业化项目，优先支持企业为主导的科研团队开展技术攻关，形成了一系列具有自主知识产权的设备和产品，部分产品填补了国内空白，打破了长期依赖进口的被动局面。

一是自主研发了色谱质谱联用仪、电感耦合等离子质谱仪、水质毒性分析仪、颗粒物计数仪等水质监测检测仪器，关键性能指标达到国际先进水平，价格比国外同类产品低30%～50%。

二是推动了超滤膜的工程化应用，促进了我国膜产业的发展。膜组件的膜通量、抗污染性和使用寿命等性能指标达到国外同类产品水平，价格低 30%，国内市场占有率超过70%，年产值超过 700 亿元。

三是水处理用大型臭氧发生器，突破了放电管、中频电源、中高频变压器等核心关键技术，形成了适用不同水处理规模的系列产品，价格比市场同类进口产品低 30%，市场占有率提高 20%。

此外，为解决城市供水"最后一公里"短板，研发了矢量泵和永磁电机耦合的无负压二次供水设备，产品累计产值达 12 亿元。

1.3　辽河流域水专项实施情况及成效

1.3.1　辽河流域水专项设置与实施情况

2007 年，针对流域水污染防治的迫切技术需求，国家启动了水专项，开展理念与理论创新、技术与方法创新、体制与机制创新及综合与集成创新，精心设计、循序渐进，分"控源减排""减负修复""综合调控" 3 阶段部署，组织一系列流域水污染控制与治理技术研究及综合示范。"十一五"至"十三五"期间均设立了辽河流域水污染治理的项目。辽河流域作为重化工业密集、污染负荷高的河流水污染防治技术示范区，在水专项实施过程中紧密结合辽河流域重大治污行动，实现了水专项实施与流域规划实施、技术创新与应用示范、治理技术与管理技术和污染治理与生态修复 4 个结合；突破了辽河流域重化工业等行业污染治理技术"瓶颈"，支撑流域结构减排、工程减排、管理减排（三大减排）和"摘掉重污染流域帽子"的摘帽行动，引领了国内第一个大型河流保护区——辽河保护区的建设，在辽河流域水污染治理中发挥了重要的科技支撑作用，有力地支撑了实现辽河流域水环境质量明显改善这一国家战略目标，为类似河流的水污染防治提供了成套技术与管理经验。

（1）"十一五"水专项。

"十一五"期间，辽河流域水污染治理的重点任务是开展实施河流污染控制和治理技术研发。

①建立技术研发目标：以流域水污染控制、水质改善和生态恢复为目标，以构建流域水环境管理技术体系、水污染治理技术体系为重点，开展技术创新与集成。

②突出重点污染行业：以流域内石化、冶金、造纸、制药、印染等典型重化工业为重点，开展清洁生产和工业水污染全过程控制，突破废水污染负荷削减、废水减量化和资源化利用关键技术。

③划分流域重点污染控制单元：以流域重点区域浑河中游段，太子河本溪、辽阳、鞍山段，辽河上游铁岭段，河口盘锦段为污染治理的核心区域，重点解决工业点源污染技术问题；以辽河源头跨界河段、浑河大伙房水库上游，以及辽河口为重点区域，进行源头污染控制、生态保护和湿地修复技术研究；开展针对全流域的河流污染治理总体方案、重化工业节水减排清洁生产，以及水质水量联合调度治污的技术研究。开展技术集成与工程示范，构建重点区域水污染控制与治理技术体系。

④综合集成、支撑实现治污目标：在以上研究基础上，在流域层面上进行技术系统集成，开展水污染治理与管理综合示范，科技支撑流域水环境质量明显改善。

（2）"十二五"水专项。

"十二五"期间，主要实施河流近自然修复技术，目标是恢复河流服务功能，兼顾生物多样性恢复。按照污染控制单元进行内容划分和课题设计，以辽河铁岭段为核心，结合新农村建设，开展农业面源、分散生活污水、畜禽养殖技术研究与集成，建立面源污染与区域综合整治示范区；以浑河沈阳段为核心，深化重点行业污染治理、环城水系水环境整治与水生态修复技术研究，建立污染控制、城市河流整治与水生态建设示范区；以太子河本溪—辽阳—鞍山段为控制带，开展冶金、石化、印染行业点源污染控制技术研究，建立污染控制、污水回用与典型支流治理综合示范区；以辽河、大辽河河口为控制区，建立污染控制与湿地恢复与河口水环境综合示范区；以大伙房水库上游为控制区，建立面源污染控制与水生态维系综合示范区。紧密结合地方污染治理规划和工程，形成控制单元的技术系统，建立综合示范区；突出关键共性技术的创新，形成国家重污染行业污染控制技术体系。

（3）"十三五"水专项。

"十三五"期间，主要进行河流生态完整性整装成套技术体系的集成和应用。针对辽河流域结构性、复合性、区域性污染的特点，结合流域国家生态文明先行示范区建设的技术需求，开展流域水环境治理与管理技术集成，建立辽河流域水环境综合管理调控平台。

构建流域典型优控单元污染治理模式,形成辽河流域水污染治理技术路线图,并在《水污染防治行动计划》(以下简称"水十条")任务实施中应用。构建辽河保护区健康河流修复技术体系,形成辽河保护区健康河流治理保护技术模式。构建水专项技术成果转化体系与产业化推广平台,推进水专项成果转化和推广。全面实现流域综合调控技术目标,支撑辽河流域"水十条"目标实现,为北方寒冷缺水型老工业基地河流治理与保护提供经验和范式。

1.3.2 流域水专项主要成果

"十一五""十二五"水专项期间,辽河流域在石化化工废水治理、冶金废水治理、制药废水处理、印染废水处理、城镇废水处理等多个领域均设置了相应的课题,并取得了丰硕的研究成果。

(1)石化、化工废水治理。

"十一五""十二五"期间,水专项辽河项目设置了"辽河流域重化工业节水减排清洁生产技术集成与示范研究"(2008ZX07208-002)、"浑河中游工业水污染控制与典型支流治理技术及示范研究"(2008ZX07208-003)、"太子河流域典型工业水污染控制技术与示范研究"(2008ZX07208-004)、"辽河河口区陆源污染阻控与水质改善关键技术与示范研究"(2008ZX07208-008)、"辽河流域有毒有害物污染控制技术与应用示范研究"(2012ZX07202-002)、"太子河典型工业水污染控制与水质改善技术集成与示范"(2012ZX07202-006)共 6 个与石化、化工废水治理相关的课题,研发石化、化工废水治理技术 20 项,20 项技术成果有 16 项实现了工程化应用,有 4 项处于中试研究阶段。建设示范工程 13 处,其中 1 项示范工程已停运。

(2)冶金废水治理。

"十一五""十二五"期间,水专项辽河项目设置"辽河流域重化工业节水减排清洁生产技术集成与示范研究"(2008ZX07208-002)、"太子河流域典型工业水污染控制技术与示范研究"(2008ZX07208-004)、"太子河典型工业水污染控制与水质改善技术集成与示范"(2012ZX07202-006)、"辽河流域特大型钢铁工业园全过程节水减污技术集成与应用示范"(2015ZX07202-013)共 4 个与冶金废水治理相关课题。重点针对鞍钢集团、本钢集团及其相关企业疑难废水治理、节水减排等开展课题研究,研究开发脱硫废液解毒预处理技术、超滤—纳滤—频繁倒极电渗析的高产水率集成膜技术等 9 项相关技术,在鞍钢水系统网络信息平台、北台钢厂综合废水处理与资源化工程、盛盟化工 50 m^3/d 真空碳酸钾脱硫废液解毒预处理示范工程、2 400 m^3/d 焦化废水资源化示范工程、鞍钢 220 万 t 焦炉配套焦化废水工程、红透山铜矿区开展矿区污水回用及尾矿生态修复技术示范工程、鞍钢 2 000 m^3/d 西大沟污水厂钢铁综合废水处理工程、鞍钢 400 m^3/d 五期焦化厂焦化废水强化集成处理示范工程共 7 项工程中进行了示范应用,目前工程运行良好。

（3）制药废水处理。

"十一五""十二五"期间，针对辽河流域制药行业废水高浓度、高毒性（抗生素）、极端 pH 等特点，重点是针对东药集团各生产过程产生的工艺废水，以及制药园区产生的综合制药废水，按照清洁生产、清污分流、强化预处理脱毒、资源回收的思路，开展了废水分质处理及资源回收。共研发关键技术 7 项，其中铁碳微电解回收铜集成技术、高级氧化-UASB-MBR 集成技术、湿式氧化—磷酸盐固定化集成技术 3 项技术在中试中均取得了较好的效果。其余 4 项技术进行了工程示范，目前示范工程运行良好。

（4）印染废水治理。

"十一五""十二五"期间，水专项辽河项目分别实施了一个清洁生产研究课题，重点针对辽河流域印染集聚区——海城印染工业园开展节水减排、末端治理技术研究。共研发关键技术成果 3 项，其中"强化厌氧—氧化曝气除硫—好氧—高效絮凝—排放"集成工艺在海城印染工业园一期工程（感王污水处理厂）进行了示范应用。印染行业清洁生产过程控制和节水减排关键技术、印染废碱液循环利用与废水减排技术 2 项节水减排技术分别在海城海丰集团、鞍山博亿印染有限责任公司进行了示范应用，效果较好。

（5）城镇污水治理。

"十一五""十二五"期间，水专项研究结合辽河流域城镇污水特点，主要围绕北方地区低温条件下人工湿地、氧化沟等生态处理单元设计优化，以及城镇污水处理厂提标改造中脱氮除磷、污泥处置等开展技术研究，形成 13 项关键技术成果，建设 12 项示范工程。目前 12 项示范工程中，开原市庆云堡镇生活污水处理厂受来水冲击（冬季氨氮高达 60 mg/L）、冬季进水温度低等影响，冬季不能稳定运行，沈阳祝家污泥处置项目受污泥处置对策影响，未能持续运行。

（6）生态治理。

"十一五""十二五"期间，水专项研究结合辽河流域河流径流小、纳污量大的基本特征，主要围绕底泥安全、河水净化、生态系统提升 3 个方面进行了系统研究。研发生态治理技术 32 项，在辽河流域（包括源头区的吉林省）进行 27 项生态示范项目。示范的生态项目运行总体较好，生态作用仍在持续发挥。

（7）农业农村污染治理。

"十一五""十二五"期间，水专项针对"三农"污染问题，重点从农村污水治理、养殖污染治理、面源污染控制 3 个方面进行了研究，研究开发技术成果 11 项，除了膜生物反应器（MBR）、辽河源头区农村面源污染防治技术两项技术未进行示范应用外，其余 9 项技术均进行了示范应用。研发的技术示范工程中，铁岭大牛沼气工程建成十余年，沼液、沼气等未能有效利用，加之设备老化，目前已经停运；沈阳清泽源农牧发展有限公司农业固体废物综合利用项目、松岗奶牛沼气工程受到依托养殖场影响停运；茨榆坨镇太平村畜禽养殖废水沼气工程鸟粪石资源化项目受产品销售影响未持续运行；桓仁县雅河乡边哈村畜禽粪污、农业垃圾混合发酵沼气工程受原料收集及沼液利用途径影响停运；其余示范项目总体运行良好。

（8）食品加工废水。

"十一五""十二五"期间，共针对食品加工行业研发了新型载体生物膜反应器（CBR）、MBR-RO 联用耦合工艺、耐盐微生物菌群构建技术、农副产品加工园区综合废水生物—生态组合处理与资源化集成技术等 7 项技术成果。研发的技术中，新型载体生物膜反应器（CBR）、曝气生物滤池反应器（BAF）、IC/A/O/MBR 工艺 3 项技术尚处于中试研究阶段；MBR-RO 联用耦合工艺、耐盐微生物菌群构建技术、农副产品加工园区综合废水生物—生态组合处理与资源化集成技术、短产品链粮食深加工废水减排处理与中水回用组合技术 4 项技术已经实现工程应用，效果较好，示范工程运行良好。

1.3.3 流域水专项实施成效

自 2007 年以来，中央和地方各级政府持续开展大规模的辽河流域系列综合整治行动并提供强有力的科技支撑，辽河流域水环境质量整体呈现稳中向好的态势。逐年各项监测指标表明，流域控源减排和减负修复成效显著，河流水质持续改善，饮用水安全获得切实保障。

1.3.3.1 对流域水质改善提供支撑

水专项实施以来辽河流域水环境总体呈现稳中向好态势，充分彰显了水专项紧密结合辽河流域治理的科技需求，按照"流域统筹、区域突破"的原则，划分源头区、干流区和河口区 3 类六大污染控制区域，制定了分区治理策略和流域治理方案；按照清洁生产、过程控制和末端治理全过程控制思路，创新集成形成冶金、石化等重污染行业水污染治理技术系统；以污染河流生态修复和健康河流生态系统构建为长远目标，开展了受污染河道综合整治和受损河流修复关键技术研究和示范，逐步改善辽河流域水质和水生态。从而完善了辽河流域治理的路线图和时间表。水专项实施过程中技术支撑三大减排，推动辽河流域消除劣 V 类水质。水专项技术支持和推动辽河流域实施控源减排工程，辽河流域 COD 水质逐渐改善，2009 年年末实现辽河全流域干流 COD 无劣 V 类水质；2010 年辽宁省干流 COD 持续好转，43 条支流无劣 V 类水质；2020 年辽河流域总体评价为轻度污染，I ～III 类水质断面占 70.9%，较 2007 年的 43.2%上升 27.7%，2020 年无劣 V 类水质。综合支撑与引领，推动流域"摘帽"重大行动，通过水专项重大科技攻关与技术集成，针对性地解决了辽河流域治理中遇到的技术和管理问题，支持辽河流域水污染防治实现历史性突破，2012 年年底辽河干流按《地表水环境质量标准》21 项指标考核，达到了Ⅳ类水质标准，提前"摘掉了重度污染帽子"。以生态建设引领，创新河流治理与保护新模式。辽河保护区管理局和水专项项目组综合运用水专项科研成果，建立了我国大型河流保护区治理理论体系与集成技术；提出了"一条生命线、一张湿地网、两处景观带、二十个示范区"的辽河保护区"1122"生态建设格局,编制形成了《辽河保护区"十二五"治理与保护规划》,该规划的实施使辽河保护区植被覆盖率从 13.7%提高至 63%,增长近 50%;鸟类、鱼类等迅速恢复,呈现出生态正向变化的良好趋势,发挥出明显的生态环境效益。形成治污系统方案,支撑流域持续治理。以水专项成果为技术支撑,主持编制了国家重点流域水污染防治规划之《辽河流域水污染防治"十二五"规划》和《辽河流域水污染防治"十三五"规划》,保障了辽河流域水环境质量得到阶段性改善,近岸海域环境质量稳中趋好,辽河流域水生态系统功能明显恢复。总之,水专项以突破性的理论发现、创新性的技术研发有力支撑了辽河流域治理工程的实施,从而全面提升了辽河流域污染控制、生态服务功能改善,以及流域生态安全和环境可持续发展的管理决策水平。

(1)2007 年辽河流域水质状况。

根据《2007 年中国环境状况公报》,2007 年辽河水系总体为重度污染。37 个地表水国控监测断面中,Ⅱ~Ⅲ类、Ⅳ类、Ⅴ类和劣Ⅴ类水质的断面比例分别为 43.2%、10.8%、5.5%和 40.5%。主要污染指标为氨氮、五日生化需氧量(BOD$_5$)和高锰酸盐指数。

2007 年辽河干流总体为中度污染。老哈河、西辽河和东辽河水质良好,辽河为重度污染。与 2006 年相比,西辽河和东辽河水质有所好转,老哈河和辽河水质无明显变化。辽河支流总体为重度污染,西拉木伦河为轻度污染,条子河和招苏台河为重度污染。与 2006年相比,水质无明显变化。2007 年大辽河及其支流总体为重度污染,与 2006 年相比,水质无明显变化。大凌河总体为重度污染。主要污染指标为氨氮、高锰酸盐指数和五日生化需氧量。

(2)2017 年辽河流域水质状况。

根据《2017 年辽宁省环境状况公报》,辽河流域 90 个干、支流断面中,Ⅰ~Ⅲ类水质断面占 23.4%,较 2016 年上升 5.3 个百分点,Ⅳ类占 42.3%、Ⅴ类占 10.0%、劣Ⅴ类占 24.4%。36 个干流断面中,Ⅰ~Ⅲ类水质断面占 30.6%、Ⅳ类占 52.8%、Ⅴ类占 8.3%、劣Ⅴ类占8.3%。与 2016 年相比,干流水质有所改善,Ⅰ~Ⅲ类水质断面比例上升 16.8 个百分点,劣Ⅴ类水质断面比例持平。

2017 年辽河干流为轻度污染。15 个水质断面中,无Ⅰ类和Ⅱ类水质断面、Ⅲ类占13.3%、Ⅳ类占 46.7%、Ⅴ类占 26.7%、劣Ⅵ类占 13.3%。与 2016 年相比,Ⅴ类水质断面比例下降 6.6 个百分点,劣Ⅴ类上升 6.6 个百分点,其他类均持平。辽河主要支流为重度污染。21 个水质断面中,无Ⅰ类和Ⅱ类水质断面、Ⅲ类 14.3%、Ⅳ类占 33.3%、Ⅴ类占4.8%、劣Ⅴ类占 47.6%。与 2016 年相比,Ⅰ类水质断面比例持平、Ⅱ类下降 9.5 个百分点、Ⅲ类下降 9.5 个百分点、Ⅳ类上升 19.0 个百分点、Ⅴ类下降 19.0 个百分点、劣Ⅴ类上升19.0 个百分点。

2017 年大辽河水系为中度污染。28 个水质断面中,无Ⅰ类水质断面、Ⅱ类 35.7%、Ⅲ类占 25.0%、Ⅳ类占 7.1%、Ⅴ类占 7.1%、劣Ⅴ类占 25.0%。与 2016 年相比,Ⅰ类和

Ⅱ类水质断面比例均持平、Ⅲ类上升 25.0 个百分点、Ⅳ类下降 21.5 个百分点、Ⅴ类下降 10.8 个百分点、劣Ⅴ类上升 7.1 个百分点。

（3）2007—2017 年辽河流域水质变化趋势及其治理驱动力。

比较 2007 年和 2017 年辽河流域水质状况，可以发现，十年间辽河流域水质得到明显改善：全流域水质总体由重度污染改善为轻度污染；辽河干流总体由中度污染改善为轻度污染；大辽河水系总体由重度污染改善为中度污染。辽河流域水质改善，得益于党中央、国务院对生态环境保护工作的重视和领导，得益于生态环境部等中央各部委的大力支持和指导，得益于流域地方政府控源减排、产业结构调整和综合管理力度的持续加大和不懈努力，得益于流域企业和社会各界的共同努力。特别是"十一五"后期至"十二五"前期，在中央相关部委的指导支持下，辽宁省加大辽河流域治理攻坚力度，采取强有力的管理措施，使辽河流域水质发生了历史性转变，2012 年年底，辽河流域总体水质由重度污染大幅好转为轻度污染，率先摘掉国家水污染防治重点流域"重污染帽子"。在这一过程中，自 2007 年起，国家水专项将辽河流域列为重点示范流域，针对流域性、区域性、行业性治理难题从治理和管理两个方面开展科技攻关，创新研发和综合集成关键技术和成套技术，为辽河流域治理提供了技术支持和综合解决方案。辽河流域治理的过程是管理创新、科技创新和环保产业技术创新的过程，体现了创新、协调、绿色、开放、共享的新发展理念，充分发挥了国家重大科技专项的支撑和引领作用。

1.3.3.2 对流域水环境治理行业规范化的支撑

水专项辽河项目研究成果为《吉林省辽河流域水环境保护条例》《辽宁省辽河保护区管理条例》《辽宁省辽河流域水污染防治条例》的制定、修订提供了技术支撑，上述条例分别由吉林省、辽宁省人民代表大会常务委员会采纳实施。水专项实施过程中，不仅突破了一批关键技术，进行了技术验证和示范，而且结合污染控制单元区域和流域治理需求，开展了技术应用和水环境管理相结合的研究，突出了目标导向和问题导向以及长效治理和管理机制的建立，技术支持或直接产出了一批技术导则、标准、规范和方案等。

1.3.3.3 对流域规划的支撑

辽河流域长期粗放型发展造成的水资源短缺、水环境污染和水生态破坏，环保基础设施建设不到位和管理机制体制的不顺畅等，制约着流域水污染治理工作的进一步深入和水环境质量的持续改善。因此，水专项在辽河流域的研究，紧密结合了流域重要的规划与治污计划，通过技术研发、集成和示范，发挥了良好的科技示范作用，推动了流域治污工作。项目组以水专项成果为技术支撑，指导地方在不同时期针对性地科学编制了国家重点流域水污染防治规划之《辽河流域水污染防治"十二五"规划》《辽河流域水污染防治"十三五"规划》和《辽宁省重点流域水生态环境保护"十四五"规划》，规划充分吸纳了流域水质目标管理理论、流域问题的科学诊断、分区与控制单元划分理论、容量总量削减与水质响应理论、重点源治理优选技术、河流生态完整性保护理论、辽河流域治理模式等水专项成果，实现了辽河流域水专项成果向流域管理实践的转化。

一是精准分析流域水环境质量演变趋势及污染物来源，支撑辽河流域"十二五""十三五"和"十四五"规划中水质目标、水生态目标和总量目标的科学设定。

二是突破重污染行业治理关键技术，大幅削减污染物排放，实现辽河流域重点区域饮用水水源地水质稳定达到环境功能区要求，以及辽河水系干流全面消除劣Ⅴ类水质，基本达到Ⅳ类以上的水质目标。

三是水体污染负荷削减与生态修复关键技术，支撑规划区域水质改善，实现规划设定辽河保护区水生态显著恢复，鱼类多样性显著提高至 30 种以上；辽河干流湿地网生态系统全面恢复，湿地鸟类多样性显著提高至 30 种以上的生态目标。

四是研发流域结构减排和管理减排等技术体系，支撑流域水污染综合治理。通过对流域各地市的水资源环境特点及产业结构、工业内部行业特征分析，利用水资源和水环境约束的工业结构调整模型优化工业结构，结合用水和排污状况，进一步提出辽河流域工业结构调整方向，构建流域不同控制单元水污染治理方案。

综上所述，水专项以突破性的理论发现、创新性的技术研发有力支撑了《辽河流域水污染防治"十二五"规划》和《辽河流域水污染防治"十三五"规划》的编制，全面提升了辽河流域污染控制、生态服务功能改善，以及流域生态安全和环境可持续发展的管理决策水平。"十三五"水专项《辽河流域水环境管理与水污染治理技术推广应用项目》针对辽河流域结构性、复合性、区域性污染的特点，结合流域国家生态文明先行示范区建设的技术需求，构建流域典型优控单元污染治理模式，形成辽河流域水污染治理技术路线图并在"水十条"任务实施中应用。构建辽河保护区健康河流修复技术体系，形成辽河保护区健康河流治理保护技术模式。全面实现流域综合调控技术目标，支撑辽河流域"水十条"目标实现，有力支撑了《辽宁省重点流域水生态环境保护"十四五"规划》的编制，基于项目研究成果，编制完成《沈阳经济区一体化水生态保护与修复规划纲要（浑太流域）》，开展浑太流域山水林田湖草沙一体化修复工作，对辽宁省"一圈、一带、两区"的战略布局起到了重要的支撑作用。编制《辽河国家公园生态环境保护规划》，统筹推进"五位一体"总体布局和协调推进"四个全面"战略布局，坚持共同抓好大保护，协同推进大治理，统筹谋划上中下游、干流支流、左右两岸的保护和治理，针对辽河水系及辽河国家公园整体性保护不足、碎片化管理乏力等突出问题，加快推进重点领域、关键环节体制改革，形成辽河水系生态环境保护共建、共治、共管、共享的体制机制。有力支撑辽河国家公园的建设。

1.3.3.4　对流域综合治理重大工程的支撑

辽河因长期过度开发、资源破坏，尤其是工农业及生活污水大量涌入，导致辽河流域生态环境恶化并成为我国污染最重的河流之一，在"九五"期间被列入国家重点治理的"三河三湖"之一。2008 年 1 月，辽宁省委、省政府庄严承诺：举全省之力，集中整治辽河，3 年内实现辽河干流全部消灭劣 V 类水体。2012 年，辽宁省第十一届人民代表大会第五次会议确定，要在 2012 年度让辽河率先"摘掉重度污染的帽子"。2008 年开始，辽宁省重点实施了辽河治理三大工程，即实施以造纸企业整治为重点的工业源治理工程，以污水处理厂建设和运行为重点的生活源治理工程，以河流功能恢复为重点的生态治理工程。

辽河流域集中体现了我国重化工业密集的老工业基地结构性、区域性污染特征，反映了北方水资源匮乏地区复合型、压缩型水污染问题。在污染治理过程中，面临着重化工业水污染治理与水循环利用、重污染河流水环境修复、流域产业结构调整与污染防治综合管理等一系列问题，亟须科技支撑。

紧密结合辽河流域重大治理科技需求，一是制订分区治理策略和流域治理规划，在辽河流域单元环境问题诊断的基础上，开展针对污染控制及水环境质量改善的结构减排、技术减排、管理减排等综合集成技术研究，建立"分区控制、系统集成"的辽河流域水环境质量改善集成技术系统，提出各控制单元污染控制方案、水质控制目标、总量控制目标和重点污染工业源治理方案，支持辽河流域水污染治理规划编制。二是突破重点行业污染治理技术"瓶颈"，推动行业升级转型，项目紧密结合流域治污行动，按照清洁生产、过程控制和末端治理全过程控制思路，创新集成形成冶金、石化等重污染行业水污染治理技术系统，实现了技术创新与工程示范、工程减排与非工程减排、治理与管理等的紧密结合，充分发挥了水专项重大技术成果对流域控源减排的支撑作用。应用优选出的行业污染治理技术，对医药、纺织、造纸、饮料、石化、冶金、食品等行业制定重点污染源治理方案，通过在辽河流域六大控制单元区域建设 30 个工程示范，有效地支持了辽河流域示范区污染物减排，制定了《辽宁省污水综合排放标准》《水污染排放许可证管理办法》等标准/规范 14 项，支撑流域实现结构减排，为流域造纸、糠醛等行业产业结构调整提供了科学依据。三是技术支撑流域污水处理水平提升，"A/O-人工湿地"污水处理厂工程示范，解决了湿地越冬的技术难题，成为流域污水处理的样板性工程，项目主力承担单位辽宁北方环保公司综合应用水专项技术成果，承担了 27 座污水处理厂的设计和建设任务，研究成果在辽河流域得到推广应用。四是以污染河流生态修复和健康河流生态系统构建为长远目标，开展受污染河道综合整治和受损河流修复关键技术研究和示范，技术支撑了河流修复和生态增容。

通过水专项项目的示范、带动和引领，推动了辽河流域控源减排、水质改善和生态修复以及治理和管理技术水平的提升，逐步改善辽河水质和水生态。2012 年年底辽河干流按地表水环境质量标准 21 项指标考核，达到了 IV 类水质标准，提前"摘掉了重度污染帽子"。

1.3.3.5　对流域污水防治攻坚战的支撑

2015 年 4 月，国务院印发了"水十条"，地级及以上城市黑臭水体消除比例被列为五项考核指标之一；2018 年 2 月，生态环境部联合住房和城乡建设部启动城市黑臭水体整治环境保护专项行动，对相关城市进行帮扶指导；2018 年 10 月，住房和城乡建设部与生态环境部联合印发了《城市黑臭水体治理攻坚战实施方案》，通过一系列措施，推动全国295个地级及以上城市完成了城市黑臭水体的排查和整治。

从"水十条"编制之初到黑臭水体治理攻坚战实施，"如何判定黑臭水体、采用什么治理技术方法和模式"等关键技术问题，是制约黑臭水体攻坚战实施效果的基石和"卡脖子"问题。

基于水专项开展的城市支流河调查评估及特征分析研究、研发的城市支流河水质改善和水生态修复等技术，从政策制定、推动落实、指导帮扶等方面，技术支撑了城市黑臭水体治理攻坚战，助力全国2 513个黑臭水体（消除比例86.7%）、辽河流域73个黑臭水体（消除比例90.1%）于2019年年底初见成效。一是基于对重污染水体污染成因与机理研究，提出的黑臭水体定义、判别依据、成因等被纳入《水十条论证背景材料》，支撑了"水十条"。二是基于城市水体的调查评估研究，提出溶解氧、氨氮等黑臭水体指标阈值，填补了黑臭水体判定标准空白，支撑了《城市黑臭水体整治工作指南》编制，为全国295个城市完成黑臭水体排查，判定出2 899个黑臭水体，形成全国黑臭水体清单提供技术支撑。三是基于"一河三带（城市带—城镇带—农村带）"分类治理模式研究，支撑了《城市黑臭水体整治环境保护专项行动方案》《城市黑臭水体治理核查工作手册》等技术文件编制，为2018年度和2019年度4批次强化监督检查提供了技术保障，技术帮扶地方树立了"实质性消除黑臭"的治理思路，明确了治理路径和方法；辽河流域16个城市存在黑臭水体，通过对其中10个城市现场技术帮扶，促进这10个城市57个黑臭水体于2019年年底初见成效（消除比例91.9%）。

2019年，省委、省政府提出打好辽河污染治理攻坚战，依托"十三五"水专项"辽河流域水环境管理与水污染治理技术推广应用"项目组，成立攻坚战技术服务保障组，全面支撑污染防治攻坚战。一是认真总结凝练"十一五"以来辽河流域水专项技术成果，发挥水专项人才团队科研等优势，以辽河、浑河、太子河干支流治理为重点，以辽河流域污染较重河流为主攻方向，全面深入研究辽河流域生态环境问题，做好辽河流域环境大普查，配合列出主要污染河流问题清单，做到底数清、情况明，坚决支撑打好、打赢辽河治理攻坚战。二是结合流域水质考核断面分布，细化完善全省流域控制单元划分，进一步整合水功能区划和流域控制单元，支撑流域精细化管理，提升水环境管理工作系统化、科学化、精细化管理水平，为管理部门提供更加便捷、快速、高效的技术服务。三是强化重污染河流治理支撑，以细河、亮子河、南沙河、北沙河等重污染支流河为重点，开展劣Ⅴ类河流污染源解析、水环境承载力、治理技术和方案等研究，探寻重污染河流最适合的治理模式，提升重污染河流水环境承载能力。经过两年努力，辽河流域（辽浑太）水质全面达到考核要求，消灭了劣Ⅴ类水体，优良水体比例为56%，比考核目标（41.2%）高出14.8个百分点。

1.4 龙头企业承担水专项情况

1.4.1 辽河上游水污染控制与水质改善技术及示范研究（2008ZX07208-005）课题

辽河上游水污染控制与水质改善技术及示范研究（2008ZX07208-005）立足辽河上游农村地区污染治理，经过 3 年多的科技攻关取得重大突破与进展。研究形成了畜禽养殖粪污资源化技术及装备、中小城镇污水人工湿地处理技术及装备、污染河流治理技术等，并开展工程示范应用，初步构建辽河上游农村地区水污染防治技术体系。课题研究的中小规模城镇污水处理技术、寒冷地区畜禽粪污资源化技术在北方地区得到大规模推广应用，显现出较强的应用性和经济性，为确保辽河流域水质的持续改善发挥了重要作用。

1.4.1.1 研究背景

辽河上游区域（辽宁段）包括铁岭市全境及沈阳市康平县、法库县。该区域是辽宁省的重要产粮基地，农业和畜牧业发达，畜禽养殖等农业面源 COD 排放总量占辽河上游的 22%，氨氮排放总量占辽河上游的 32%，同时示范区内条子河承纳了上游城市的工业、生活污水，由于河道地表水渗入地下，地下水受到了污染，使河流沿线农村人畜饮用水安全受到了严重的威胁。

水体污染控制与治理重大专项立足北方地区农村环境污染问题，针对示范区主要污染源是畜禽养殖业废水和废物、农村及小城镇生活污水和垃圾以及跨界河流污染，以建立辽河上游农村水污染治理技术集成体系为目的，通过工程示范，实现污染物的有效削减，为辽河流域水质的持续改善提供关键技术支撑。

1.4.1.2 主要研究成果

课题遵循源头减排、生态修复的主线，针对辽河上游流域冬季气温低、经济发展较为滞后等区域性特点，在畜禽粪便资源化、人工湿地低温运行及高效脱氮、污染河流人工强化生态处理等方面形成关键技术突破，着重解决了以上技术运行成本、长期稳定运行、低温环境运行等方面的问题，形成了辽河上游农村水污染治理技术集成体系。该技术体系以提高农村水环境质量、保护饮用水安全、改善人居环境质量、解决部分农户能源需求为目标，建立以有机固体废物资源化技术为核心的村镇污染物资源化体系，建设以联合厌氧发酵技术为核心的沼气及有机肥站，解决村内畜禽粪便、果蔬大棚有机垃圾、污水处理设施剩余污泥问题，同时解决部分农户做饭能源问题、为养殖业及农田提供有机肥料。中小型污水处理技术与河流污染治理技术在低成本的基础上，解决农村水环境质量，保障饮用水安全。课题研究成果对辽河水质改善以及辽宁省农村环境连片综合整治工作的扎实推进起到了重要的科技支撑作用。

（1）寒冷地区大规模畜禽粪便资源化技术。

课题通过多项关键技术的集成和创新，开发出适合辽河流域农村地区工程化应用的畜禽粪污沼气化技术及好氧堆肥技术。其中"寒冷地区大规模畜禽粪便沼气化技术与设备"研发畜禽粪便高效除砂除草工艺技术与设备，解决粪便中含砂含草量高，工艺管道易堵塞、沉砂在罐体沉积的问题。通过对传统 USR 反应器以及 CSTR 反应器的结构原理进行比较分析，综合了两者的优点开发了改进型 USR 反应器，已申请专利 6 项。进料含固率可达 12%以上，容积产气率可达 2.55 m³/（m³·d）。课题示范工程沼气项目设计容积产气率 1.0 m³/（m³·d），明显高于大中型沼气工程平均容积产气率 [0.29 m³/（m³·d），辽宁省能源办统计数据]。通过系统的能量平衡设计，整体工艺冬季产气率大于全年平均产气率的 70%，达到国内领先水平。该技术重点解决了寒冷地区沼气工程如何大幅增加发酵原料浓度，合理维持发酵温度，提高沼气工程的产气效率和能量输出等问题，进而提升了沼气工程在寒冷地区的可持续运行能力。

（2）人工湿地冬季稳定运行与强化脱氮技术。

研发基于 A/O 与人工湿地耦合、低温菌强化脱氮的农村生活污水生态处理技术，A/O 和人工湿地是生活污水处理的两个核心单元。A/O 是预处理单元，它是整个工艺长期稳定运行的基础，为后续处理的稳定运行提供保障；人工湿地是后续处理单元，是水质净化的保证。整体工艺有效地降低了运行成本、缩短了投资回收期、提高了氨氮去除率。本技术运行成本与传统 A²/O 处理工艺相比吨水运行费用降低了 40%，与传统人工湿地相比氨氮去除率增加 10%~20%。同时该技术重点解决了辽河流域寒冷气候条件下人工湿地处理技术的稳定运行，冬季运行结果表明：温度在 –20℃以下时出水浓度满足《城镇污水处理厂污染物排放标准》（GB 18918—2002）一级 B 标准。该技术通过常规处理工艺与生态工艺的有机集合，针对北方地区，实现了冬季、夏季两套处理工艺，在低成本的前提下，保证了出水水质的稳定。

（3）污染河流生态治理技术。

河道生态处理节能曝气技术，根据河道水文特征，沿程布置曝气管路，充分利用河水自然流向规律，以反复形成好氧、缺氧、厌氧的循环区域，从而提高净化能力，有效增强脱氮效果，以最小的曝气量实现最优化的处理方案。该技术较传统平流式滤床的水力负荷提高 67%，较人工湿地占地面积减小 50%以上。通过节能曝气等技术的开发实现污染河水的高效、低耗处理，吨水处理成本小于 0.1 元。该技术通过经济合理、技术可行的新型工程技术手段，实现河流水质稳定提升，实现了低运行成本条件下的生态改善效果最大化。

1.4.1.3 成果应用

通过课题的实施，课题研究成果已在示范工程中得到应用，并带动了辽河流域一批污染治理项目，其中畜禽养殖污染项目 10 个，人工湿地项目 8 个；污染河流治理技术在辽河流域首次投入工程应用，具有重要的示范意义，必将进一步推动流域水质改善，同时为

"十二五"水专项的实施提供了重要支撑。

（1）畜禽粪便资源化技术与人工湿地冬季稳定运行技术在辽河流域得到大规模推广，有力地支持了辽河"脱帽"。

寒冷地区畜禽粪便资源化技术在辽河流域农村环境综合整治项目中得到大规模应用推广。其技术核心为厌氧发酵制沼气以及好氧发酵制有机肥，其主要应用领域为农村地区畜禽养殖粪污的治理。目前该技术在辽宁省内 10 项大型畜禽粪便治理项目中得到应用推广，处理畜禽养殖粪污 20 万 t/a，削减 COD_{Cr} 7 200 t/a、NH_3-N 480 t/a，在流域水质改善与农村环境治理中起到了巨大的作用。

人工湿地冬季稳定运行与强化脱氮技术在辽宁省县级污水处理厂建设中得到大规模推广。课题承担单位承担了 27 座辽宁省县级污水处理厂建设任务，其中铁岭昌图县污水处理厂、喀左城市污水处理厂等 8 项污水处理项目均采用人工湿地技术，总处理规模约 14 万 m^3/d，削减 COD 9 655 t/a，在辽河治理过程中起到了有效的技术支撑作用。

（2）污染河流生态治理技术在北方典型污染支流治理中得到首次应用。

条子河是辽河流域污染最严重的支流之一，复合生态滤床技术首次应用在条子河污染治理工程中，具有重要的示范意义。示范工程建成后，主要污染负荷削减 20%，年 COD 削减量 3 285 t，治理河道水体满足《地表水环境质量标准》（GB 3838—2002）Ⅴ类水质标准。从根本上解决了辽河上游 16 个乡镇（场）、66 个村、203 个自然屯、24 340 户、89 659 人及 38 814 头大牲畜的饮用水安全问题。为实现辽河上游水质改善，辽河上游生态系统健康和生态安全提供了技术支撑。

1.4.2 辽河流域分散式污水治理技术产业化（2012ZX07212-001）课题

辽河流域分散式污水治理技术产业化（2012ZX07212-001）课题是水专项河流主题"辽河流域分散式污水治理技术产业化"项目下设的唯一一个产业化课题。课题采用自主创新与技术集成相结合的手段，针对北方地区分散式污水治理技术产业化需求，开展了辽河流域分散式污水治理技术的市场需求分析和产业化机制研究，创新了分散式污水治理技术产业化保障机制，构建了农村区域环保产业发展新模式，并从畜禽养殖粪污、分散户排放污水、乡镇生活污水、重点行业废水 4 类主要分散式污水入手，集中研究高效厌氧发酵技术及成套设备、小型生活污水处理技术及一体化成套设备、人工湿地成套技术及配套设备、重点行业有机废水处理技术及设备 4 类处理设备及工艺，实现了设备和工艺的标准化、系列化及产业化。

1.4.2.1 研究背景

"十一五"末期，我国的工业点源废水和城市生活污水基本得到了集中有效处理，但分散式污染成了流域污染物排放的重要来源和组成部分，所占比重也越来越大。《第一次全国污染源普查公报》显示，农村畜禽养殖业污染已成为最重要的农业面源污染之一。同时，辽河流域辽宁省境内农村人口所占比例较大，占 438 万总人口的 37.90%，辽河上游河段流经大量农村区域，面源污染占到该区域污染物总量的 50%以上，且大部分生活污水未经处理直接排放。此外，村镇中小企业屠宰、酿造、乳制品加工等农副产品加工行业废水问题也突出，由于大多数企业受自身经济实力和技术条件制约，污水处理设施运行成本高、处理效率低，未达标直排或未经处理直排现象严重，给流域污染防治造成了一定的压力。

因此，如何开发出适合北方寒冷地区的分散式污水治理适用技术及设备，并进行产业化应用，解决农村污水治理普遍存在的成型成套设备少、已有技术设备化装备化程度低、建设运维成本高、市场推广难度大的"瓶颈"问题，同时也满足广大农村人口对生态宜居环境的渴望与诉求，课题以"技术研发-设备研制-工程验证与示范-设备与工艺系列化标准化规范化-产业化推广"为主线，以产业化机制研究为目标，构建了合理可行的辽河流域分散式污水治理技术产业化模式，实现了 10 个系列化设备 41 个工程项目的产业化推广，破解了农村涉水面源污染治理难题，助推了辽河流域美丽乡村建设。

1.4.2.2 研究成果及应用

（1）搭建了辽宁水环境污染治理产业技术创新平台，加速了分散式污水治理的产学研用转化进程，推进了产业化发展。

借助水专项顶层设计及辽河流域分散式污水治理技术产业化课题的实施推进，课题承担单位以绝对优势申报了辽宁水环境污染治理产业技术创新平台并获批建设，该平台也是辽宁省唯一一个环境污染治理的产业技术平台。平台通过开展村镇污水治理设备及产品研发、污水处理与回用、农村环境污染综合整治、政策支持与社会服务等方面技术、设备、管理、咨询的创新与服务，进一步利用企业已有的技术研发、设备研制、生产线生产能力等硬件条件，形成一批具有自主知识产权、科技含量高、适用性强的核心技术与成套设备，同时对具有市场价值的重要科研成果进行工程化开发，提高其产业化应用规模和水平，带动该领域产业高质快速发展。平台通过企业参与制定相关标准、规划、导则、政策和行业技术发展报告等，为政府规范行业行为、构建管理体系提供技术支撑。

课题借助辽宁水环境污染治理产业技术创新平台的申报与建设，与课题产学研平台建设目标进行了有机融合，搭建起一座政府-企业-科研单位-用户的多方合作桥梁，紧密结合辽河流域农村分散式污水环保产业发展的现状及需求，发挥各方能动性。用户、市场及产业的需求督促政府部门加速标准规范的制定；知识产权转化平台的打通有利于科研单位积极研究开发迎合市场及产业发展的适宜技术；企业作为产业化的主体，积极转化适宜用户需求的分散污水处理成套设备，并经过用户及市场的考验，获取一手运行资料，积极反馈给各方，形成滚动机制，合作开发满足不同用户需求和产业发展需求的系列化产品，形成分散污水处理产业的良性循环。

多方合作过程中，一方面充分发挥清华大学、哈尔滨工业大学等国内一流科研院所科研实力进行关键技术研发，积极推进辽河流域各级环保部门制定标准、规范、政策等强化科学管理；另一方面深度挖掘企业自身研发、设计、咨询、检测、市场开发、工程施工及运维等优势，短短 4 年开发了分散式污水治理关键技术，搭建了现场实验室和中试基地，建设了玻璃钢、碳钢环保设备生产线，形成了标准化、系列化成套设备，完成了《辽河流域分散式污水治理技术规范》建议稿，内容涵盖小型屠宰与肉类加工废水治理技术、规模化厌氧发酵成套设备、一体化潜水导流式氧化沟处理工程、人工湿地污水处理工程等技术规范，规范了行业管理，为辽宁省已发布实施的《辽宁省农村分散型污水治理技术指南（试行）》提供了重要支撑，并进行了示范工程的转化与验证，完成了大量的产业化推广。

通过水专项课题实施与平台协同建设，大大加速了产学研用转化进程，为辽河流域分散式污水治理提供了重要支撑。同时，平台也成为课题单位的一个创新基地、实验基地、人才培养基地和教育基地，辐射作用显著，形成了一大批科研成果及示范、转化的工程项目，为企业提升科研实力、塑造企业形象和影响力起到了关键作用，进而也促进了课题牵头单位——辽宁北方环境保护有限责任公司于 2017 年度成功获批高新技术企业资格，并以北方公司为核心企业，成立了辽宁省环保集团有限责任公司（简称辽宁省环保集团），辽宁省政府旨在借此打造辽宁环保航母。

（2）创新了分散式污水治理技术产业化保障机制，打通了政府、市场与企业的沟通交流渠道，构建了辽河流域分散式污水处理环保产业发展新模式。

产业化实现与发展是一个复杂的系统工程，而科学合理、持续可行的产业化机制又是推进产业化可持续发展的重要保障。课题对分散式污水治理技术产业化机制进行了深入探讨，创新实施了环保管家一站式服务、以城带乡小型污水处理设施运营等服务模式和保障机制，解决了美丽乡村建设过程中环保工艺过于零散与治理工程过于单一，难以提高全方位、高质量、系统化的专业服务等区域共性问题，构建了适合辽河流域的分散式污水治理技术产业化模式。

环保管家一站式服务模式，即与辽河流域经济发展较好的乡镇签署环保管家服务协议，对村镇的区域环境问题作出全面系统的诊断，确定畜禽养殖污染治理、小型污水治理、生态环境综合治理等多个治理技术工艺合理实用的工艺包，提供成本低廉、操作简单的工程设备，提供优质可靠的后期运维服务。通过对村镇范围内分散式污水污染问题进行打包处理，从而确保区域分散式污水治理成本可接受、环境效益可评估、运营服务可保障，进而契合国家供给侧改革举措，促进农村人居环境治理常态化、可持续化的发展需求，目前借助水专项课题成果与产出，已与抚顺、本溪、阜新、葫芦岛等 10 多个市（县）签署了环保管家服务协议。同时课题也提出了以城带乡的污水处理设施运营模式，即针对乡镇污水处理及分散式污水处理设施长期因人员、成本等问题无法稳定运行的现状，结合课题牵头单位或其他第三方运维公司在城镇集中式污水治理技术及运维技术相对成熟的已有条件，将城镇污水处理厂的运营团队和专业能力进一步辐射至村镇污水处理站，在城镇污水处理厂建立"1拖N"指挥中心，通过远程视频、专家指导、预警报警等功能开发，实现辐射半径内的N个村镇污水处理站近无人值守、远程排除故障等能力，从而使村镇污水处理站在人员、药剂、能耗、运维等方面的直接成本降低了近50%，充分实现了"城乡"互利共赢，为分散式污水治理技术产业化的可持续发展提供了一定保障。

课题构建的产业化模式，积极有效促进了市场的深度挖掘，使分散式污水治理成套设备的产业化推广得以顺利开展，课题共完成了41个产业化项目，推广10个系列9个子系列成套设备600余套，市场开发份额在辽河流域畜禽粪污厌氧发酵治理占60%、小型生活污水处理占30%、人工湿地污水处理占80%、农副产品加工行业废水治理占50%，共实现产值2.23亿元，在改善农村水环境质量的同时，环保技术设备的产业化也因此成为辽河流域新的经济增长点，实现了环境效益、经济效益和社会效益的和谐统一。

（3）开发了辽河流域分散式污水治理成套技术和设备，突破了工程转化的"瓶颈"问题，助推了辽河流域美丽乡村建设。

辽河流域农村面源污染问题严重，加之北方寒冷地区的特殊性，导致辽河流域分散式污水治理难度大，工程转化"瓶颈"问题多。课题在"十一五"水专项课题研究成果基础上，以治理有效、资源利用、绿色生态的产业化推广为目标，发挥产业技术创新平台综合优势，从工程实践出发，发现问题、破解难题，为乡村振兴战略实施提供技术支撑。

课题开展了畜禽粪污高效厌氧发酵技术、发酵产物利用技术研发，集成优化了粪污、餐厨垃圾、棚菜作物及秸秆等多原料预处理一体化技术、破壳搅拌技术、改进型USR厌氧发酵技术、内置热能转化技术、正负压气水分离保护技术、沼液浓缩等关键技术，突破了北方寒冷地区沼气工程冬季运行不稳定的工程技术难题，实现了反应器内反应温度全年保持35℃左右，容积产气率高达1.5 m³/（m³·d），较同类产品提高10%～20%，有机物降解率超过70%，沼液浓缩减量可达80%以上，解决了沼液消纳难题，实现了沼渣液肥料制备的资源化利用；课题开展小型生活污水的潜水导流氧化沟处理技术开发，采用液下曝气，创新了导流筒设计，实现了曝气设备和推流设备的一体化，改善了氧化沟的循环流态，实现了小动力强搅拌，属国内首创。该技术在–23℃低温环境下仍可稳定运行，氧利用率（E_a）高达34%，为转刷曝气机的2.5倍、倒伞式曝气机的1.3倍，实现了对污水的低温高效脱氮效果，突破了氧化沟工艺在北方寒冷地区冬季运行达标困难的工程问题；为提高村镇污水处理效果，在污染治理的同时增强生态景观效果，课题还开展了高效人工湿地"基质-菌剂-植物-水力"四重协同净化系统研究，研发了功能材料、低温复合菌剂、植物多样性耦合配置技术，采用了纵向保温、横向均匀布水防堵的基质结构以及水力负荷优化、液位无级调节等工程技术，保证冬季低温环境下湿地工程正常运行，实现了气温–40～–20℃、水温接近4℃的条件下，COD、氨氮和总磷的去除率分别为31.58%、31.38%和26.19%，污染物去除效果显著，突破了寒冷地区人工湿地低温环境条件下脱氮效果差的工程"瓶颈"。

在上述技术研发的基础上，课题还研制了TW系列高浓度物料高效厌氧发酵成套设备、

GQ/GD 系列一体化氧化沟成套设备、DN50～DN300 均匀布水成套设备等 10 个系列 9 个子系列分散式污水治理成套设备，并实现了标准化、规范化、模块化，确保在工程应用中操作简单，安装快速，工期缩短，减少直接投资费用，如畜禽粪污多原料预处理一体化设备，将粪污、餐厨垃圾、棚菜作物及秸秆等多原料在同一设备中进行预处理，实现了重相、中相、轻相物料的有效分离，减少占地 50%；人工湿地液位调节设备，突破了传统的混凝土结构池的设计方式，进水、布水、集水装置全部由玻璃钢设备替代，缩短工期 30%，降低工程投资 20%；潜水导流曝气器，创新了导流筒设计，氧利用率高，节能效果好，能耗降低近 40%，氧化沟工艺总图布置节省占地 15%。

课题成果显著，共申请专利 14 项，其中发明专利 11 项（9 项已被授权），获得省部级科技进步二等奖 1 项、三等奖 1 项，出版专著 1 部，这些成果技术分别应用在沈阳、抚顺、铁岭、盘锦、锦州、阜新等辖区 51 个县、乡镇、村的分散式污水治理项目上，大大削减了拉马河、寇河、细河、绕阳河、古城河、沙河、清河等十几条辽河流域支流河的入河污染物排放量，年削减 COD 10 159.09 t、NH₃-N 1 015.44 t，积极促进了辽河流域新民、大洼、台安、雅河等 30 余乡镇村成功申报国家级、省级生态乡镇、生态村，大力助推了美丽乡村的建设。如本溪桓仁县雅河乡边哈生态农庄项目日收集处理雅河乡周边地区 10 个村镇的鲜粪、污泥、棚菜作物、秸秆杂草等 7.1 t，畜禽尿及冲洗水 10.6 t；年生产沼气约 18.4 万 m³、沼液约 6 099 t，沼渣约 361 t，产生的沼气用于冰葡萄酒品酿造、消毒及园区炊饭、取暖，沼液、沼渣供 500 亩葡萄园及周边蔬菜大棚的蓝莓、黑花生、刺五加等营养植物施用，有效解决了雅河乡地区的农村生产生活污染直排问题，形成了区域绿色生态循环链条，打造了一个乡村文明、生活富裕、整洁美丽的边哈生态农庄。

1.4.3　辽河流域水专项技术成果推广与产业化（2018ZX07601-004）课题

近年来，辽河流域治理取得较大成就，但由于水资源分配极不平衡，水资源消耗量大，水资源、水环境承载能力不足，河道生态水严重缺乏，农业农村面源污染仍未得到有效控制，环境基础设施尚不完备，加之历史欠账较多，呈现污染治理难度大、技术要求高、综合集成差等特点，流域环境问题依然突出。

1.4.3.1　主要研究成果

辽河流域水专项技术成果推广与产业化（2018ZX07601-004）课题针对"水十条"实施下辽河流域及我国东北地区水污染治理技术需求与环保技术产业化市场分析，以"十一五""十二五"国家重大科技水专项辽河流域关键技术成果为引导，集成优化了畜禽养殖污染治理整装成套技术及设备、互联网+村镇污水治理 3 阶"1+N"技术体系及成套设备、污泥处理处置与资源化成套技术体系及设备，低温环境下稳定运行的干式厌氧发酵罐容积产气率较传统沼气工程提升 55%～74%、互联网+村镇小型生活污水生化处理一体化设备直接运行成本≤0.75 元/m³等，同时构建了"政府引导—需求拉动—龙头带动—平台驱动"

的全链式多途径辽河流域水专项技术成果产业化推广模式，搭建了线上模块创新+线下实体助推+长效运行保障的"2+1"三位一体辐射东北地区的水专项成果转化与产业化推广平台，实现了辽河流域水专项技术成果的推广与产业化。

（1）课题集成优化了畜禽养殖污染治理整装成套技术及设备，实现了规模化养殖场污染低温环境下的全方位高效治理。

课题以畜禽养殖场的粪污、废水和恶臭全过程全空间治理为目标，集成创新了粪污治理的湿式厌氧发酵搅拌设备，采用动静环气密封和轴套气密封 2 种支撑结构，突破了传统顶部机械搅拌效率偏低、稳定性较差、工程造价较高的问题；开发了卧式干式厌氧发酵设备，首次提出了分区搅拌与加热技术，优化框式桨设计与盘根填料-骨架组合密封，实现了低温环境下（-15~20℃）容积产气率较传统湿式厌氧设备提升 55%~74%。畜禽废水处理集成开发了畜禽养殖废水"两级筛分+沉淀除渣"高效高精度固液分离装置，将水力筛与振动筛有机耦合，悬浮物、有机物去除率高达 70%；开发了一种连续循环涡流式厌氧反应器，有效解决了污泥床内存在短流场、耐冲击性差等难题，有机负荷较传统 UASB 提高 2~3 倍，成本降低 30%；优化了牛粪干化与热能转化一体化设备，解决了污水中温厌氧热能不足等问题，综合燃烧特性指数从 1.72 增到 2.77。课题开发了集立体式垂直通风系统和隧道式中央通风系统于一体的畜禽舍恶臭处理技术，制备木屑+稻壳（体积比为 1:1）生物质填料，研制了除臭生物过滤器，确定了填料高度 60 cm、填料湿度 60%的最佳运行条件。

（2）课题开发了"预处理模块+核心处理模块+深度处理模块+智慧化控制模块"村镇生活污水处理模块化整装成套技术与设备，实现了高寒地区农村生活污水处理设备的稳定高效运行与精准控制。

课题集成优化了村镇生活污水处理模块化设备，设置了预处理、核心处理、深度处理和智慧化控制 4 大模块。其中，核心处理模块将改良型的 A^2O 子模块、接触氧化子模块、MBR 子模块集于一体，根据水质水量要求可自由切换，提高脱氮除磷效果。改良型 A^2O 模块创新设计为立式，解决了低碳氮比污水脱氮难以提高的运行问题，节约内回流比 100%~300%；改良型接触氧化模块，在改良型 A^2O 模块的好氧区增设了上下两层穿孔隔板，选择性填加固定填料或悬浮填料，解决了传统接触氧化对水质水量变化耐冲击性差的问题；改良型 MBR 模块将改良型 A^2O 模块的沉淀区设计为膜区，膜组件采用中空纤维素膜及脉冲膜面曝气方式，延长膜寿命 20%，降低运行能耗 40%，较改良型 A^2O 氨氮去除率提高 26.99%。智慧化控制模块构建了中心站、二级站、三级站 3 阶控制系统，实现了对村镇污水处理站的运行监控、智能调度、服务咨询、预警报警等功能，提高了分散式村镇污水处理设施集中化、自动化和智慧化运营水平，直接运行成本≤0.75 元/m³。

（3）课题形成了多维度污泥处理处置及资源化成套技术和装备，突破了现有污泥脱水技术处理成本高、污泥减量化效果不明显的工程问题。

课题针对大规模集中污水处理厂污泥及历史堆存污泥处理需求，集成优化了调理双压式污泥高干脱水-污泥干化协同焚烧（造粒）技术，开发了绿色环保污泥处理液体活化剂，添加量较生石灰、铁盐、铝盐等传统添加剂减少 60%～70%；开发了调理双压式污泥高干脱水设备，初压 0.6 MPa，重压 1.5 MPa，脱水率至 55%，运行成本仅约 80 元/t，较传统板框脱水低 20%～30%；开展了污泥干化协同焚烧造粒资源化研究，含水率为 80%的污泥配以建筑渣土，以粉煤灰为添加剂，采用多点控温技术，制备了污泥陶粒建材。针对场地紧凑、污泥产生量为 2～10 t/d 的污水处理厂规模，研制了模块化污泥热压力耦合干燥-流化床焚烧设备，转鼓压膜式设计，烟气余热全过程回用，实现了低温条件下短时间快速降低污泥含水率，单位面积干燥热负荷比主流干燥机高 20%。针对地域分散的小型污水处理厂污泥处理需求，集成优化了生态化、高值化污泥基生物炭制备技术，除砂-脱水-制备-应用工艺采用一体化处理，能耗降低 10%，以铁基改性多孔生物炭，吸附性能提升了 15%。

（4）课题构建了"政府引导-需求拉动-龙头带动-平台驱动"的全链式多途径辽河流域水专项技术成果产业化推广模式，搭建了线上模块创新+线下实体助推+长效运行保障的"2+1"三位一体辐射东北地区的水专项成果转化与产业化推广平台。

模式充分发挥政府引导作用，依托龙头企业建立政企合作新路径，带动水专项等科技成果研发及培育，系统解决环境问题；建立了环保管家中心，以环保市场需求为导向，以环境效益为中心，强化环保管家辐射能力，深度挖掘市场需求，为水专项等技术成果落地提供载体；依托辽宁省环保集团等大型国企，充分发挥了龙头企业带动作用，将水专项等技术成果成功应用于环境咨询和工程项目中，借助龙头企业的专业化生产、多元化扶持、规模化发展、社会化服务和企业化管理能力和水平，提高市场占有率，促进水专项技术成果落地；搭建了技术与市场融合的便捷平台，包括组建七大产业战略联盟，并紧密结合水专项技术先进性、成熟度及转化现状，实行差异化组建与管理，实现了"产、学、研、用"的深度融合；成立新型研发机构——辽宁环保产业技术研究院有限公司，企业化经营，助力先进成熟水专项技术成果高质量转化；搭建了线上推广平台，提出了网上环博会理念，实现了 VR 实景体验；成立了专门运营公司——辽宁省环保集团产业咨询服务有限公司，建设了环保服务业集聚区，确保线上线下平台水专项成果转化可持续发展。

1.4.3.2 成果应用与产业化推广

课题建设示范工程 1 项、验证工程 3 项，完成产业化推广项目 45 项，实现产值 11.09 亿元，市场覆盖率达 50%以上，服务于辽河流域的沈阳、抚顺、铁岭、盘锦、锦州、阜新等辖区百余个县、乡镇、村，极大地削减了大辽河、浑河、太子河、辽河、大凌河及寇河、细河、绕阳河、古城河、沙河、清河等 30 余条辽河流域干、支流河入河污染物排放量，减排 COD 7 893.07 t/a、氨氮 963.01 t/a，为深入打好流域污染防治攻坚战、对流域水质持续改善提供了重要支撑。

1.4.4 龙头企业水专项实施成效

1.4.4.1 "十二五"水专项实施成效

（1）畜禽粪便资源化技术与人工湿地冬季稳定运行技术在辽河流域得到大规模推广。

寒冷地区畜禽粪便资源化技术在辽河流域农村环境综合整治项目中得到大规模应用推广。其技术核心为厌氧发酵制沼气，以及好氧发酵制有机肥，主要应用领域为农村地区畜禽养殖粪污的治理。该技术在辽宁省内 10 项大型畜禽粪便治理项目中得到应用推广，年处理畜禽养殖粪污 20 万 t，年削减 COD 7 200 t、氨氮 480 t，在流域水质改善与农村环境治理中发挥了巨大的作用。人工湿地冬季稳定运行与强化脱氮技术在辽宁省县级污水处理厂建设中得到大规模推广，其中铁岭昌图县污水处理厂、喀左县城市污水处理厂等 8 项污水处理项目均采用人工湿地技术，总处理规模约 14 万 t/d，年削减 COD 9 655 t，在辽河治理过程中发挥了有效的技术支撑作用。

（2）污染河流生态治理技术在北方典型污染支流治理中得到首次应用。

复合生态滤床技术首次应用在条子河污染治理工程中，主要污染负荷削减 20%，年COD 削减量 3 285 t，治理河道水体满足《地表水环境质量标准》（GB 3838—2002）Ⅴ类水质标准。从根本上解决辽河上游 16 个乡镇（场）、66 个村、203 个自然屯、24 340 户、89 659 人及 38 814 头大牲畜的饮用水安全问题，为实现辽河上游水质改善、辽河上游生态系统健康和生态安全提供了技术支撑。

（3）搭建了辽宁水环境污染治理产业技术创新平台，加速了分散式污水治理的产学研用转化进程，推进了产业化发展。

构建了辽河流域分散式污水治理技术产业化模式，实现了 10 个系列化设备、41 个工程项目的产业化推广，破解了农村涉水面源污染治理难题。搭建了辽宁水环境污染治理产业技术创新平台，建立起政府-企业-科研单位-用户的多方合作桥梁，大大加速了产学研用转化进程，形成了一大批科研成果及示范、转化的工程项目。平台通过开展村镇污水治理设备及产品研发、污水处理与回用、农村环境污染综合整治、政策支持与社会服务等方面技术、设备、管理、咨询的创新与服务，形成了一批具有自主知识产权、科技含量高、适用性强的核心技术与成套设备，提高了其产业化应用规模和水平，带动该领域产业高质量快速发展。

（4）创新了分散式污水治理技术产业化保障机制，打通了政府、市场与企业的沟通交流渠道，构建了辽河流域分散式污水处理环保产业发展新模式。

创新实施了环保管家一站式服务、以城带乡小型污水处理设施运营等服务模式和保障机制，解决了美丽乡村建设过程中环保工艺过于零散与治理工程过于单一，难以提高全方位、高质量、系统化的专业服务等区域共性问题，构建了适合辽河流域的分散式污水治理技术产业化模式，并与抚顺、本溪、阜新、葫芦岛等 10 多个市（县）签署了环保管家服务协议。构建的产业化模式，积极有效促进了市场的深度挖掘，使分散式污水治理成套设备的产业化推广得以顺利开展，"十二五"期间共完成了 41 个产业化项目，推广 10 个系列 9 个子系列成套设备 600 余套，市场开发份额在辽河流域畜禽粪污厌氧发酵治理中占 60%、在小型生活污水处理中占 30%、人工湿地污水处理占 80%、农副产品加工行业废水治理占 50%，共实现产值 2.23 亿元，在改善农村水环境质量的同时，环保技术设备的产业化也因此成为辽河流域新的经济增长点，实现了环境效益、经济效益和社会效益的有机统一。

（5）开发了辽河流域分散式污水治理成套技术和设备，突破了工程转化的"瓶颈"问题，助推了辽河流域美丽乡村建设。

以治理有效、资源利用、绿色生态的产业化推广为目标，发挥产业技术创新平台综合优势，从工程实践出发，发现问题、破解难题，为乡村振兴战略实施提供了技术支撑。研发了畜禽粪污高效厌氧发酵技术、发酵产物利用技术，集成优化了粪污、餐厨垃圾、棚菜作物及秸秆等多原料预处理一体化技术、破壳搅拌技术、改进型 USR 厌氧发酵技术、内置热能转化技术、正负压气水分离保护技术、沼液浓缩等关键技术，突破了北方寒冷地区沼气工程冬季运行不稳定的工程技术难题；开发的小型生活污水的潜水导流氧化沟处理技术，突破了氧化沟工艺在北方寒冷地区冬季运行达标困难的工程问题；开展的高效人工湿地"基质-菌剂-植物-水力"四重协同净化系统研究，突破了寒冷地区人工湿地低温环境条件下脱氮效果差的工程"瓶颈"；研制的 TW 系列高浓度物料高效厌氧发酵成套设备、GQ/GD 系列一体化氧化沟成套设备、DN50～DN300 均匀布水成套设备等 10 个系列 9 个子系列分散式污水治理成套设备，实现了标准化、规范化、模块化，在工程应用中操作简单、安装快速，缩短了工期，减少了直接投资的费用。研发的技术成果应用于沈阳、抚顺、铁岭、盘锦、锦州、阜新等辖区 51 个县、乡镇、村的分散式污水治理，大幅削减了拉马河、寇河、细河、绕阳河、古城河、沙河、清河等 10 余条辽河流域支流河的入河污染物排放量，年削减 COD 10 159 t、氨氮 1 015 t，促进了辽河流域新民、大洼、台安、雅河等 30 余个乡镇村成功申报国家级、省级生态乡镇、生态村，大力助推美丽乡村的建设。

1.4.4.2 "十三五"水专项实施成效

（1）模式构建路线图。

针对辽河流域水环境问题多元性、信息交流渠道单一、推广交易模式不完善等问题，聚焦辽河流域治理与管理需求，以支撑提升辽河流域治理及管理能力、快速高效高质转化科技成果为目标，探寻建立适合辽河流域水专项技术成果产业化的地域性模式，打通"产、学、研、用"一条链。模式构建思路包括以下 4 部分。

①创建政府引导新模式，打造服务与培育体系。一是发挥政府系统解决环境问题的引导作用，引入企业为主导的综合服务商。二是建立产业集聚区。龙头企业牵头与地方政府共同建立产业集聚区，吸纳高新环保企业入园入区，实现集聚效应。三是整合龙头企业、研究团队及地方政府，组建新型研发机构，建立专家库、成果库。

②发挥环保管家一站式服务优势，打造市场需求深度挖掘体系。以解决政府亟须的环

境系统解决方案及园区、企业提标改造、降本增效等需求为根本，依托环保管家服务深度挖掘及先进适用技术面临的问题，发挥研究院、联盟的专家团队优势和挖掘大数据优势，精准研判，驱动水专项成果的应用、熟化与产业化。

③组建特色产业联盟，打造成果转化体系。一是针对需求，组建特色产业联盟，实现"产、学、研、用"的深度融合，实现优势互补，全链协同。二是搭建线上展示+线下实体"两位一体"水专项技术成果转化及产业化推广平台，加快现有成果展示、孵化及交易。三是验证培育水专项技术成果高质量转化。

④完善激励机制，打造促进水专项技术成果产业化良性发展体系。一是龙头企业投资建设专门的平台运维服务公司，自负盈亏，成长激励，确保水专项成果转化的可持续性。二是建立水专项成果转化专项资金，验证熟化水专项科技成果。三是投资公司优先支持成熟的水专项转化项目。

（2）模式搭建。

依据辽河流域水专项成果产业化思路，引入综合服务商对环境问题进行综合解决，构建"政府引导-需求拉动-龙头带动-平台驱动"的全链式多途径辽河流域水专项技术成果产业化推广模式。该模式以环保市场需求为导向，以环境效益为中心，依托龙头企业建立政企合作新模式，带动科技成果研发及培育，促进水专项技术转化落地，切实有效地解决流域水环境问题。实现专业化生产、多元化扶持、规模化发展、社会化服务和企业化管理，形成产学研一体化、产加销一条龙，市场牵动龙头，龙头带动集群，集群联动产业的产业组织形式。

该模式围绕建立服务与培育体系、转化体系、市场需求深度挖掘体系以及激励体系，建立了由龙头企业、分领域联盟、环保服务业集聚区、新型研发机构、推广平台等构成的产业模式。通过政府宏观引导、政策资本支持，在流域范围内组建七大产业联盟，与企业、市场紧密衔接，实现产业合作、交流、联盟资源信息共享网络，促成技术落地；构建环保服务业集聚区，依托区内企业（项目）集中，产业集群、资源集约、功能集合等优势，打造优质的咨询、技术、治理、设备、运维等全方位服务产业链；建立新型产业研究院，将专业研究所+投资发展公司+孵化器等职能融于一体，促进技术熟化、企业成长，降低企业的创业风险和创业成本；搭建线上推广平台，通过互联网+大数据实现水专项科技成果转移转化、知识产权综合服务、重点技术全息展示、科技成果交易与评价、投融资策划及论证、高端人才对接交流等推广。

①充分发挥政府引导作用，系统解决环境问题。

在水专项技术成果转化与推广中，辽宁省地方各级政府发挥了积极的引导作用，围绕流域污染治理问题，政府提出生态环境系统解决方案管理思路，积极引导产业链齐全的龙头企业开展先进适用技术的提供与支撑；辽宁省生态环境厅在推进中央环保督查问题整改工作中，高度重视龙头企业相关建议方案，并在全省转发；辽宁省科技厅制定的《关于进一步深化科技体制改革开展科技成果转化政策激励试点的工作方案》及沈阳市科技局推出的《沈阳市新型研发机构管理办法》，从政策和资金层面直接推动新型研发机构建设，促进水专项科技成果转化落地；辽宁省市场监督局在标准制修订计划中优先支持水专项技术成果立项，并推进发布与实施，积极发挥行业规范引领作用；沈阳市皇姑区政府积极聚焦主导产业，并将科创产业作为首要章节，大力强调企业、平台、园区的政策含金量，重点支持水专项等高新技术成果转化项目并进行奖励。

得益于政府引导与服务支持，课题牵头单位辽宁省环保集团编制的《辽宁省环保集团跟进中央环保督察解决相关环境问题建议方案》，得到省生态环境厅高度认可，并转发给 14 个地市；注册成立的新型研发机构——辽宁环保产业技术研究院，被省科技厅、省国资委列为科技成果转化政策激励试点单位；水专项技术编制的《辽宁省农村生活污水处理技术指南》《辽宁省规模化养殖场污染防治规范》等地方标准，在省市场监督局和省生态环境厅的支持指导下立项、编制和实施；皇姑区政府支持环保服务业集聚区建设 135 万元。

②完善环保管家模式，深度挖掘市场需求。

辽宁省环保集团在 2016 年成立之初即提出了环保管家理念，全方位打造环保管家服务模式。随着水专项课题实施，环保管家更以水专项技术成果为重要抓手，进一步深入挖掘市场需求，同时也作为第三方专业环保机构为辽河流域及东北地区的政府、园区、企业等提供系统解决方案。集团专门成立了环保管家领导小组办公室，董事长任主任，全面推动环保管家市场挖掘能力和系统综合服务水平。在市场开发、综合服务过程中，也提出了大量的先进适用技术需求，借助环保管家全链化服务，优先推荐水专项技术成果及开发团队，实现了技术的高效匹配及快速转化。

目前辽宁省环保集团已与抚顺市政府、葫芦岛市生态环境局、鞍山市台安县政府、盘锦市盘山县政府、本溪市高新技术开发区管委会、盘锦市辽东湾新区管委会、北方华锦化学工业集团、中国黄金集团辽宁分公司等签订环保管家框架协议 30 项，其中政府类 4 项、工业园区 3 项、大型企业 23 项，并进行精准对接百余次，签订合同额 1 亿余元。成功案例为老虎冲生活垃圾渗滤液应急处理项目，市场挖掘并与清华大学浸没式燃烧水专项技术对接，为中央环保督察重点整改项目提供了重要支撑。

③依托大型国企，发挥龙头企业带动作用。

辽宁省环保集团有限责任公司成立于 2016 年 3 月，以北方环保公司为核心，所属企业 25 家，是辽宁省内唯一一家省属国有环保企业，资产总额 13 亿余元。北方环保公司早在 2008 年、2012 年分别承担了"十一五""十二五"水专项课题，并完成多项环保课题与工程项目，培养了大量的科研人员和工程技术人才，为辽宁省环保集团的快速发展奠定了坚实基础。集团现有员工 800 余人，拥有村镇生活污水处理、土壤修复、智慧水务等多个国家级、省部级技术中心和产业平台，拥有 1 个新型研发机构和 7 个产业战略联盟，同时担任省环保产业、环评、监测、危险废物等多个行业协会会长单位。

辽宁省环保集团先后承担包括"十一五""十二五""十三五"期间水专项多项课题在

内的 40 余项国家级、省部级科研项目,获拨国家财政经费支持 6 000 余万元,拥有厌氧发酵、污水处理、人工湿地净化、智慧水务运营、垃圾渗沥液处理等 10 余项关键核心技术,拥有知识产权 56 项。作为区域龙头环保企业,辽宁省环保集团借助拥有的环境工程设计甲级、环保工程专业承包一级、环境影响评价甲级计量认证等多项国家顶级资质,业务涵盖环保项目规划与技术咨询、环境影响评价、环保工程设计与施工、环保设施运营、环境检测、环境监理、环保产品、环保金融、环保服务业集聚区等领域,积累和进一步挖掘大量的市场资源,辽宁省环保集团将水专项等技术成果成功应用于环境咨询和工程项目中,市场占有率约占辽宁省的 30%,为辽河流域水专项成果转化发挥了重要引领和带头作用。

④搭建技术与市场融合的便捷平台,驱动技术成果高效转化。

以辽宁省环保集团为龙头引领,通过组建联盟、建设环保服务业集聚区、搭建线上水专项技术展示及成果转化平台、成立产业技术研究院、成果转化运营公司及健全投融资机制等多途径推进辽河流域水专项技术成果高质量产业化。

a. 组建产业联盟,搭建技术与市场融合的高效平台。

集团组建了辽河流域畜禽养殖污染治理技术产业战略联盟、辽河流域互联网+村镇污水治理技术产业战略联盟、辽河流域污泥处理及资源能源化技术产业战略联盟、辽河流域环保技术创新小试中试战略联盟、辽宁环保产业产学研联盟、辽河流域环保管家战略联盟和辽河流域环保工程设计战略联盟七大联盟,涵盖 200 余家产学研用单位,尤其包括清华大学、南京大学、中科院沈阳应用生态研究所、中国环境科学研究院、东软集团股份有限公司等国内一流机构,充分发挥企业、高校、科研院所等各自优势,实现资源互补。七大联盟紧密结合水专项技术先进性、成熟度及转化现状,实行差异化组建与管理,实现了"产、学、研、用"的深度融合。

联盟组建以来,开展了水专项技术成果协同合作并卓有成效。其中,污泥联盟高校与企业两单位联合申报了沈阳市重大核心关键技术攻关项目"移动式污泥安全高效脱水平台开发及煤掺烧关键技术攻关";村镇污水联盟两企业联合中标了"丹东前阳污水处理厂施工期污水应急处置项目",合同额 429 万元;小试中试联盟与水专项淮河流域、巢湖流域进行了流域间水专项技术交流;产学研联盟成功列入"辽宁省首批实质性产学研联盟",同时辽宁省环保集团还被择优入选了"一带一路"环境技术交流与转移中心发起的"绿色技术产业联合会",全国仅有 31 家单位入围,同时也是东北地区唯一一家环保入围企业,并入选为常务理事单位,也将为水专项技术在"一带一路"沿线国家的推广和拓展奠定良好基础。

b. 成立新型研发机构,助力先进成熟水专项技术成果的高质量转化。

课题由辽宁省环保集团牵头,联合沈阳市皇姑区政府和"十一五""十二五"水专项辽河流域课题主要承担单位——国内一流高校徐晓晨研究团队、中国科学院沈阳生态所研究团队等五方共同出资,成立了水专项技术成果专门转化单位——辽宁环保产业技术研究院,并于 2020 年 10 月完成了法人实体注册,注册资金 1 000 万元,所有出资方均以现金入股。产研院采取董事会管理下的总经理负责制，总经理、副总经理及研究院核心人员均为水专项培养的高层次人才。

产研院作为新型研发机构重点开展流域内外水专项技术成果转化与推广，为打通水专项技术成果转化"最后一公里"提供重要支撑，目前已成功备案为省级新型研发机构，并列入辽宁省产业技术研究院下设的唯一一个环保技术研究所，辽宁省环保集团和皇姑区政府也每年投入 200 万元助推产研院建设和发展。

c. 成立专门运营公司，建设环保服务业集聚区，搭建线上线下推广平台，确保水专项成果转化的可持续发展。

辽宁省环保集团为进一步加大水专项技术成果转化，积极推动辽宁省环保服务业集聚区建设，并专门成立了辽宁省环保集团产业咨询服务有限公司，注册资金 300 万元，负责环保服务业集聚区建设及水专项技术成果推广线上线下平台的运行维护与管理，自负盈亏。组建初期即投入 500 余万元，搭建了辽河流域水专项成果转化与产业化推广线上展示及交易平台；建设了技术成果展示中心、会议展览与交流中心、环保管家服务中心、创新创业孵化中心等水专项线下推广平台，并成功申报了市级、省级科技企业孵化器，孵化环保科技创新公司 11 家，初步实现了环境咨询、技术服务、环保工程设计与施工、环境检测、工程投融资等各类高新技术类中小型公司企业资源的集聚与优势互补，初步形成了产业的全链条服务，带动了区域环保产业的发展。

辽宁省环保集团与皇姑区政府、沈阳万科地产共建环境科技大厦，进一步强化集聚区空间延伸和产业带动影响力，建筑面积再增加 15 000 m^2，年产值实现 10 亿元，通过优先引进水专项技术持有单位等 30 家先进环保企业，为流域乃至东北地区环保产业的高质量发展提供支撑。

d. 健全投融资体制机制，推动水专项技术成果产业化的稳步推进。

课题承担单位通过政府制度供给、政策吸引，建立完善的包括财政、税收、知识产权、人才开发与激励等政策支持体系，制定长期的水专项技术成果产业化政策、配套制度，逐渐形成完善的投融资体制，建立有效的产学研协作机制及创设畅通的区域合作渠道，更好地促进水专项技术成果产业化良性发展。辽宁环保投资有限公司、辽宁节能环保投资管理有限公司、辽宁绿色产业股权投资基金及东北科技大市场知你基金、和财基金、德鸿资本等社会资本也将持续为水专项技术成果转化与推广提供资金保障。

1.5 水专项培育发展

1.5.1 企业基本情况

辽宁省环保集团是辽宁省唯一一家省属国有环保企业，资产总额 10 亿余元，拥有 26

家分子公司，高新技术企业占比70%。现有员工800余人，硕士以上学历人数占40%，辽宁省优秀专家、沈阳市领军人才等高层次人才20余人。辽宁省环保集团拥有环保工程专业承包一级资质、环境工程设计专项甲级资质、环境影响评价甲级资质、工程咨询甲级资质等30余项，业务涵盖环保工程设计与施工、危险废物处置、环保咨询、环保产品、环境检测、环保设施运营、核与辐射、环保金融等领域。

辽宁省环保集团确定了"一轴一核两翼"的发展理念，秉承"专心、专业、专注"的企业核心价值观，培育了"学习力、执行力、竞争力、凝聚力"的团队品格，打造了"员工幸福、企业发展、社会满意"的发展愿景，建立了"贴心环保管家"品牌效应+"社会和技术"两个平台+"探索各项业务"发展的"1+2+N"业务模式。同时，辽宁省环保集团高度重视科技创新，拥有"国家环境保护干旱寒冷地区村镇生活污水处理与资源化工程技术中心""国家地方联合村镇污水处理与资源化工程研究中心""国家地方联合污染土壤生物-物化协同修复技术工程实验室"等6个国家级、省部级工程技术中心和创新平台，并连续承担了"十一五""十二五""十三五"国家水专项及省市级多个重大研发项目，授权专利30项，其中发明专利11项；获得省部级科技进步奖、勘察设计奖30余项，获国家级、省市级污染治理实用技术、节能减排先进技术20余项。

1.5.2 水专项提升企业自主创新能力的作用

辽宁省环保集团承担国家"十一五""十二五""十三五"水专项课题期间，对推动企业在污水治理领域的技术创新和技术的推广与产业化进程起到了重要作用。通过水专项的实施，大幅提高了环保集团的自主创新能力，成功申请了"国家环境保护干旱寒冷地区村镇生活污水处理与资源化工程技术中心""国家地方联合村镇污水处理与资源化工程研究中心""国家污水处理与资源利用产业技术创新战略联盟""辽宁省污水处理工程技术中心""辽宁水环境污染治理产业技术创新平台""辽宁省智慧水务与再生水综合利用专业技术创新中心"6个国家级及省部级工程中心、重点实验室，产出的成果支撑辽宁省环保集团下属5家分子公司成功申报高新技术企业。突破关键技术20余项，形成了10个系列9个子系列分散式污水治理成套设备，共获得省部级科技进步二等奖2项、三等奖5项；累计申请专利30余项，其中发明专利授权11项；授权软件著作权25项；获得国家级、省级、市级实用技术、节能减排技术等荣誉证书10余个，获省市级工程勘察设计奖10余项；出版专著2部，发表论文100余篇。

在水专项课题执行期间，辽宁省环保集团高度重视科技研发与创新工作，研发的高效厌氧发酵技术及成套设备，解决了传统沼气工程施工工序繁杂，建设周期长，建造费用高，反应器内介质传递、扩散困难，组成不均匀等问题，填补了高寒地区畜禽粪便厌氧发酵领域的技术空白。获得国家重点新产品1项，获得沈阳市重点节能减排技术1项，授权发明专利3项（ZL201310571680.8、ZL201410395292.3、ZL201410393482.1），获得省科技进步二等奖 1 项，完成示范工程 2 项，推广产业化项目 13 项，实现设备产值 3 654.53 万元。

研发的北方寒冷地区小型生活污水一体化处理技术及成套设备，突破了分散式污水处理设施建设运行成本高、低温环境运行不稳定、污染物净化效果差等工程技术及运维上的难题，填补了北方寒冷地区小型生活污水处理领域的技术空白。实现节省占地面积 15% 左右。获得沈阳市重点节能减排技术 1 项，申请专利 2 项，其中授权实用新型专利 1 项（ZL201220720379.X），受理发明专利 1 项（CN201611023235.8）。完成小型生活污水处理示范工程（小型生活污水处理站 3 个），推广产业化项目 7 项，实现设备产值 1 382.7 万元。

研发的北方寒冷高效人工湿地成套技术及配套设备，实现了冬季低温条件下（水温 4～10℃、极端气温 –40～–20℃）氮、磷及有机物去除率较传统湿地可提高 10% 左右，节省工期 30% 左右，节约直接投资费用 20% 左右，实现了高寒地区人工湿地冬季低温的高效稳定运行。获得中国环保产业协会 2018 年重点环境保护实用技术 1 项，申请发明专利 1 项（CN20131057209.2），获得实用新型专利授权 2 项（ZL201520090938.7、ZL201520332923.7）。完成示范工程 1 项，推广产业化项目 17 项，实现设备产值 15 754.32 万元。

集成优化的高浓度有机废水处理技术及成套设备，突破了辽河流域内农副产品加工行业企业数量多、地域分散、污水成分复杂、难降解、处理难度大等问题。实现 COD 和氨氮的去除率均达到 99% 及以上，处理成本为 10～11 元/t，比同类废水的处理成本降低了 20%～40%，缩短建设工期 20%。获得辽宁省节能减排技术暨水污染防治技术 1 项，沈阳市重点节能减排技术 1 项，申请发明专利 6 项，获得授权 6 项（ZL201310474968.3、ZL201310472103.3、ZL201310472143.8、ZL201510048460.6、ZL201410816998.2、ZL201510224148.8）。完成示范工程 1 项，推广产业化项目 4 项，实现设备产值 1 490 万元。

基于上述研究基础，国家"十三五"水专项辽河流域水专项技术成果推广与产业化课题形成"技术二次开发与熟化-企业孵化-联盟集聚-地方助力-平台推广"的全链式辽河流域水专项成果产业化推广模式，搭建我国东北地区水专项成果转化与产业化推广平台，推动适合北方寒冷地区的水专项先进、成熟技术成果的高质量转化与产业化推广，打造我国东北地区水专项环保技术信息交流与市场交易中心，为辽河流域水污染防治攻坚战提供可靠的支撑。

1.5.3 水专项培养企业创新人才作用

辽宁省环保集团借助国家"十一五""十二五""十三五"水专项课题的实施，为提高企业的创新能力，成立了由辽宁省优秀专家、沈阳市领军人才领衔的专门研发部门——辽宁省环保集团技术发展中心。2008—2018 年承担水专项课题期间培养了一支由 30 余人组成的较高水平的流域水污染治理研究团队，形成了"教高-高工-工程师-助工""博士-硕士-本科"的人才梯队，培养了辽宁省优秀专家、沈阳市领军人才 1 人，沈阳市高层次人才 3 人，省级"百千万"层次人才 10 余人，吸引归国留学人才 10 余人，以技术骨干身份晋升业务领导岗位 10 余人，技术职称晋升 10 余人。培养中科院长春应化所博士生副导师、辽宁大学、沈阳大学等高等学校校外导师 12 人。课题培养研究生 30 余名，他们毕业后去了上市公司、重点高校等单位，体现了较好的科研素质。

1.5.4　水专项支撑企业产业发展的作用

辽宁北方环境保护有限公司为辽宁省环保集团核心全资子公司（以下简称公司），成立于 2000 年 12 月 27 日，公司成立之初仅拥有员工 10 余人，注册资本为 100 万元，主要业务领域为城市生活污水治理。公司在发展过程中高度重视科技创新工作，大力开展技术研发与创新，2008 年拥有员工 80 余人，成功申请并承担国家"十一五"水专项"辽河上游水污染控制与水质改善技术及示范研究"课题。在"十一五"期间，辽宁打响了辽河治理攻坚战，全面实施"辽河流域污水处理厂建设"工程，全省共新建 99 座污水处理厂，公司独自承建了其中 27 座，项目覆盖辽宁省内 10 余个县市，总处理规模达 69 万 t/d，应用了多种主流处理工艺。

借助国家"十一五"水专项课题的实施，公司在人员规模、公司业绩等方面发展迅速，2012 年公司员工达 300 余人，成功申请并承担国家"十二五"水专项"辽河流域分散式污水治理技术产业化"项目/课题。基于"十二五"水专项课题的实施，申报并获批了辽宁省辽宁水环境污染治理产业技术创新平台，该平台是辽宁省唯一一个环境污染治理的产业技术平台，形成以环保管家一站式服务、以城带乡运维模式为保障的分散式污水治理技术产业化机制，通过开展村镇污水治理设备及产品研发、污水处理与回用、农村环境污染综合整治、政策支持与社会服务等方面技术、设备、管理、咨询的创新与服务，进一步利用企业已有的技术研发、设备研制、生产线生产能力的硬件条件，形成一批具有自主知识产权、科技含量高、适用性强的核心技术与成套设备，同时对具有市场价值的重要科研成果进行工程化开发，提高其产业化应用规模和水平，带动企业高质量快速发展。通过"十二五"水专项的实施，公司拥有的技术及设备在沈阳、抚顺、铁岭、盘锦、锦州、阜新等辖区 51 个县、乡镇、村完成 40 余个项目的产业化推广应用，实现产值 2 亿余元，服务人口达 117.35 万人，大大削减了拉马河、寇河、细河、绕阳河、古城河、沙河、清河等 10 余条辽河流域支流河的入河污染物排放量，年削减 COD 达 10 159.09 t、NH_3-N 达 1 015.44 t，为保证辽河流域水质持续向好发挥了重要作用。

随着公司的高速发展，2016 年 3 月，辽宁省国有资产管理委员会以辽宁北方环境保护有限公司为核心成立了辽宁省环保集团有限责任公司，员工人数达 800 余人，总资产 10 亿余元。基于国家"十一五""十二五"水专项课题的实施，辽宁省环保集团于 2017 年 9 月申报国家"十三五"水专项"辽河流域水专项技术成果推广与产业化"课题并立项，现课题已经顺利结题验收。课题将形成线上模块创新+线下实体助推+长效运行机制保障的"2+1"三位一体的辽河流域水专项成果转化与产业化推广平台，将以畜禽养殖污染治理技术、互联网+村镇污水治理技术和污泥处理处置及资源化技术为典型，积极推进上述技术及垃圾渗滤液等高浓度有机废水处理技术等水专项科技成果的转化与产业化，培育和带动企业产值 5 亿元以上。

基于"十一五""十二五""十三五"水专项课题的实施，辽宁省环保集团与清华大学、南京大学、大连理工大学、哈尔滨工业大学、中国环境科学研究院等多所国内知名高校及科研院所及沈阳皇姑区科技局、沈阳市科技局建立了紧密的合作关系，初步建立"政-产-学-研-用"的合作模式，为辽宁省环保集团的发展提供了强有力的技术支持。基于水专项课题的实施，辽宁省环保集团搭建了昌图生态修复中试基地、黑山中试基地，将搭建盘锦辽东湾绿色工业园区石化化工废水现场实验室，积极促进水专项科技成果的二次开发、熟化与产业化推广，带动企业快速发展。

同时，借助国家水专项课题的实施，辽宁省环保集团近两年承担了 2019 年辽宁省科技重大专项、辽宁省中央引导地方科技发展专项资金项目、2019 年沈阳市"双百工程"重大科技研发项目等多项省级、市级重大科技研发项目，累计研发资金达 5 000 余万元。2019 年被辽宁省科技厅列为辽宁科技成果转化政策激励试点。

1.5.5　龙头企业培育成效

基于国家"十一五""十二五""十三五"水专项课题的实施，在科技创新、人才培养、平台建设等方面支撑辽宁省环保集团高质量发展。

（1）科技创新。

以国家"十一五""十二五""十三五"水专项为支撑，辽宁省环保集团加大技术创新研发资金投入，在畜禽养殖污染治理、小型生活污水处理、寒冷地区人工湿地处理、污染河流生态修复、高浓度有机废水处理等方面取得了重大技术突破，新增知识产权 10 余项，获批国家、省部级工程中心及重点实验室 6 个，培育国家级高新技术企业 5 家，业务领域及业务市场进一步拓展，企业规模不断扩大，显著提升了企业的核心竞争力，仅在"十二五"水专项课题实施期间培养带动企业产值增加 2.23 亿元。

（2）平台建设。

辽宁省环保集团高度重视"政、产、学、研、用"相结合，承担国家水专项课题以来，搭建了辽宁水环境污染治理产业技术创新平台，打通了政府、市场、产学研渠道，实现了市场、政府和技术人员的无缝接轨，推广了分散式污水治理技术及设备的成果转化，大大提升了企业科技水平和综合竞争力，实现了流域环境治理和产业发展的双重目标。

"十三五"水专项课题执行期间将构建"技术二次开发与熟化-企业孵化-联盟集聚-地方助力-平台推广"的全链式辽河流域水专项成果产业化推广模式，搭建辽河流域水专项成果转化与产业化推广平台，促进水专项技术成果的二次开发、熟化与产业化转化，接通辽河流域水专项技术成果转移转化与产业化的"最后一公里"。

第2章　辽河流域水专项技术成果转化路径

基于辽河流域水专项"十一五""十二五"水污染治理技术及分散式污水治理技术产业化机制研究成果，结合辽宁省"水十条"明确提出的"强化科技支撑，加强科技成果转化，重点推广重点行业水污染治理及循环利用技术、水生态修复、农村面源治理技术、畜禽养殖污染防治技术等适用技术，探讨科技成果与产业化推广有机结合的途径"要求，建立科技创新与产业化推广有机结合途径，形成辽河流域水专项成果转化及产业化模式，为辽河流域及我国东北地区水专项技术成果的快速高效转化和产业化推广提供支撑。

针对辽河流域水专项成果产业化存在的问题和局限性，研究建立产业联盟、小试/中试基地群、生产基地、孵化企业、产业集聚区等多方式的产业化推广途径，形成适合辽河流域水专项技术成果转化与产业化推广模式。

2.1　水专项技术成果的产业化要素

水专项科技成果产业化主体是从事与水专项科技成果产业化活动的相关组织和个人，包括参与项目研发的高等学校、科研院所、企业等单位及其相关人员。此外，从广义考虑水专项技术产业化的主体还包括各级政府及其组成部门、金融机构、科技中介服务机构及其他公共组织，他们是提供政策、资金、人才、信息等资源要素供给的公共服务主体。

2.1.1　企业

在科技成果产业化过程中，企业是科技成果的需求方，是产业化的承接载体，是连接科技创新与市场需求的成果转化基地，是决定科技成果产业化成败的关键。水专项技术产业化企业主体中不仅包括参与技术研发的科技型企业、参与示范工程建设的企业，而且包括对水专项技术有着现实需求的企业。

在辽河流域水专项课题研发过程中，鞍钢、本钢、辽化、华锦、抚顺石化、七彩化学等行业龙头企业不仅参与了课题研究，同时也进行了工程示范，为示范工程建设提供全部配套资金。辽宁北方环境保护有限公司作为"十二五"辽河流域水专项技术产业化课题的牵头单位，"十一五""十二五"期间完成了对养殖废水处理、农村污水处理、乡镇污水处理等技术成果的设备化、标准化、系列化的二次开发，同时在辽河流域进行了全面推广。

2.1.2　高校

大连理工大学、东北大学、北京师范大学、中国海洋大学、哈尔滨工业大学等 20 余所高校均参与了水专项辽河项目研究。各参加高校秉承水专项研发宗旨，以解决制约水质改善、污染减排的问题为导向，强化研发成果的效能，针对性开展技术研究，从小试试验开始、逐步完成中试放大试验，并与示范工程设计单位、示范工程建设单位紧密协作，将研发技术成果融入示范工程的设计和运行，直接参与工艺选择、参数设定、设备设计与选型、工程调试等。

2.1.3　科研院所

科研院所与高校相比，其研发成果通常更容易贴近市场，科技成果的成熟度和市场化程度相对较高。中国环境科学研究院、中国科学院沈阳应用生态研究所、中国科学院过程研究所等科研院所，直接参与水专项辽河项目，组织推动了辽河流域水专项科技成果产业化活动。与高校及企业相比，科研院所与政府、企业间的联系更为紧密，其承担的技术研究课题较高等学校更加突出技术的应用，同时因其与政府、企业联系更为紧密，在技术成果推广及产业化方面更具优势。

2.1.4　政府

政府是科技成果产业化的宏观调控者，主要承担科技成果产业化发展规划、标准及政策制定、财政补助资金投入、直接投资、调节干预等功能。生态环境部、辽宁省人民政府及其组成部门、各市（县）人民政府及其组成部门都是辽河流域水专项技术成果产业化的主要推动者，他们通过优化政策和制度环境、提升公共服务水平、财政专项金支出、构建科技创新平台等方面促进科技成果产业化。辽宁省科学技术厅每年组织开展科技成果转化项目调研工作，聚焦辽宁省重大、有示范引领作用的科技成果转化项目，在产业、技术、金融、人才等方面开展更加紧密的融通合作，通过科技成果转化增强企业自主创新能力，促进产业结构调整和经济转型升级。生态环境部将"十二五"水体污染控制与治理科技重大专项课题"辽河流域分散式污水治理技术产业化"课题承担单位（辽宁北方环境保护有限公司）研发的潜水导流氧化沟技术列入国家水专项办八大标志性成果。

2.1.5　金融机构

金融机构主要包括银行、投融资服务机构、风险投资机构等，是促进科技成果产业化的必要保障。辽宁省高度重视金融机构在产业化中的支撑作用，提出要加快新建、引进各类法人金融机构和区域性金融总部。优先建设经营方针、业务形态突出体现产业金融特征的金融机构。支持优势产业中的骨干企业独立或与专业金融资本合作，创建财务公司、私募股权基金、并购基金、金融租赁公司等产业金融机构。推动民间资本创立小额贷款公司、融资担保机构、金融租赁公司、企业财务公司以及互联网金融企业。引导企业利用融资租赁方式，进行设备更新和技术升级，鼓励融资租赁企业支持中小微企业发展。建立完善融资租赁业运营服务和管理信息系统，形成融资渠道多样、集约发展、监管有效、法律健全的融资租赁服务体系。积极推动省内企业开展金融租赁公司创建的前期工作，稳步推进盛京银行、锦州银行、营口银行、翰华金控与相应装备制造企业共同发起设立金融租赁公司。在一定程度上推动了辽河流域水专项技术成果产业化。

2.1.6 科技中介组

科技中介组主要包括科技中介服务机构、技术成果交易市场、科技人力资源市场、科技成果转化担保市场、科技保险机构等，是促进科技成果产业化主体之间相互联系的纽带，是实现科技成果产业化不可或缺的重要条件。

辽宁省鼓励科研单位、高等院校立足于科研设备和人才优势，兴办各类科技中介机构，支持已转制为科技中介机构的科研单位不断提高和完善为社会服务的水平和功能，鼓励国有企业、民营企业与科研单位联合兴办科技企业孵化器或生产力促进中心，盘活存量资产。选择一批行业内具有服务优势的生产力促进中心、科技企业孵化器、技术交易机构等中介服务机构，在共用技术开发平台建设、共用科研服务设备配备、技术转移平台构建、从业人员培训等方面加大支持力度。培育和发展各类科技中介行业协会。进一步加大对行业协会的支持力度，发挥协会的桥梁和纽带作用，鼓励建立行业联盟，提升行业协会在促进行业发展中的代表性和影响力。推动行业协会建立行业自律制度。辽宁省科技情报所、辽宁省环境保护产业协会、辽宁省环保产业联盟等是目前辽宁省环保产业推广的最主要中介组织。

2.2 辽河流域水专项技术成果转化现状

"十一五""十二五"期间，辽河水专项课题共研发技术成果 105 项。有 25 项已经实现在省内外推广。

辽河流域水专项技术产业化问题存在的问题主要有以下几个方面。

（1）技术成熟度有待进一步提高，仍有部分技术处于中试阶段。

通过调查，辽河流域水"十一五""十二五"期间水专项辽河项目共研发技术成果 105 项，有 12 项仍处于中试阶段。尽管从实验阶段取得较好的处理效果，但是缺乏进一步放大试验，尚未通过示范工程从技术经济等方面对技术适用性进行验证，距离产业化还有一定差距，尚需进一步研发，推进成果产业化。

（2）已有部分示范工程停运。

在 105 项水专项技术成果中，其中有 93 项技术成果进行了工程示范，建设 86 项示范工程。从调查结果看技术成果应用总体良好，但受依托工程、市场环境的影响已经有 8 座示范工程停运。在停运的 8 座示范工程中有 5 座为农业农村废弃物综合治理工程。

（3）技术成果推广转化的数量不多，比例不高。

"十一五""十二五"期间，课题研究紧密结合当时辽河流域水环境治理与管理需求，在当时的时代背景下，为解决辽河流域存在的典型环境技术问题发挥了重大作用，取得了大量的科技成果，尽管大部分技术均在示范工程中取得了较好的应用效果，但是在后期推广中仅 24%（25 项）得到推广。

2.2.1　区域性市场容量有限

环保产业的市场规模由国家节能环保目标所决定，环保企业的快速发展很大程度得益于政策红利所激发的市场体量释放，行业优惠政策所创造的宽松市场环境，以及政府在财税方面的充分投入与支持。近年来，政府全方位大力推进"水十条"等政策法规，这些政策法规的出台带动了工业废水处理、黑臭水体修复、污泥减量与处置等领域的发展，拓展了水污染防治技术应用市场。

辽河流域经济总量偏低，产业结构还不够合理。辽河流域水污染治理技术市场还局限在"水十条"达标考核、环保督查问题整改等所衍生的政策性市场，市场需求主要还是针对断面考核实施的污染减排项目，特别是城镇污水处理厂提标改造、村镇污水处理、河流综合整治等，占辽宁省水污染治理市场的大半以上。而随着环保监管日趋严格，工业企业在"十一五""十二五"期间基本都已经实现达标排放，在排放标准未提高、政策法规无新的排放要求情况下，进行提标改造的需求不够强烈，"十一五""十二五"期间辽河水专项研发重点针对辽河流域的石化、冶金、制药、印染等重化工业行业，受整体经济形势影响，各重化工业新建、改（扩）建项目相对较少。

从总体上分析辽河流域的区域性水污染治理市场容量较小，在一定程度上限制了水专项技术成果的转化。2021 年 3 月，辽宁省发展改革委《关于推进污水资源化利用的实施方案》（征求意见稿）明确提出，到 2025 年全市污水收集效能显著提升，全省再生水利用率达 25% 以上，工业用水重复利用率达 80% 以上，污水资源化利用政策体系和市场机制基本建立。水专项技术成果涵盖了冶金、石化、制药、城镇生活等重点行业和领域，在"十四五"期间将面临更大的机遇，技术的市场容量将大幅提升。

2.2.2　成果展示平台建设不够完善

"十一五""十二五"期间，围绕辽河流域开展很多关键技术的攻关，并建立多项示范工程进行技术示范。但成果展示平台建设方面还不够完善，没有能全面、系统地将"十一五""十二五"水专项技术成果向全社会进行展示。虽然搭建了一些专项服务平台，并投入使用，但功能比较单一，多是提供某一方面的服务。但由于各方面的限制，成果展示的功能并没有充分发挥出来。

由于没有一个功能齐全、服务面广泛、技术成果丰富的成果展示平台，辽河流域"十一五""十二五"水专项技术成果没有得到充分展示，环保公司以及企业用户对"十一五""十二五"水专项技术成果的了解程度也不够，从而阻碍了"十一五""十二五"水专项技术成果的转化及推广应用。

搭建"十一五""十二五"水专项技术成果展示平台是促进水专项技术成果转化的重要一环，通过成果展示能使用户更深入地了解技术成果的关键技术、适用条件以及推广应用情况，为用户选择技术提供第一手资料，从而促进技术成果的转化。目前，国家及其他流域已搭建了相关的水专项技术成果展示与推广平台，并在环境治理领域发挥了应有的作用。已有的技术成果展示与推广平台主要包括国家及太湖流域水专项技术成果展示与推广平台、北京智慧展示平台等。实体平台和智慧平台的构建，实现了互联互通和资源交互展示，以多种形式长期循环展示水专项技术成果共计 682 项，提高了水专项技术成果的展示推广效率。这些平台已形成了较为完善的运行机制及运行方案，为了确保平台的正常运行，还建立了平台工作组，确保平台的正常运行。

辽宁省为推动水专项技术成果产业化开展了大量的工作，为充分展示国家科技重大专项研究成果，水专项辽宁省项目管理办公室和辽宁省生态环境保护科技中心于 2020 年 8 月全国科技活动周期间，在辽宁省生态环境厅成功举办辽河流域"十三五"水专项应用成果展。辽宁省生态环境厅在生态环境厅管网设置了水专项专栏（http://sthj.ln.gov.cn/ztzl/szx/）。辽宁省科学技术厅、辽宁省生态环境厅近年来每年都发布辽宁省水污染防治技术指导目录，大量的水专项技术成果列入指导目录。但相较而言，辽河流域"十一五""十二五"水专项技术成果展示平台建设还不够完善，从而制约了水专项技术成果的转化。

2.2.3 信息交流渠道单一

辽河流域"十一五""十二五"水专项技术成果的信息交流渠道比较单一，信息平台建设不够完善，技术持有者或相关部门不能及时有效发布技术成果信息，也不能广泛获取社会对技术成果的需求信息；企业和用户不清楚技术持有者手里有哪些适用技术和实用技术。技术持有者和技术需求者之间的沟通渠道不够畅通。

没有功能完善的信息交流平台，信息交流只能依靠传统信息交流方式获取相关信息（如学术会议交流、资料检索等）。学术会议多是行业内的交流，更多的是技术研发人员之间的交流，具有局限性，没有将技术成果持有方和技术需求方紧密地联系在一起。资料检索是技术需求方获取技术成果信息的有效渠道，但如果没有专门的信息交流平台，技术成果持有者可能没有有效的渠道发布水专项的技术成果信息，即使有一些技术成果通过不同的渠道发布到网上，但信息是零散的，信息量也小，收集起来很困难，因此限制了技术成果持有方和技术需求方的信息交流。

在现实中，水专项技术成果主要还是通过中间人介绍来实现技术持有者与用户的当面交流。这种依靠人和人直接对接的方式，信息交流量太小，造成用户不清楚技术持有者手里有哪些适用技术和实用技术，而技术持有者又不知道市场需求在哪里。这就极大限制了水专项技术成果的转化。

辽河流域应构建交互式辽河流域水专项成果公共信息服务平台，为辽河流域生态环境治理的需求者和科研技术供给者打造线上集聚、宣传展示与推广交易网上平台。

但目前辽河流域政府从政府层面建立的水专项推广平台尚未建立，各行业协会及组织针对水专项技术成果推介少之又少，在资金、税收、土地等多种途径的优惠政策也未出台，政府在水专项技术成果转化中的作用尚未完全发挥。

2.2.4　推广交易模式不完善

"十一五""十二五"期间，水专项更加重视技术成果的研发与成果的示范，而且技术研究相对比较独立，各研究阶段也分得比较清晰，没有形成一个技术转化的链条。在构建推广交易模式方面重视程度也不够，因而造成研发的做研发，多数成果停留在试验室研究阶段和示范阶段。即使建立了示范工程，但多数示范的作用没有发挥出来，仅变成了实际工程，弱化了推广应用的示范作用。

在推广交易模式方面，尚未构建完善的水专项技术成果推广模式，如水专项技术成果线上推广平台、技术评估与集成—创业孵化—产业推广、环保管家、水专项环保产业战略联盟、环保产业化服务集聚区等推广模式。国家水专项中的水污染防治技术成果转化平台与产业化推广机制研究课题，通过技术服务、工程应用、展示推广、信息发布、咨询服务、孵化转化、联盟集成等形式，以市场化为手段，构建了技术—联盟—平台、技术评估与集成—创业孵化—产业推广以及整体解决方案中心 3 种水专项技术成果推广模式。依托以上模式，实现技术推广 33 项，包含 22 项水专项技术成果，带动产值 2.44 亿元。从效果来看，多元化的推广交易模式对水专项技术成果的推广应用起到了很大作用。

辽河流域"十一五""十二五"水专项产出了近百项技术成果，虽然在技术推广方面做了很多工作，但由于没有完善的推广交易模式，因此限制了辽河流域"十一五""十二五"水专项成果的推广应用。应重视辽河流域水专项成果推广交易模式的研究，为辽河流域水专项成果推广应用提供技术支持，为水专项技术成果的推广提供了高效的、可复制的推广交易模式，从而促进辽河流域水专项成果转化。

2.2.5　技术研发者与工程应用连接不够紧密

从"十一五""十二五"水专项技术成果调查结果来看，技术研发单位即技术的持有单位绝大多数缺乏设计、制造、造价、施工等配套部门，尽管在理论、试验等方面取得了较好的效果，且参与了示范工程的设计、施工及调试，但对设计、制造、施工等后续过程中标准、规范、成本控制、现场问题等考虑不足，技术尚未真正成熟，与工程化应用还存在一定脱节，尚有技术细节需要进一步完善。与其他行业技术一样，技术的产业化需要经历从小试、中试、设计、施工、调试、运行等过程，技术研发单位既是技术的原创者，又是小试、中试的主导者，但在以后的各环节中主导地位逐渐丧失。

此外，在示范工程建成后，因技术研发单位大多非示范工程的设计单位，未对工程后期运行进行长期跟踪服务，在主要企业管理人员发生变化后甚至无法了解工程的基本运行状态。此外技术研发单位非设计院所，在流域内有新建类似项目实施时，尽管积极推销新技术，但因从工程项目开发、前期工程（如可研、环评等）、设计（如工艺、设备选择）、造价控制、施工、调试等众多环节中技术持有方未全程参与或参与程度较低，对工艺技术选择与推荐起到的作用非常有限，极大地制约了新技术的应用推广。

2.2.6 政策机制还需完善

辽河流域"十一五""十二五"水专项成果的推广应用政策机制方面需要加强，科技成果转移转化体系还不够完善，没有一个具体的水专项成果转化管理办法，关于水专项科技推广联盟的组建及运行机制方面做的工作也不多。"十四五"期间，应加强政策机制，为辽河流域水专项科技成果推广应用提供保障。

在产业化过程中政府需要营造良好的环境，促进企业和科研机构合作，以及通过财政拨款、减免税收等政策降低科技成果转化的风险，提高科技成果转化的成功率。

实现科技成果转化，需要各级政府、各部门和各方面的关心和支持，为成果转化创造良好的环境。政府对科技成果转化的宏观管理功能发挥不够有力，缺少强有力的宏观管理和调控手段。目前，许多部门的工作都涉及科技成果转化，但由于缺少统筹协调，没有形成合力，使有限的人力、财力、物力不能合理使用，大量科技成果不能及时有效地应用于生产。一方面，企业对一些高新技术成果期待已久；另一方面，科研机构的大批科研成果却束之高阁。传统的企业与科研机构之间的"背对背"状态并未根本改变。此外相关法规不够完善，政策不够优惠，难以有效地激励企业进行科技成果转化，科技成果转化政策的配套性和稳定性不够。如科技政策与产业政策配套不够、衔接不够好；分配政策还不能起到鼓励科技人员推广科技成果的作用；缺少鼓励企业积极采用科技成果的激励政策，鼓励风险投资的优惠政策以及其他工艺性科技成果转化，缺少特殊的政策措施，特别是缺少优惠的税收政策。

2.3　环保管家深度市场挖掘

2.3.1　环保管家的提出

自 2015 年起，国内部分省（自治区、直辖市）就已陆续出现鼓励企业委托环保管家提供专业服务的尝试。2016 年 4 月 15 日，环境保护部印发了《关于积极发挥环境保护作用促进供给侧结构性改革的指导意见》（以下简称《意见》），明确提出了环保管家的概念，要求"推进环境咨询服务业发展，鼓励有条件的工业园区聘请第三方专业环保服务公司作为环保管家，向园区提供监测、监理、环保设施建设运营、污染治理等一体化环保服务和解决方案"。

《意见》出台后，环保管家得到迅速的发展，各地政府相关部门纷纷响应号召，积极引导和促进环保管家服务工作的开展，并制定相关政策，规范化和标准化建设环保管家服务。在政府部门推进环保管家发展的同时，民间关于环保管家的交流也在积极跟进，行业组织举办的相关交流会、研讨会层出不穷。

在实际工作中，一些企业积极与高校合作，展开专业的人才培养和技术创新。一些企业利用互联网技术与环保管家理念相结合创办环保管家网、环保管家协作平台、环保管家服务平台等互联网服务平台和交流平台，以便潜在客户可以根据自身的需求从网站上直接定制服务，并可以通过平台与环保管家人员进行交流咨询，实现了供与需的直接互动。

环保管家概念的提出是对环境服务业的升华，可为服务对象提供一站式环保综合服务，是能够量身定制解决方案，且对症全过程重点难点问题的长效机制。其涵盖了项目立项、选址、环评、监理、技术咨询、政策解读、决策指导以及风险管控等一系列内容。无论是从企业个体，还是从工业园区乃至政府部门的环境管理角度出发，环保管家都是能充分发挥专业人士作用的服务方案。

2.3.2　环保管家服务模式的意义

环保管家这一概念提出的宗旨即突破传统、单一的环境管理形式，为工业园区或企业提供综合化和一站式的环保托管服务，从而为统筹解决工业园区环境管理短板提供了一种思路。

环保管家的提出有利于提高工业园区环境管理水平。与企业环境管理工作相比，工业园区环境管理工作综合性、专业性、技术性更强，对环境管理人员的要求也更高。环保管家的成功引入，充分利用了第三方专业机构在管理技术和人员专业技术上的优势，对工业园区环境管理中遇到的"疑难杂症"提供定制化解决方案，实现"一案一策"，最大限度地弥补管理过程中的技术短板，并将管理部门从专业性较强的环境治理技术工作中解脱出来。"园区+管家"式的综合环境管理模式建立了第三方治理、政府监管、社会监督的新机制，工业园区管理部门重点负责行使其管理职能，环保管家负责提供专业的技术指导和实际服务，社会公众参与监督管理效果，使工业园区环保管理从单一化、碎片化走向综合化、系统化、科学化发展，提高了园区管理效率和水平。

环保管家的提出有利于提高企业自身环保水平。环保管家的成功引入，将企业的污染治理问题交给专家，由环保管家答疑解惑、向企业提供专业优质的咨询服务，不仅可以解决企业的环保难题，使企业集中精力提升经济效益，又能降低企业的环境治理成本，创造环境效益和社会效益。同时通过日常宣传、政策解读、组织讲座、开展培训、定期交流等方式，定向地提升企业环境管理水平、人员综合素质和防污治污能力，促进企业全面承担污染防治主体责任，成为对自身负责、对公众负责、对社会负责的环保自律企业。

环保管家的提出有利于促进环境管理的公开公正。近年来，公众对环境质量要求的日益提高与环境质量改善进展缓慢、环境监管能力不足与环保任务日益繁重的矛盾越发突出，特别是由于管理程序不够透明、监管工作不够到位、监察结果不够公开，导致矛盾显著升级。因此，在日常工作中，进一步加强各管理环节的透明度，确保环境管理工作的公平、客观，是当前各级行政管理部门面临的首要问题。环保管家的成功引入，实现了对企业常态化的监督管理，更深入细致地掌握企业的动态情况。在应对环境污染事件或处理信访投诉时，第三方专业机构的介入更有利于管理部门及时发布公正、客观、专业的调查情况，提高行政透明度，增强环境管理的公开、公正性。

2.3.3 环保集团"环保管家"的发展情况

辽宁省环保集团在 2016 年成立之初即提出了环保管家理念，全方位打造环保管家服务模式。随着水专项课题实施，环保管家更以水专项技术成果为重要抓手，进一步深入挖掘市场需求，同时作为第三方专业环保机构也为辽河流域及东北地区的政府、工业园区、企业等提供系统解决方案。集团专门成立了环保管家领导小组办公室，董事长任主任，全面推动环保管家市场挖掘能力和系统综合服务水平。在市场开发、综合服务过程中，也提出了大量的先进适用技术需求，借助环保管家全链化服务，优先推荐水专项技术成果及开发团队，实现了技术的高效匹配及快速转化。

目前，辽宁省环保集团已与抚顺市政府、葫芦岛市生态环境局、鞍山市台安县政府、盘锦市盘山县政府、本溪市高新技术开发区管委会、盘锦市辽东湾新区管委会、北方华锦化学工业集团、中国黄金集团辽宁分公司等签订环保管家框架协议 30 项，其中政府类 4 项、工业园区 3 项、大型企业 23 项，并进行精准对接百余次，签订合同额 1 亿余元。成功案例为老虎冲生活垃圾渗滤液应急处理项目，通过环保管家市场深度挖掘，并对接清华大学浸没式燃烧水专项技术，为中央环保督察重点整改项目提供了重要支撑。

课题牵头单位辽宁省环保集团组建成立了集团环保管家领导小组办公室，由集团董事长任领导小组组长，领导小组办公室配备专人专门负责环保管家业务的协调管理。集团重点打造"贴心环保管家"品牌，充分发挥其品牌效应，针对不同类型客户制定差异化的服务方案，提供从可研、设计、环评、工程、产品、监理等全方位服务。环保管家服务中心以环保管家深度挖掘市场为手段，与中石油辽河油田公司、中国黄金集团排山楼黄金矿业公司、本溪高新产业园区、沈抚新区等多个企业、工业园区和地方政府签订了环保管家协议，为用户提供定制化、全周期、全方位的环境治理与管理的综合服务模式。

2.4　辽河流域产业战略联盟

辽宁省环保集团组建了辽河流域畜禽养殖污染治理技术产业战略联盟、辽河流域互联网+村镇污水治理技术产业战略联盟、辽河流域污泥处理及资源能源化技术产业战略联盟、辽河流域环保技术创新小试中试战略联盟、辽宁环保产业产学研联盟、辽河流域环保管家战略联盟和辽河流域环保工程设计战略联盟共七大联盟，涵盖 200 余家产学研用单位，包括清华大学、南京大学、中科院沈阳应用生态研究所、中国环境科学研究院、东软集团股份有限公司等国内一流机构，充分发挥了企业、高校、科研院所等各自优势，实现了资源互补。七大联盟紧密结合水专项技术先进性、成熟度及转化现状，实行差异化组建与管理，实现了"产、学、研、用"的深度融合。

自联盟组建以来，开展了水专项技术成果协同合作并卓有成效。其中，污泥联盟高校与企业联合申报了沈阳市重大核心关键技术攻关项目"移动式污泥安全高效脱水平台开发及煤掺烧关键技术攻关"；村镇污水联盟两企业联合中标了"丹东前阳污水处理厂施工期污水应急处置项目"，合同额 429 万元；辽河流域环保技术创新小试中试联盟与水专项淮河流域、巢湖流域进行了流域间水专项技术交流；辽宁环保产业产学研联盟成功列入辽宁省首批实质性产学研联盟，同时辽宁省环保集团还入选了国家"一带一路"绿色技术产业联合会，全国仅有 31 家单位入围，同时也是东北地区唯一一家环保入围企业，并入选为常务理事单位，也将为水专项技术在"一带一路"沿线国家的推广和拓展奠定良好基础。

自联盟紧密结合水专项技术先进性、成熟度及转化现状，实行整体布局、分段把控、分领域、多元化、差异化进行组建与管理，同时，联盟充分利用政策释放红利，搭乘联盟发展快班车。自联盟组建以来，开展了水专项技术成果协同合作并卓有成效，提升了典型污废治理技术的集成水平，促进技术与企业、市场的紧密衔接，形成了技术、设备、资金、运营管理等全方位服务，加快水专项成果转化与产业化推广，通过联盟各方主体协同创新运行工作机制，进一步研究以区域性环保龙头企业为主导的技术产业联盟的产业化推广模式。

2.4.1 联盟成立背景

2.4.1.1 满足"十三五"水专项课题实施目标

（1）课题研究目标。

组建流域畜禽养殖污染治理、村镇污水治理及污泥资源能源化等水污染治理技术产业战略联盟3个以上。

（2）课题预期成果产出需求。

构建畜禽养殖污染治理、村镇污水处理、污泥处理处置的"产、学、研、用"产业战略联盟，依托水专项先进成熟技术成果，形成技术资源共享网络。

（3）课题考核指标产出需求。

建成流域畜禽养殖污染治理、村镇污水治理及污泥资源能源化等水污染治理技术产业战略联盟3个以上。

2.4.1.2 满足辽河流域环保细分领域行业发展需求

（1）畜禽养殖污染治理产业需求。

畜牧养殖环境污染具有典型的外部性和点、面污染结合的特征，且环境监管成本和污染治理投资较高，养殖场缺乏主动治理的积极性，仅靠生态环境部门出台的相关畜禽养殖污染防治规章所形成的环境监管、部门间协调和政策激励等能力均十分有限，导致污染治理政策执行的效果并不理想，畜牧业快速发展和污染防治水平滞后的矛盾已经成为我国以及东北地区畜牧业发展的"瓶颈"。从辽河流域开展的一系列污染防治实践来看，多以命令—控制型的政策为主，大量畜禽养殖场被关停，有效开展污染防治的养殖场仍占少数，达标排放防治模式仍占主导，畜禽粪便资源化综合利用仍处在倡导、示范推广阶段，各地畜牧业环境污染形势依然严峻。结合中央和地方的实践来看，辽河流域现行的畜牧养殖污染防治政策主要存在以下问题。

①财政扶持力度不足，养殖场开展污染防治的积极性不高。

畜禽养殖的成本逐年升高，受市场价格周期性波动和疫病冲击的影响，畜牧业已成弱势产业，畜禽养殖已成薄利行业，加之辽河流域畜禽养殖场大多规模较小、实力较弱，抗风险能力较低，很多养殖场正面临生存危机，多数养殖场缺乏长期的生产经营规划，仅凭养殖业主一己之力，难以承担污染防治设施的建设与运行费用。受财力制约，各级政府畜牧业污染防治专项财政资金难以做到"普惠制"，纳入财政资金支持范围的养殖场仅占少数，且财政资金多采取先建后补、以奖促治和以奖代补等方式支持，仅起到引导补充作用，养殖场业主仍需自筹资金开展污染防治。

对于畜禽粪污资源化综合利用的经济激励政策不足，本应作为污染防治主体的养殖场多属于被动地纳入污染防治行动，养殖业主积极性不高，环境污染防治的"谁污染、谁治理"的原则难以适用。

②污染防治监管能力薄弱。

畜禽环境污染具有点源污染与面源污染结合的特征，辽宁省乡镇一级政府多未设环保机构，分布于广大农村的畜禽养殖业的环境监管难度较大、成本较高，加上畜禽养殖已成微利行业，即使生态环境部门作出处罚和整改要求，许多养殖业主宁愿选择停产，也不愿意投资建设污染防治设施。在此背景下，基层的县级生态环境部门在有限的人力、物力和财力条件下，更侧重于对工业企业环境监察、排污费征收等工作，对畜禽养殖场难以形成有效的环境监管。

③污染防治技术支撑仍需完善。

2013 年 7 月 17 日，环境保护部发布实施《规模畜禽养殖污染防治最佳可行技术指南》（试行），介绍了畜禽污染预防、堆肥发酵、生物酵床和厌氧发酵等技术的原理、工艺流程和适用性，并根据畜禽种类、养殖规模和地域特性等特点，简述了畜禽粪污厌氧消化、畜禽粪污堆肥处理和发酵床畜禽养殖污染防治最佳可行技术的工艺流程、工艺参数、污染物削减与防治措施、技术经济指标和技术应用注意事项，这是我国出台的第一部畜禽养殖污染防治技术指南，但该指南缺乏实用性强、运行成本低、处理效果好、适用范围广的畜禽污染防治技术，例如在我国东北和北方很多地区，基于厌氧发酵技术的沼气治污工程冬季由于气温低就无法运行。地方政府还鲜有出台适于本地区的污染防治技术指南。

④畜禽粪便综合利用的配套政策和技术规范亟须完善。

畜禽粪便是优质的生物质资源，可以用来生产有机肥、发酵生产沼气等，合理的还田利用对于改善土壤肥力、恢复农田生态、提高农田生产力和保障农业可持续发展具有重要意义。在当前畜禽养殖行业已成为薄利行业的背景下，污染防治设施的建设及运行成本让多数养殖场无力承担，达标排放模式不但很难解决畜牧业环境污染问题，还会对畜禽粪便资源造成浪费，只有对畜禽粪便采取综合利用才能从根本上解决污染问题。辽河流域现有畜禽粪便综合利用政策多停留在倡议阶段，还未形成完善的财税支持政策和技术性操作细则，如还未形成诸如 1 头育肥猪应配套多少土地消纳粪便等政策。缺乏完善的畜禽粪便综合利用配套政策和可操作性强的技术规范，对畜禽粪便综合利用的政策引导不够，畜禽粪便无法得到有效利用，从而对环境造成污染。

⑤畜牧业温室气体减排还未纳入污染防治政策安排。

当前，畜牧业温室气体排放问题还未引起政府和公众的重视，现有防治政策几乎未涉及畜牧业温室气体减排问题，仅有《畜禽养殖业污染防治技术政策》（环发〔2010〕151 号）中首次提及要重视畜禽养殖业的温室气体减排（总则第 3 条），但未配套出台相关的减排技术政策措施，地方层面的污染防治政策均未提及畜牧业温室气体减排问题。

据不完全统计，"十三五"期间，辽宁省约有规模化养殖场 6 305 个，养殖小区 419 个，养殖密集区 239 个，养殖户 43 564 个，辽宁省累计完成了 677 个规模养殖场粪便污水处理设施升级改造，完善 842 个规模养殖场无害化处理设施。随着东北老工业基地振兴和农业经济结构调整，地方政府对畜牧业的良性发展提出了更高的要求。"十一五""十二五"期间，辽河流域水专项已形成了农业废弃物高效好氧堆肥技术、Tank 大型沼气工程技术与成套设备、PUMA 奶牛场废水处理技术等畜禽粪污治理成套技术及设备。

因此，畜禽污染治理联盟主要目的是在"十一五"、"十二五"和"十三五"水专项技术成果的基础上，积极开展干式厌氧发酵设备、湿式厌氧搅拌系统、高效厌氧废水处理设备、畜禽舍除臭新风循环系统的关键技术和设备研发、成果转化和产业化推广。

（2）村镇污水智慧化管理产业需求。

辽河流域村镇生活污水普遍存在着收集难度大、偷排直排现象严重等问题，目前流域村镇生活污水治理均存在处理技术及设备滞后、运营管理经验缺乏及运行费用不足等现状。

①缺乏专业技术人员，管理和运维水平有限。

污水处理涉及化验、自控、工艺、设备等方面，因此污水处理对专业技术的要求很高，对工作人员的要求十分严格。县、乡级的污水处理厂缺乏专业的队伍，污水处理能力受限，很难保证质量，同时也会严重影响污水处理工作的效率。

②污水处理软件技术和硬件设备落后。

2016 年年底，辽河流域污水处理池处理污水的平均能力已达到 $1.761\ m^3/d$。污水处理系统的完善使污水处理政策不断调整，伴随着粗制滥造的现象日益严重。污水处理的硬件设施多数是从国外引进的，缺乏核心技术。部分地区盲目引用国外的污水处理技术，导致我国村镇污水设备的造价高、设备的更新换代速度慢，影响了污水处理整体发展。

③政策支持力度不大，资金投入不足。

污水处理设备更新换代慢，购买设备和污水处理试剂需要大量资金，我国的村镇经济基础薄弱，没有充足的资金投入，村镇污水排放和处理的责任不明确，管理理念和运维管理相对落后。地方政府财力不足，村镇污水处理工作的大部分开支都是由上级管理部门补贴，导致污水处理的效率较低。

组建辽河流域互联网+村镇污水治理技术产业战略联盟，可以重新整合产业链各级资源，运用智慧化管理方式方法，实现无人值守；提供标准化服务体系，实现能力平台化；制造能力、运营能力、市场能力、市场化供需平衡，实现能力金融化；充分利用服务购买模式、资源共享模式、按需结算模式等，实现能力共享化；建立运营生态共生规则，面向行业、市场提供标准化设备，对设备的工艺、质量、备件提供支撑服务，打造专业化的运营管理团队，通过区域化运营，组织资源为区域内的项目提供集约化运管服务，对从业人员进行资格认定，对设备制造商进行设备能力认定和评级，收集行业信息反馈给政府部门分析行业发展态势，配合政府制定行业从业规则；建立互联网融合运营平台，实现信息运维能力共享，按区域辐射，提供各企业、区域标准化运营服务，同时平台不断更新提供行业最先进的管理思路和理念，融入大平台，实现生态企业用户分享，实现行业规范化、服务标准化，提升辽河流域村镇污水治理行业整体运营和服务管理水平。

（3）污泥处理处置及资源化产业需求。

近年来，在国家节能减排和积极的财政政策作用下，全国各省（自治区、直辖市）大力建设污水处理厂，城镇污水处理设施建设得到迅速发展，城镇水环境治理取得显著成效。同时，污水处理厂产生的大量污泥处理问题越来越突出。

目前，我国污泥处理处置的无害化和资源化利用率较低。数据显示，国内污水处理厂污泥处理处置真正达到无害化的比例为 20%～30%，这在很大程度上直接影响了整个污水处理产业的发展效率；"十二五"期间，我国在污泥处理处置上的投资将达 600 亿元，污泥处理处置市场已步入快速发展阶段。虽然前景广阔，但污泥处理处置市场却处于局面混乱，商业模式不清晰、技术集成困难、产业推广艰难的三大主要困难。

①缺少商业模式。

根据《中国环境报》的统计调查，污泥项目相对于其他污染治理项目目前还不受市场重视。现有的污泥处理费无法实现污泥的零排放。只有将污泥的资源化利用落到实处，上游企业的资源化产品进入下游的需求侧能得以应用，才能使污泥变废为宝。

②技术集成困难。

在污泥处理处置的无害化、减量化和资源化的过程中，需要很多好的技术和技术组合、技术创新以及相应的技术标准。单一技术、单一工艺路线已经不能满足基于环境效果的发展路线。但目前，污泥处理处置的很多优秀创新技术不能有效地通过市场机制实现产业化，科技与产业脱节问题没有很好地解决，存在科技孤岛，科技成果转化率低，技术成果整合度低；与发达国家相比，我国污泥处理处置的标准和规范发展较为滞后。

因此，要实现污泥处理处置的产业化目标，就要打通相关的技术壁垒，让高校、科研设计院、企业乃至投资机构形成一个有活力的技术创新平台，建立科学的行业标准规范，形成多条产业化技术路线的解决方案推动污泥产业的快速发展。

③缺乏产业推广平台。

除了商业模式、有力的技术支撑，还需要技术成果转化和产业化推广平台。由于污泥产业的市场化程度低，污泥产业主体相对分散，相关企业主要是从产业链的单一环节进行突破，呈现碎片化的产业格局，虽有污泥产业主体之间的简单联合，但是尚未形成系统的囊括产业生态各环节的、基于市场机制的产业集群，加之技术整合度低与标准规范缺失，污泥处理处置的责任链条模糊等问题，推动一个产业快速发展的有效推广平台根本无法形成，产业发展缺少推进器。

2021 年 7 月，中央第二生态环境保护督察组向辽宁省反馈督察情况，辽宁省污泥无害化处理处置能力严重不足，违法堆存问题十分严重，"十三五"期间规划建设的 28 项污泥无害化处置项目仅有 1 项开工建设，生态环境风险隐患突出，污泥处置及资源化问题亟须解决，市场需求巨大。

（4）环保技术小试、中试资源整合需求。

水专项技术成果转化过程中需要大量的试验研究、数据分析、原理探索。但是，目前辽河流域的企业和高校在某一方面的实验条件和能力较强，但具有全面系统的科研实验的企业和高校较少，实验条件参差不齐，在水专项技术成果转化推广过程中，以及其他水专项联盟参与单位、合作企业寻求发展，探寻实际问题的突破口和解决途径时，缺少科学试验的支持，持续性创新、实践探索的潜力就会受到限制。因此，将诸多拥有科学原理分析、实践探索的企业、高校、高技术人才资源整合、强强联合，建立辽河流域环保技术创新小试、中试战略联盟势在必行，联盟可将项目层面的合作进一步深入，最终成为一个解决行业科学实践"瓶颈"，促进产业升级行业联盟，是实现行业良性发展的强大助力。

①小试试验情况。

研究确定一条最佳的污染处理工艺路线、一项最适应的污染治理技术可以用不同的路线和方法实现，实验室最初采用的路线和方法需要通过不断的检验和调整，最初对反应条件、仪器设备、原材料来源等检查不充分，对效果也不作过高要求，但这些对实际应用却十分重要，应通过小试研究修正那些不符合工业生产、实际应用的步骤和方法。通过小试试验，对实验室原有的工艺路线和方法进行全面的、系统的调整和完善，紧紧围绕影响处理效率的关键性问题。如缩短反应时间，提高药品投加量，简化操作，设备技术条件和工艺流程简单，降低成本和安全生产，在改革的基础上通过实验室批量试验，积累数据，提出一条基本符合污染治理要求的工艺路线。

②中试试验情况。

中试试验是在小试试验的基础之上，探索从实验室过渡到工程推广，实际应用的不可或缺的重要环节，是二者之间的连通渠道。中试生产是小试的扩大，是设备、工艺成熟化的缩景，应重点探讨小试提供的工艺路线，在工艺条件、设备、原材料等方面是否有特殊要求，是否适合于实际应用；验证小试提供的工艺路线，是否成熟、合理，经济技术指标是否接近规模化应用要求；在放大型中试研究过程中，进一步考核和完善工艺路线，对每一反应步骤和设备单元操作，均应取得基本稳定的数据；根据中试研究的结果制订或修订中间体和成品的质量标准，以及分析鉴定方法；制备中间体及成品的批次一般不少于3批，以便积累数据，完善中试生产资料；根据原材料、动力消耗和工时等，初步进行经济技术指标的核算，提出生产成本；对各步物料进行初步规划，提出回收方案和再利用的措施；提出整个工艺、设备生产路线的标准流程，各个单元操作的工艺规程，安全操作要求及制度。

依托辽河流域环保技术创新小试中试战略联盟建设，能够实现仪器和设备的有效整合，提高设备的利用率。同时还可以促进水专项成果的科研发展水平，减少不必要的资源浪费。有研究发现，我国企业、高校和科研机构拥有大量的闲置研发设备资源，其利用率不到25%，而发达国家研发设备的利用率达到170%～200%。因此，组建辽河流域环保技术创新小试中试战略联盟不仅对水专项成果转化具有重要作用，而且在提高实验设备利用率，减少资源浪费等方面具有重要意义。

（5）环境工程设计产业需求。

环境工程设计因其针对的设计对象不同而存在较大的差异，引起环境污染因素的不确定性等种种原因使得环境工程设计工作非常复杂，不同工程的大小程度之间也存在很大的差异性，地域及气候的影响，环境工程很难取得显著成效。我国的环境工程设计产业由于起步比较晚，环境工程专业设计能力较局限，相较于德国、日本等发达国家，专业知识水平相对低，在各高校相关专业储备人才不够，已有的设计人员综合素质参差不齐，直接导致了环境工程的设计达不到预期的治理效果，并且环境工程设计相关的制度有待完善，该专业需要很强的科学依据，需要建立在完善的标准体系下，而环境工程设计当前还没有形成统一的实施标准。

工程设计行业需要具有较强的专业问题的解决能力，对设计专业要求很高，但在设计企业方面，辽河流域环保工程设计专业院校和企业较少，大型龙头企业数量不多。另外，环保设计产业的集中度还不高，专业化分工还不够细，企业规模小而散，设计的专业多而不精，广而不强，尚未形成完整的产业链，尚不能形成规模效益，行业发展受到一定局限。

辽河流域内环境工程设计行业的发展势头比较突出，企业数量增长明显增多，市场竞争激烈，而科学合理的联盟管理、行业机制高度监管掌控各个企业的经营活动，提高企业的发展水平，还能有效监控各个企业是否存在不良竞争，有利于企业内部管理更加科学规范化，也为环境工程设计创造出良好的发展环境，组建产业联盟十分必要。

2.4.2　联盟成立背景

2.4.2.1　满足环保产业发展和水专项产业化推广需求

"十一五"至"十三五"期间，水专项在辽河流域整治方面重点突破攻关了污染负荷削减、有毒有害污染物控制、污染水体生态修复等方面的技术，建设了数十项示范工程及实验点，带动了辽河流域的水污染治理和水质改善。

依据水专项研究成果和辽河流域污染现状，以投产、运行、落地、服务社会为目的，组建的辽河流域环保七大联盟，通过建立畜禽养殖污染治理、村镇污水处理、污泥处理处置的"产、学、研、用"产业战略联盟，发掘潜在市场的环保管家、环保设计联盟以及为联盟、为企业服务的小试、中试基地联盟，以原动力激活的形式促进水专项技术成果转化，形成联盟技术库、技术资源共享网络，提升典型污废治理技术的集成水平，促成技术与企业、市场的紧密衔接，形成技术、设备、资金、运营管理等全方位服务，加快水专项成果转化与产业化推广。

2.4.2.2　顺应时代发展需求和响应国家地方政策

2021 年 1 月，辽宁省委书记张国清在辽宁省委经济工作会议上强调，要构建实质性产学研联盟，产学研联盟要让企业当"盟主"，让企业真正成为技术创新的主体。要把各类创新资源投向企业，企业通过契约关系与高校、科研院所形成利益共同体，使产学研联盟有创新内生动力。产、学、研三方共同奔向市场、奔向需求，而不是奔向论文、奔向职称，让技术创新成果尽快转化为社会现实生产力，而不是挂在墙上。

2021年2月，根据辽宁省为深入贯彻党的十九届五中全会精神，辽宁省委十二届十四次全会和省政府有关工作支持企业牵头组建创新联合体，推进构建实质性产学研联盟的有关决议。

辽宁省科学技术厅发布了《辽宁省建设实质性产学研联盟工作指引（暂行）》、《关于推荐首批典型实质性产学研联盟的通知》（辽科办发〔2021〕3号），通知中明确提出"支持企业牵头组建创新联合体，推进构建实质性产学研联盟，并对入库的首批典型实质性产学研联盟进行重点建设"。联盟通过建立信息交流平台，实现企业和其他相关主体的沟通、互动与交流形式的环保产业战略联盟的方式推进环保产业化发展。

2021年3月1日，辽宁省科学技术厅公布了本年度辽宁将投入5亿元用于入库联盟建设和"揭榜挂帅"项目，辽宁省科技专项资金分档给予"盟主"企业100万～300万元运行经费支持，辽宁省各市还将同步提供配套政策，由省市两级财政和联盟企业按比例出资，省级科技专项资金不超过项目总投入的30%，最高不超过1000万元，单个联盟年度最高支持不设上限，单个"联盟"企业年度最高支持金额可达2000万元；"揭榜挂帅"项目由"盟主"单位提出和确认，视为省级科技计划项目。

2021年5月28日，国家主席习近平出席两院院士大会——中国科协第十次全国代表大会中强调，要增强企业创新动力，发挥企业出题者作用，加快构建龙头企业牵头、高校院所支撑、各创新主体相互协同的创新联合体，提高科技成果转移转化成效，实行"揭榜挂帅""赛马"等制度。

2021年7月30日，中共中央政治局召开会议，会议指出要强化科技创新和产业链供应链韧性，加强基础研究，推动应用研究，开展补链强链专项行动，加快解决卡脖子难题，发展专精特新中小企业。

辽河流域环保技术产业战略联盟组建顺应了时代发展潮流，在国家与地方顶层设计与部署领导下，尤其在现在国家高质量新发展阶段，在以企业为创新主体牵头的科研创新和联盟建设方面，切实解决了流域科技创新与成果转化的实际困难和问题。

2.4.2.3 发挥联盟实质性创新作用

（1）优化资源配置。

联盟通过将区域环保产业链上各个环节具有相对优势的企业、高校、科研机构等聚集，各自负责最具核心竞争力的环节，不同成员之间优势互补，形成一个利益共同体，共同承担风险和分配利益，从而获得最大的产业链资源利用率。通过对不同企业核心资源的优化组合，实现有形和无形资源的整合配置，突破单个成员在资源和技术上的限制，提升盟员的整体竞争力，推动区域环保产业链的完善。

（2）优化产业结构。

长期以来由于受东北地区和辽河流域地域关于经济、人才以及技术、产品与市场相分离的体制的影响，导致流域内相较于国内其他发达省市和地区，环保产业发展滞后。辽河流域现有环保市场特点主要表现在：市场需求潜力巨大，但是产业集中度低，企业规模差异小，规模经济不明显；中低端市场竞争激烈，高端市场技术、产能不足；竞争同质化明显、专业化分工不足。通过组建辽河流域环保产业联盟，可以加强各企业、高校、科研院所等成员间的深度交流合作，有利于技术和产业升级、信息共享，中小企业提升企业核心竞争力，打造行业高精尖骨干企业，培养产业优势，明确市场定位，进而实现差异化发展。

（3）加快科研成果转化。

在推动环保产业发展过程中，需要大量新技术、新产品支撑。但由于现阶段我国科研创新体制和机制的不完善，使产学研创新链条严重脱节，减慢了科技成果转化为现实生产力的速度。通过联盟的合作平台，一方面有利于高校和科研机构了解企业在生产上的实际需求，从而有针对性地进行科研项目研究；另一方面有利于企业直接获取最新研究技术，促进科研成果转化，提高科研经济效益。

（4）节约创新成本。

辽河流域环保产业创新联盟是介于市场和企业、高校之间的一种资源配置手段，是资源共享平台，联盟各主体尤其是企业通过组建联盟，可以形成多个企业共同利用信息、渠道、人员等资源的合作而非竞争的机制，既减少了市场自由交易中存在的交易费用，又避免了完全企业化而造成的高额组织费用。

2.4.2.4　提供辽河流域环保产业联盟建设经验

为了更加清晰阐述联盟组建总体情况和实际运行效果，课题组在分析和研究联盟的组织构建与模式选择基础上，从理论出发，结合实践成果经验，总结凝练出辽河流域环保技术产业联盟运行工作机制并进一步梳理出联盟的动态运行规律和内在作用机理，走出了一条符合流域环保产业发展和水专项课题实际需求的联盟建设和发展路径，推动环保各类创新要素向产业尤其向企业集聚，补全和强化产业链、创新链，逐步实现从科研到创新的实质性转化，推动科技成果高质量转移转化，激发产业创新创业活力，并为国家水专项和辽河流域产业联盟建设提供一定的借鉴作用，通过辽河流域环保联盟建设个性内容，找出我国环保产业联盟建设的共性问题，提炼解决问题的方式方法，探索辽河流域路径、发出辽河流域声音、争做辽河流域样板、提供辽河流域智慧、作出辽河流域贡献。

2.4.3　联盟成立情况

联盟紧密结合水专项技术先进性、成熟度及转化现状，实行整体布局、分段把控，分领域、多元化、差异化进行组建与管理，同时，联盟充分利用政策释放红利，搭乘联盟发展快班车。自联盟组建以来,开展了水专项技术成果协同合作并卓有成效,提升了典型污废治理技术的集成水平,促进技术与企业、市场的紧密衔接,形成了技术、设备、资金、运营管理等全方位服务,加快水专项成果转化与产业化推广,通过联盟各方主体协同创新运行工作机制,进一步研究以区域性环保龙头企业为主导的技术产业联盟的产业化推广模式。

2020 年,课题组成立了联盟筹备委员会,由课题牵头单位辽宁省环保集团牵头,联合地方政府、辽宁省环境保护产业协会、水专项淮河项目产业技术创新联盟等单位实施组建,通过水专项联盟顶层设计,从系统角度出发,充分考虑各联盟间整体协同作用,陆续建立了辽河流域 7 个技术产业战略联盟,联盟采取了技术产业联盟即产学研联盟模式进行整体布局、分段把控,分批次、分领域、多元化、差异化、机动灵活进行组建。联盟初建阶段,联盟筹备委员会分别制定了联盟章程 7 项,吸纳了流域内外联盟成员 200 余家,签订了联盟协议书 200 余份,分别制订了联盟年度工作计划 7 项,汇总编辑了联盟内部辽河流域小试中试资源情况表 1 份,召开联盟筹备会和成立大会共计 14 场次等。

联盟以"技术+产业战略联盟"和"产学研联盟"两种形式分别进行命名,更好地体现出联盟组建和运行的系统性和差异性(表 2-1 和图 2-1)。

表 2-1　辽河流域环保技术产业战略联盟统计

| 序号 | 联盟名称 | 成立时间 | 理事长单位 | 成员构成/家 | | | | 成员总数/家 | 备注 |
				高校	科研院所	企业	金融机构		
1	辽河流域污泥处理及资源能源化技术产业战略联盟	2020 年 6 月	沈阳航空航天大学	13	3	15	0	31	
2	辽河流域畜禽养殖污染治理技术产业战略联盟	2020 年 6 月	辽宁北方环境保护有限公司	13	5	15	0	33	
3	辽河流域互联网+村镇污水治理技术产业战略联盟	2020 年 7 月	辽宁省环保集团清源水务有限公司	14	4	21	0	39	
4	辽河流域环保技术创新小试中试战略联盟	2020 年 10 月	沈阳工业大学蓝金环保技术研究院	10	3	17	0	30	
5	辽河流域环保管家产业战略联盟	2021 年 2 月	辽宁省环保集团有限责任公司	0	0	44	0	44	
6	辽河流域环保工程设计产业战略联盟	2021 年 6 月	辽宁北方环境保护有限公司	0	0	10	0	10	
7	辽宁环保产业产学研联盟	2021 年 2 月	辽宁省环保集团有限责任公司	7	3	8	1	19	首批入选省实质性产学研联盟

图 2-1　辽河流域环保技术产业联盟牌匾

2.4.4　联盟机制

2.4.4.1　联盟运行机制

辽河流域环保技术产业战略联盟运行机制是探索从系统论角度出发,基于联盟水专项技术产业化、创新性需求及其重要性以及存在的问题,通过联盟不同主体间资源整合与配置,进而达到改善联盟各主体创新环境与条件的目的,联盟主体和内外部资源是系统要素,通过要素间融合和协调,以整体模式实现联盟目标和预期的创新活动,利于联盟整体目标实现。通过上述联盟主体不同分工分析得出,联盟不同创新主体间的耦合-互动是联盟目标实现和创新基础,耦合主要体现不同主体间的互补与融合,互动强调了主体的互利行为与过程。

(1) 组建联盟专门运营公司。

为了联盟充分发挥实质性作用,牵头单位辽宁省环保集团特别组建了辽宁省环保集团产业咨询有限公司专门负责七大联盟统筹管理和运营,保障了联盟人力、资金和场地资源供给。为联盟发展提供了组织保障。

(2) 进驻辽宁省环保服务业集聚区。

联盟在辽宁省环保产业服务集聚区(咨询公司运营)建立了"联盟管理服务中心",中心配备专人管理,七大联盟秘书处也设置于集聚区内,集聚区可以提供联盟发展的良好环境,提供孵化创新公司支撑体系。

集聚区是辽宁省环保集团全力打造的省级科技企业孵化器,集聚区现有入驻企业近 30家,高新技术企业 6 家,集聚区内企业总产值超过 5 亿元。集聚区可以为联盟孵化的创新公司提供政策、资金和场地资源共享,真正使联盟单位得到实惠,完善联盟体系产业链条,为联盟可持续健康发展提供强有力支撑。

（3）与辽宁省环保产业协会联合共建。

依托辽宁省环保产业协会平台资源，联盟与协会建立了紧密的战略合作关系，联盟与协会深度合作，并以联盟的技术资源为抓手，成立了辽宁省环境保护产业协会水污染治理专业委员会，拓展了联盟建设渠道。

（4）组建联盟工作委员会。

在联盟系统中做到组织保障，由产业咨询公司负责筹备和管理，统筹协调、保障联盟稳定运行。

（5）组建联盟专家咨询委员会。

负责联盟专家咨询工作，委员会纳入了国家级和地方级专家共计 20 余人，分别在畜禽养殖污染治理、污泥处理处置与资源化、环保工程设计、环保管家等方面，专家库实行出入库动态管理，确保实效性。

（6）龙头企业牵引主导。

辽河流域七大产业联盟由省环保集团牵头主导组建，各联盟领导机构成员同样包含环保集团所属二级核心企业，保证了联盟龙头企业牵引持续性，分领域把控，实现了产业集聚作用。

（7）搭建联盟运行机制总体框架。

课题组搭建了联盟运行机制整体框架，根据联盟系统性、差异性组建原则，制定了"三-三-三"联盟系统管理机制、成员选择机制、协调和沟通机制、投入和资源共享机制、互惠合作与利益协调机制、风险管控机制和联盟保障机制，全方位保障了联盟整体运行的稳定性和实效性。

2.4.4.2 联盟管理机制

为了有效构建联盟整体运行工作体系，创新性地提出了"三-三-三"联盟系统管理体制，其中包括以下内容。

三类会议工作机制：联盟筹备会-联盟成立大会-联盟年终总结大会，保障了联盟顺利组建和稳定运行。

三级高效管理体制：联盟大会-联盟理事会-联盟秘书处，促进联盟高效稳定管理，确保联盟各主体的积极参与度和拥有相对公平、公正的决策权。

三级契约管理模式：联盟章程-协议书-合同，促进了联盟展开实质性项目合作。

通过一年多的联盟运行实践证明，"三-三-三"联盟系统管理体制实用、全面、有效、易操作，为联盟系统顺利组建和稳定运行提供保障。

（1）联盟会议工作机制。

①联盟筹备会。

由联盟发起单位辽宁省环保集团牵头组织召开，并邀请行业协会和支持单位代表参会，会议以小规模讨论形式召开，在前期成员筛选的基础上，召集推选的联盟理事长、副理事长和理事单位、联盟秘书长单位等候选成员单位和联盟成员重要代表参加会议。会上，发起单位——辽宁省环保集团代表详细介绍联盟成立背景和筹备情况，并逐步审议《联盟章程（草案）》《联盟成员单位建议名单》《首届理事会成员建议名单》《年度联盟工作计划（草案）》《联盟成立大会议程安排（草案）》等联盟组建议题，会上各方参会单位充分进行了自由讨论，为联盟稳定运行奠定坚实基础。

②联盟成立大会。

同样由联盟发起单位辽宁省环保集团牵头，同时联合联盟拟任理事长单位和秘书长单位组织召开。会上邀请地方政府、行业协会等专家学者参会，联盟全体成员参会，逐步审议《联盟章程（审议稿）》《联盟成员单位名单》《首届理事会成员候选名单》《年度联盟工作计划（审议稿）》等联盟组建议题，发起单位与成员单位签订了联盟协议书，此次会议标志联盟组织体系建立，联盟创建完成进入了实质性运行阶段。

③联盟年终总结大会。

计划每年 12 月召开，基于联盟动态化管理的组建原则，大会可以提供成员对话和交流平台，并由联盟理事长牵头部署和总结联盟工作情况，展开第二年度工作计划讨论，做实、做细联盟工作。

（2）联盟三级高效管理体制。

①联盟大会。

联盟大会是联盟的最高决策机构，指导联盟开展各项工作，决定联盟重大事务；联盟理事会是联盟大会的执行机构，执行联盟大会各项决议；联盟秘书处是由联盟大会决议并由联盟理事会领导的日常办公机构，确保联盟日常工作顺利进行。联盟大会每年召开 1 次，由联盟秘书长召集。联盟大会须有联盟成员的 2/3 以上出席方能召开，情况特殊时可采用远程通信方式召开。除非另有规定，联盟大会的决议须经到会成员半数以上表决通过方能生效。在联盟大会闭会期间，遇有重大或紧急情况，经理事会或半数以上成员提议，可召开联盟大会临时会议。联盟大会的职责包括审批理事会作出的联盟工作方针和发展规划、听取和审议理事会的工作报告、批准和修改联盟章程、换届选举理事会成员等 6 项主要职责。

②联盟理事会。

联盟理事会是联盟大会的执行机构，对联盟大会负责。理事会成员任期为 3 年，可以连任，首届理事会由联盟发起单位即课题组牵头单位辽宁省环保集团建议组成。理事会设理事长 1 名，副理事长 2 名，理事 2~4 名，在理事会成员中选举产生，任期为 3 年，可以连任，任期不超过两届。理事会会议每年召开 1~2 次，会议须有 2/3 以上理事会成员出席方能召开，除非另有规定，理事会决议须经到会成员半数以上表决通过方能生效。在理事会闭会期间，遇有重大或紧急情况，经 3 名以上理事会成员提议，1/2 以上理事会成员同意，可以召开理事会临时会议。理事会的职责包括执行联盟大会的决议，向联盟大会报告工作，筹备并组织召开联盟大会，向联盟大会提交修改联盟章程的决议，制订联盟工作方针和发展规划，决定联盟成员的吸收或除名，批准联盟成员的奖励和惩戒等。

③联盟秘书处。

联盟秘书处是理事会下设常驻机构，负责联盟日常工作。秘书处设置秘书长1名，设置副秘书长2名。秘书长、副秘书长每届任期3年，可以连任，任期不超过两届。秘书处职责包括执行联盟大会及理事会决议，负责组织、管理、协调联盟的各项工作；负责联盟大会及理事会会议的筹备和召开；起草联盟年度工作总结和报告，负责联盟大会和理事会委托的其他事宜等。秘书长职权包括主持联盟秘书处日常工作，组织实施工作计划，监督工作进展情况；提名副秘书长并报理事会审议；召集和主持联盟理事会会议；代表本联盟签署有关重要文件和参加各种重大活动等。

（3）联盟三层级契约管理模式。

①联盟章程。

联盟章程是联盟系统稳定运行的基本保障，采取系统化、差异化制定，根据各联盟性质、任务、目标、组织架构、主体职责、管理内容等不同制定各自的联盟章程，章程按照联盟规定流程进行各阶段审议，从《章程草稿》《章程审议稿》到《章程最终稿》，按照章程规定，章程可通过联盟大会进行修改。

②联盟协议。

联盟协议作为联盟第二级契约基本保障，在不同联盟章程框架下，联盟各成员单位与联盟发起单位签订了《联盟协议书》，协议书内容包含联盟宗旨、联盟目的、组织机构和职责、联盟成员职责和义务，违约责任等条款。

③联盟合同。

根据联盟章程规定，联盟主体间可在联盟协议框架下通过具体项目合作进行补充合同和补充协议签订，联盟内部主体合同签订需经联盟秘书处审核，联盟间在章程框架下签订合同需通过联盟各自理事会审核，联盟系统总体契约框架搭建，保障了联盟各主体间合作顺利进行。

2.4.4.3 联盟成员选择机制

联盟选择成员的主要因素是战略目标一致性；选择联盟成员还应注重潜在成员与联盟的竞争优势互补性；在选择联盟成员时应该尽量选择与已有成员力量平衡、实力匹配的成员；选择联盟成员时应该考虑经营政策差异小的新成员；考虑成员的文化背景相似性。

联盟需要根据建立动机，确立选择或是筛选标准进而确定联盟主体筛选的原则和程序以及一定条件下清退机制。联盟成员的选择是联盟建设和运行的起点，对联盟成立的目的、意义和后续发展起到至关重要的作用，联盟主体或成员选择的影响因素直接关系选择机制的评价指标体系的构建。

联盟主体成员的选择或是筛选标准根据联盟主体间的信任度、技术和资源的互补性、文化兼容性、合作意愿、产业链建设与延伸需求等方面确立综合指标体系。联盟领导机构成员的选择尤其是联盟的理事长单位应侧重于细分行业内处于绝对的领先地位、有足够的行业领导力和号召力，有意愿并积极带领联盟健康有序发展的"盟主"单位。

2.4.4.4　协调沟通机制

（1）会议沟通机制。

联盟章程中规定，通过会议机制，联盟建立各成员共同参与联盟规划与调整的制度，保证联盟战略制定和规划的科学性与客观性，建立了良好的约束与激励机制，使分工不同的企业、高校与科研院所之间科研进行密切的协作，从而获得较高的生产效率，从而扩大联盟的市场规模，获得外部规模经济效益。

（2）动态协调管理机制。

联盟运行过程中由于各主体成员在成本、利益分配和风险分担不合理，主体间文化差异、信息沟通不畅、联系不紧密等因素导致失衡与冲突。为了解决联盟内的矛盾和冲突，联盟建立的动态的协调沟通机制是重要手段和重要途径。

构建联盟的协调机制通过战略协调、利益协调、业务协调 3 个不同层面实现多方位协调沟通。联盟建立健全了运行协调机制，丰富交流合作内容，找准利益与需求诉求点。第一，战略层面的协调沟通机制包括目标协调机制、文化冲突处理协调等。联盟建立了一套科学有效的动态协调管理目标体系，可按照联盟成员各主体的具体经营目标、项目合作目标等并配合利益奖惩措施。第二，利益协调层面包括通过协调完善和修改章程、协议、合同等调整利益分配方案等。第三，业务协调层面建立了联盟高层协调机制，包括各主体高层互访、高层正式和非正式磋商、高等对话交流等；建立联盟信息交流机制，包括信息情报、资料、人员等交流互通，减少合作中的矛盾和冲突，真正实现联盟成员的良性互动。

（3）微信工作群和通讯录管理机制。

发起单位辽宁省环保集团牵头建立了各联盟工作微信群，各联盟主体成员单位包括联盟主管领导、主管及单位联络员全部纳入联盟微信工作群，工作群内发布项目信息、技术和行业前沿资讯、工作通知、政策发布、活动短讯、市场需求、技术需求等百余条，搭建了实时沟通渠道和平台，充分发挥了协调和沟通作用，辽河流域七大产业联盟与水专项淮河流域和水专项产业化标志性成果专家组通力协作，不定期发布水专项最新成果，如超临界水氧化技术与装备、工业园区上游企业排水官网在线预警和自动管控设备等共计 50 余项在流域间进行了宣传和推广。同时，课题组牵头建立了联盟通讯录管理机制，涵盖了联盟成员全部人员，确保了协调沟通畅通，效果显著。

2.4.4.5　投入与资源共享机制

联盟成员之间公平分配，合理投入，使每个联盟成员在合作过程中达到竞争均衡；联盟资源投入过程中，应该充分发挥各联盟成员的资源优势，取长补短投入资源；以联盟成员资源投入多寡分配利益，能够提高联盟成员资源投入的积极性。

在前期各联盟申报单位提交的联盟资源表的基础上，联盟内部共享资源将继续开放，逐步在政策信息、仪器设备、研发数据、知识储备、人才资源、金融服务等领域实现交流和共享。资源共享能使联盟内资源平台化、协同化集聚，扩大分工与合作秩序及方式，从而使联盟资源实现更有效配置。资源共享机制中联盟共享内容和程度与联盟内部信任程度、协调沟通程度和利益分配等密切相关，通过研发设备和仪器、实验设施等研发平台的共享提升联盟内研发机构的协同创新意愿，进一步实现研发数据、人才资源、品牌和市场等深层次的资源共享。

2.4.4.6 互惠合作与利益协调机制

在联盟建立之初，采取联盟各主体认可的协商方式，对联盟各主体利益分配比例和方法作出规定，在章程中体现或是签订相关协议，经过一段时间运行后，根据联盟主体对联盟贡献，进一步协商和调整利益分配比例和方法，保证利益分配的公正性与客观性。

2.4.4.7 风险管控机制

联盟面临的风险主要包括关系风险和运行风险两大类。关系风险主要由合作带来的风险，运行风险主要指影响联盟运行绩效的内外部因素导致的风险，联盟内各主体对未来可能面临风险的主观因素评价可能影响联盟系统的稳定性。

2.4.4.8 联盟保障机制

联盟通过建立人员、场地、制度、资金、契约关系、利益关系等资源共享体系搭建联盟保障机制，确保联盟长期稳定运行。另外，联盟需要构建科学完善的绩效评价指标体系，选取适当的绩效评价方法，根据评价指标体系对联盟运行绩效进行评价，联盟绩效评价体系主要架构为3个方面：指标选取、权重和测度方法。

2.4.5 联盟实施成效

根据辽河流域七大产业战略联盟建立和运行实践，联盟已初步形成了技术与市场融合的沟通平台，搭建了辽河流域环保产业"重点细分领域技术开发—小试中试资源集聚—环保管家市场开发—环保工程设计—环保工程施工与运维—产学研'卡脖子'攻关—融入'一带一路'建设"的全链式生态环境保护和问题解决创新体系，初步整合了流域内外环保产业优质资源，集聚了流域内外环保产业各环境治理要素和创新链上的关键环节，形成了产业集聚、行业规范的良好发展态势，初步显现了"政、产、学、研、用"的深度融合效应，并为水专项技术成果转化和产业化推广搭建了实质性平台，同时，联盟各成员主体借助该平台，开展了技术成果相关一系列互惠互利合作并取得了一定成果。

联盟建设得到了地方政府、媒体和行业的大量关注，在辽宁省人民政府国有资产监督管理委员会官方网站、沈阳市皇姑区政府信息平台、辽宁日报等进行深入报道，体现了联盟建设的区域和行业影响力。

2.4.5.1　联盟项目合作

（1）沈阳市重大核心关键技术攻关项目。

污泥联盟理事长单位沈阳航空航天大学与北方环境保护公司两单位联合申报了移动式污泥安全高效脱水平台开发及煤掺烧关键技术攻关，该技术为沈阳市重点环保卡脖子技术攻关项目，可以为区域污泥处置与资源化突破技术壁垒，打通市场链接。

（2）智慧水务联合技术开发和项目。

互联网+村镇污水联盟理事长单位清源水务公司与上海弘济环保公司联合中标了丹东前阳污水处理厂施工期污水应急处置项目，合同额 429 万元；与副理事长单位浙江嘉科信息科技公司进行了智慧水务-机器人加药装置联合开发，并联合中标了铁岭凡河新区污水处理厂智慧化运营改造项目，合同额 40 余万元；与沈阳工业大学蓝金环保研究院合作开发智慧水务-机器人加药装置执行操作技术，签订了项目合同，合同额 50 余万元。

（3）畜禽污染治理项目合作。

联盟成员单位沈阳光大环保科技股份有限公司与辽宁省微生物科学研究院就沈阳市辽中县县域畜禽粪污处理与资源化项目达成合作意向。

（4）人才培养战略合作。

联盟发起单位辽宁省环保集团牵头召集联盟签订了《科技人才联合培养战略框架协议》，并进行了实验室工作人员联合培养，截至 2018 年已培养 30 余名实验室工作人员。

（5）实验室资源共享和带土移植项目。

小试中试联盟牵头与水专项淮河流域、太湖流域项目进行了流域间水专项技术交流；联盟拟引进南京大学工业生化尾水深度处理技术及回用等科研团队，进行带土移植。依托联盟资源平台优势，联盟提供给辽河流域其他联盟小试、中试实验资源共计 30 余次，在污泥处理处置、污水处理、畜禽养殖污染处理、生态湿地、生物菌剂开发、填料药剂开发、环境功能材料及清洁能源等方面开展进一步合作与发展，在联盟成员单位间形成了开放共享、协同创新的战略合作平台，通过对"瓶颈"技术创新联合攻关，在研究成果转化过程中实现合作共赢。

（6）地方团体标准项目合作。

环保管家联盟理事长单位辽宁省环保集团牵头制定了省环保产业协会《辽宁省环保管家团体标准》，完善地方生态环保重点专业标准体系，助力区域行业健康发展。

（7）流域内外环保产业战略合作。

产学研联盟创建初期成功纳入了辽宁省首批实质性产学研联盟，依托辽宁省政策资源，争取资金支持和项目补助。成员单位辽宁环保产业技术研究院与清华大学-苏州环保创新研究院旗下苏州国溯科技有限公司、东北大学和沈阳环境科学研究院成功签订了战略合作框架协议，协议双方将在环保技术创新、技术二次开发、熟化及转移转化、技术交流、项目合作、人才培养等方面全面开展相关战略合作。尤其在生态环保创新技术的二次开发、熟化以及科技成果转移转化、污水处理、土壤及生态修复、"碳中和碳达峰"等技术领域开展项目合作。并根据国家柔性人才引进相关政策和法规等规定和指引，双方可通过相互间的顾问指导、挂职兼职、项目合作等方式进行柔性引才和带土移植。

2.4.5.2　联盟技术交流与专家论坛

（1）流域间技术交流。

国家水专项已取得了瞩目成果并切实发挥了创新引领先进的突出作用，在流域水环境改善和污水治理中提供了强有力的科技支撑，因此，2021 年 2 月，由课题组牵头辽河流域七大产业联盟联合水专项产业化标志性成果专家组和水专项淮河项目召开了流域污染治理绿色创新技术发展线上论坛，水专项课题全体成员与联盟近 80 余名专家学者、技术及企业代表等参加了此次论坛，进一步促进我国流域间污水处理技术的推广与深入交流，积极推动流域间项目合作及成果转移转化，为流域及我国水污染防治贡献力量。

会上，水专项产业化标志性成果专家组专家、知名行业学者、企业家对淮河流域、太湖流域污水处理先进典型标志性技术成果进行分享和探讨交流，分别在城市小流域水环境综合整治集成技术研究及应用、工业废水全过程控制技术及其应用、工业生化尾水深度处理技术及回用、基于硫铁矿的污水深度同步脱氮除磷（砷）新技术、适用分散式农户生活污水处理复合腐殖填料生物滤池模块化装备共 5 个方面进行了主旨演讲，会上，流域各界人士进行了积极广泛讨论。

（2）专家高峰论坛。

从联盟成立开始，联盟组织了一系列环保专家主旨讲座，在污泥处理与资源化、智慧水务、畜禽养殖、工业废水处理、环保管家等方面特邀流域内环保行业专家学者针对联盟方向进行专业分享和交流，活动共计 150 余人参加，反响热烈。

（3）环保创新路演活动。

2020 年 11 月 13 日，联盟发起单位辽宁省环保集团、畜禽养殖、污泥处理、互联网+村镇污水治理、小试与中试四大联盟联合皇姑区政府举办了"皇钻汇"第五期创新创业路演活动暨辽宁省环保集团节能环保项目专场活动，畜禽联盟携寒冷地区农村生活污水处理多级高效一体化反应器技术参加了此次路演活动。本次活动主要围绕初创企业、科研项目等主体挖掘优质节能环保类项目，并为其提供商业模式打磨、资源链接等创业服务等内容，积极营造创新创业氛围，全面激发了流域双创活力，同时，联盟也为水专项技术推广和落地应用提供了真正面向市场机制的发展平台。

2.4.5.3　联盟校企交流合作与参会参展

（1）联盟校企交流。

2020 年 10 月，互联网+村镇污水处理联盟前往沈阳理工大学环境学院对 100 余名在校本科生做了案例教学。

2021 年 6 月，联盟开启了"2021 年度暑期校企系列活动"，联盟成员单位大连理工大学、东北大学、沈阳大学等师生到辽宁省环保集团见习，集团水专项课题组核心骨干和联盟理事长单位清源水务公司接待了此次来访。60 余名师生先后参观了集团水专项成果展示大厅、集团环境监测实验室、满堂生活污水处理厂，辽东湾第二污水处理厂。该活动为师生搭建了学习交流平台，得到了一致好评。

（2）联盟参会参展。

①水环境行业热点技术论坛。

联盟发起单位牵头与村镇污水治理联盟参加了在北京举办的"2021 水环境行业热点技术论坛暨环境科技产业联盟年度总结展望会"，论坛围绕城乡水环境治理领域合作，聚焦城乡水环境治理热点技术的应用和创新，中科院生态环境中心、中国贸促会等 400 余名行业专家代表参加了活动。

②上海环境博览会等系列会议。

2021 年 4 月，联盟参加了上海环境博览会并参加了同期举办的以"构建生态环保产业新发展格局"为主题的中国环境技术大会，大会以环保前沿技术为核心导向，覆盖水、大气、土壤等七大板块，多维度解析行业发展趋势及最新内容，其间，组织了联盟成员单位参加了 2021 年第八届场地修复论坛暨展览会、（长三角）城镇和农村污水处理解决方案热点论坛，为联盟科研攻关和成果转化提供信息支撑。

③辽宁省城市更新博览会。

2021 年 5 月，联盟发起单位辽宁省环保集团牵头携水专项技术成果参加了辽宁省城市更新暨第九届中国（沈阳）国际现代建筑产业博览会，会议期间，联盟统筹将水专项技术成果制作成沙盘进行推广展示，畜禽污染治理联盟、村镇污水治理联盟、环保管家联盟等理事长单位代表携水专项技术成果进行了路演活动，反响热烈。

④上海进出口交易会。

联盟发起单位辽宁省环保集团牵头连续 2 届参展了上海进出口交易会，联盟对水专项优质科技成果进行了宣传和推广，对接包括美国、韩国、日本、印度和国内环保企业共计 30 余家，行业机构 10 余家，同时也吸收了国外先进成熟技术信息。

2.4.5.4　联盟国际交流合作

联盟十分重视国际交流与合作，为水专项技术成果推广和区域环保产业技术交流"一带一路"建设，与联合国环境署、韩国、以色列等政府机构和国家展开了务实交流与合作并取得了积极成效。

（1）"一带一路"绿色技术产业联合会。

2020 年 12 月，联盟发起单位辽宁省环保集团被推选为绿色技术产业联合会常务理事单位，也是东北地区环保企业唯一一家入选单位。联合会是由国家"一带一路"环境技术交流与转移中心（深圳）发起成立，目的是推进绿色技术产业发展，践行绿色"一带一路"

倡议，促进新技术、新业态、新模式、新机制的推广与应用，协助国内外企业精准对接资源，建立"一带一路"绿色技术产业合作圈。联合会优选了国内中电建生态环境集团、深圳市能源环保有限公司、清华大学深圳国际研究生院、生态环境部华南环境科学研究所等34家绿色技术产业领域企事业单位、科研院所等机构共同组建。此次辽宁省环保集团的加入，助推了流域环保产业深度融入"一带一路"建设步伐，为后续流域环保产业和联盟成员"请进来、走出去"奠定了合作基础。

（2）固体废物管理与技术国际会议。

2020年7月，污泥处置联盟组织参加了"第十五届固体废物管理与技术国际会议"，联盟理事长沈阳航空航天大学李润东副校长牵头参加了此次活动，并主持了"污泥处理处置与资源化利用"分会场并做了主题讲演。该项由巴塞尔公约亚太区域中心发起的固体废物管理及技术国际会议，联合了清华大学、生态环境部固体废物与化学品管理技术中心、联合国环境规划署等重要单位，会议成为阐述固体废物科学理念、展示先进经验、寻找解决方案的重要平台。

（3）以色列智慧水务在线对接会。

2020年6月，"互联网+村镇污水"联盟组织成员单位参加以色列驻华使馆举办的"2020以色列智慧水务在线对接会"，与FLUENCE公司在农村移动式智能供水污水处理技术、与Nufiltation公司在超滤过滤膜等技术方面进行了深入对接，此外，以色列有很多环保类高精尖技术对华输出和合作意愿，借此机会，联盟与以色列驻华使馆商务处建立了友好对接。

（4）韩国环境产业机构交流合作。

2020年9月，在辽宁省环境保护产业协会的大力支持下，联盟与韩国环境产业技术研究院进行了友好对接，韩方带来了拟推动的43家韩国环保企业信息以及相关政策补贴，联盟介绍了辽宁环保产业现状以及辽河流域水专项技术成果，希望双方加强技术交流与合作，建立务实合作关系，搭建起环保技术吸收、转化、推广服务平台，促进双方环保产业发展，并为双方环保技术线上交流会做好铺垫。

2020年11月和2021年3月，由联盟水污染治理专业委员会联合韩国环境产业协会、辽宁省环保产业协会和沈阳市环保产业协会举办了两届"中-韩环保技术线上交流会"，来自中、韩双方30余家企业代表在污泥处理处置、污废水处理、智慧水务、碳减排等方面进行了热烈交流和探讨。

2.4.5.5　联盟人才培养

联盟坚持企业是市场与创新主体，同时也是高质量人才培养主体，联盟建立行业专家库、专业技术团队和固定场所十分必要，除了高校人才培养主要路径，企业需进行机制体制创新，对接市场需求，提供人才培养厚植土壤。企业对人才的需求可转化为投资于人才培养的切实行动，企业应在联盟框架下提供全方位培养渠道，联合建设企业实训基地，加强培训力度，提升人才素质培养能力，避免由于企业实际任务能力不足，影响人才就业情况。同时，企业应统筹规划，保障教育培养资源均衡，避免由于自身实际利益驱动，出现校企联合培养消极应对情况。

（1）联盟专家团队建设。

①辽宁省水污染治理专家委员会。

根据辽河流域及辽宁省水污染治理技术产业实际以及水污染治理技术产业发展迫切需求，七大产业战略联盟与辽宁省环境保护产业协会深度合作，并以技术资源为依托，成立了辽宁省环境保护产业协会水污染治理专业委员会，为解决辽河流域及辽宁省水污染治理的突出与"瓶颈"问题提供更加实用、高效的技术支撑。同时，环保协会也将水专项长期从事辽河流域水专项项目研究的课题组的 23 名技术骨干纳入成立的辽宁省环境保护产业协会专家委员会，并担任主任委员和副主任委员等职，总人数占水污染治理专家委员人数的 50%。同时，专家库专家已纳入辽宁省科技厅的辽宁省科技创新专家库。

②申报辽宁省环保行业专家库。

联盟积极组织申报辽宁省生态环境厅牵头的辽宁省农业农村环境污染防治专家库、辽宁省土壤污染防治专家库专家、辽宁省碳减排专家库专家等相关创新人才申报，目前，联盟已有 5 人次入选相关专家库。

（2）联盟人才培养。

①校企联合培养。

联盟企业与高校联合，已与联盟成员单位东北大学、辽宁大学、沈阳建筑大学、沈阳理工大学、沈阳大学等建立了长期稳定的联合培养机制，签订了战略协议，目前，联盟已联合培养研究生 30 余人，其中，毕业后直接与联盟成员企业签订工作合同近 10 名，其余学生在流域内就业率达 100%，切实发挥了为区域培养行业人才的作用，在一定程度上改善了优秀人才外流的现状。

②专业人员培训。

2020 年 12 月，为了加强联盟人才培训，"互联网+村镇污水"联盟和小试中试联盟联合举办了为期两天的水质检测技能大赛。此次大赛为了强化污水处理厂各运营项目化验人员的基础理论知识、提高实验操作技能以及化验室管理水平，打造专业化的水质检测队伍。联盟理事长单位清源水务公司和沈阳工业大学蓝金环保技术研究院给予大赛全程指导，此次大赛发掘和培养了专业技术型人才，进而提升了联盟成员单位运营项目的整体管理水平。

2.5 辽宁省环保产业集聚区

辽宁环保产业集聚区是辽宁省"十三五"环境保护规划的重点内容，并已列入全省"十四五"生态环境保护规划。

2.5.1 辽宁省环保产业集聚区建设的必要性

按照"政府搭台、市场引导、企业唱戏"的模式和"系统运作、产业融合、功能集聚"的理念，搭建集环保政策、技术、人才、咨询、工程、装备、资本等要素于一体的辽河流域环保服务产业集聚区，并有效整合集聚区内各类资源，形成优质的集咨询、技术、治理、设备、运维等于一体的服务产业链。通过建设辽宁省环保服务业集聚区，能够为政府提供优质的环保服务，解决管理短板，满足企业治理需求，同时解决市场无序竞争，避免企业盲目实施改造。另外，在聚集区内探索环境治理新模式，打造环保第三方服务改革示范点。

建设环保产业集聚区，能够引导功能多样的企业集聚，利用集聚区自有资源撬动、整合外部资源，依托产业化平台促进区内企业良性发展。通过政府引导、环保管家咨询服务、展示交流、金融支持、专利服务、施工管理集合、中介桥梁搭建、大数据共享、行业协会支撑等全方位服务体系建立，集聚区的主体环保企业将蓬勃发展，为客户群体排忧解难，同时释放出更多的就业岗位，带来新技术、新产品，拓宽了当地的税源，新技术、新产品的开发又将激发更高层次的企业创新，如此的持续循环必将带动区域的经济增长，必将成为推动区域经济增长的新引擎。

建设辽宁省环保服务业集聚区，能够实现多方面的整合，可通过发挥企业竞争效应、降低创新成本、建立内部市场和刺激外部市场来促进区域环保产业结构升级。

（1）企业竞争效应。

随着集聚区内环保企业数量越来越多，企业的水平也不断提高，环保企业之间为了获取资金、技术、信息、劳动力等资源导致企业的竞争也越来越激烈。面对越来越强的竞争环境，环保企业将更加积极地追求运营成本的降低、服务质量的提升、业务流程的改进和创新能力的提升，从而使集聚区内环保企业的竞争能力得到提升。

（2）降低创新成本。

环保服务企业由于共同利益而汇聚，进而构建出共生网络，并依靠网络来相互合作，不仅包括资源的共享，还包括环境的适应和自我进化，在协调中实现创新和发展。集群区域内产业的知识网络的形成，整合企业的知识、技术、市场，吸收和引进相关的人才、设备、管理等创新要素，并整合成为企业自身的创新要素，带来企业生产效率的提高。

（3）建立内部市场。

环保集聚区在一定程度上替代了市场的作用，产业上下游企业、纵向企业之间可以更低的成本在集群区域内共享劳动力、技术等生产要素，降低中间产品投入的成本，最终实现企业生产成本的降低。

（4）刺激外部市场。

集聚区内环保服务企业从竞争效应中获得提升，促进了环保企业的升级，在知识、技术、服务领域及管理方式等方面所获得的成果可以让环保企业为市场提供更高水平的生产性服务，更轻易地获得市场客户的青睐，促进了环保企业利润水平的提高。

拥有功能齐全的环保服务功能，是保持环保产业集群创新能力和竞争力的重要保证。加快环保产业集聚区服务业的发展，不仅有利于细化和深化专业分工，降低交易成本，提高资源配置效率，也是破解要素制约，拓展发展空间，转变经济发展方式，增强企业自主创新能力的重要途径，有效推进水专项环保产业的良性发展。

2.5.2　辽宁省环保服务业集聚区

2016 年 3 月 1 日，"辽宁环保产业集聚区发展"商议大会在环保产业示范基地（沈阳市崇山东路 34 号辽宁省环境保护厅原址）召开。会议邀请辽宁大学环境学院院长宋有涛、辽宁省院士工作站服务中心主任赵明波、辽宁省环境科学学会副秘书长张国徽等专家代表参加。在会上就辽宁环保产业集聚区（示范基地）的发展现状、存在的问题以及下一步的发展规划和实施方案进行了深入研讨，并就未来发展方向达成共识。

辽宁环保产业集聚区积极贯彻落实《国务院关于大力推进大众创业万众创新若干政策措施的意见》《国务院关于加快发展节能环保产业的意见》以及辽宁省政府《关于大力推进中小微企业创业基地建设的指导意见》，力求为环保中小微企业的创立和发展提供良好的服务条件。

示范基地是依托辽宁省环保产业集聚区的产业平台，将该平台打造成集培训、孵化、拓展、服务四大功能于一体的环保产业示范基地。搭建政、学、企、环保人才和项目建设平台，鼓励适合辽宁地区环境治理和生态建设的环保项目、创业团队在基地孵化落地，引导环保人才和企业聚集，推进全省环保产业转型升级，为环境治理提供物质基础和技术保障，力争把示范基地打造成辐射全国乃至东北亚的环保基地。

目前，环保产业示范基地建设尚处于起步阶段。部分中小微企业对示范基地缺乏必要的了解；基地建设规划滞后；基础设施不够完善；环保产业配套不完整。在未来将会筹集资金完善基础配套设施建设，为企业发展搭建施展平台。

辽宁省环保服务业集聚区是省环保集团全力打造的环保创新创业服务基地，坐落在皇姑区崇山东路 34 号，集聚区是生态环境部环保服务业试点，省科技厅备案的省级科技企业孵化器。集聚区孵化面积 7 920 m^2，主要面向节能生态环保领域的创新创业企业。集聚区现有入驻企业 33 家，高新技术企业 6 家，集聚区内企业总产值超过 5 亿元。集聚区有效整合国内外优势环保资源，是集聚环保产业发展的政策、技术、人才、融资、商务、展示、交易等要素的重要平台。

辽宁省环保集团为进一步加大水专项技术成果转化，积极推动辽宁省环保服务业集聚区建设，并专门成立了辽宁省环保集团产业咨询服务有限公司，注册资金 300 万元，负责环保服务业集聚区建设及水专项技术成果推广线上、线下平台的运行维护与管理，自负盈亏。组建初期即投入 500 余万元，搭建了辽河流域水专项成果转化与产业化推广线上展示及交易平台；建设了技术成果展示中心、会议展览与交流中心、环保管家服务中心、创新创业孵化中心等水专项线下推广平台，并成功申报了市级、省级科技企业孵化器，孵化环保科技创新公司 11 家，初步实现了环境咨询、技术服务、环保工程设计与施工、环境检测、工程投融资等各类高新技术类中小型公司企业资源的集聚与优势互补，初步形成了产业的全链条服务，带动了区域环保产业的发展。

水专项环保产业战略联盟的组建、环保产业技术研究院的成立和辽河流域水专项技术成果转化及产业化线上推广平台的搭建，为辽河流域水专项技术成果转化及产业化奠定了基础。但如何将这些单一的推广途径整合在一起，更大程度地发挥集群的作用是实现辽河流域水专项技术成果推广应用的关键。而要达到这个目的，最好的方式就是建设辽宁省环保服务业集聚区。在对目前国内环保产业化服务集聚区建设与运营现状的调研的基础上，研究了集聚区服务功能、产业结构、区域特征。根据辽河流域的实际情况，并结合水专项项目的开展情况，建设以辽宁省环保集团及皇姑区政府为主导的辽河流域环保产业化服务集聚区对促进辽河流域水专项技术成果推广具有重要意义。

依据企业（项目）集中布局、产业集群发展、资源集约利用、功能集合构建 4 个要素，研究集群优势及集群内企业差异化服务，形成在环境影响评价、设计、施工、监理、环境检测、投融资等方面的专业服务网，为客户提供管家式服务。通过环保产业的空间集聚和产业链的极化效应，带动区域内环保设备装备化、环保技术产业化，作为一种牵引力，提升水专项技术成果以及各类环保技术、环保企业产业化进程，为流域环境质量改善提供技术支撑。

2.5.3　环境科技大厦

环境科技大厦位于皇姑区首府经济开发区鸭绿江北街 77 号，建筑面积为 15 000 m²，由省环保集团、皇姑区政府、沈阳万科地产联合建设，2021 年 12 月底正式投入使用。

环境科技大厦将充分发挥行业龙头企业等多方优势，整合政策、研发、技术、人才、市场资源，充分促进创新链、供应链、资金链、政策链四链融合，构建环保产业创新体系，深化以需求侧为导向带动供给侧的环保产业链条，打造东北地区具有代表性的一站式环保专业化高端服务聚集区。集聚区将利用自身的资源优势，帮助入驻企业对接政府部门、行业主管部门、研究院所及省内客户需求企业，实现平台基础上的环保资源对接。

集聚区力争通过 3～5 年，孵化培育企业 30 家，引进技术对接企业 30 家，引进 10 家以上国内外大型环保集团总部驻辽分部，培育建设 3～5 个省级以上环保科技研发机构和创新服务平台，促进辽宁环保服务业的规模化、集聚化发展，力争在 5 年内实现产值超 10 亿元。目前已经与 10 余家环保企业达成意向进驻集聚区。

2.6　辽宁环保产业技术研究院

2.6.1　成立产业技术研究院的背景及意义

新型研发机构对完善科技链和产业链，推动产、学、研、用深度融合，促进科技成果转化具有重要意义。这种集研发、服务功能于一体的平台发挥了市场需求导向、高校等科研资源供给主体的纽带作用，推动多主体协同治理的技术创新，推进科研机构制度建设及科技体制改革，充分实现产、学、研深度融合、完善区域科技创新体系。同时，连接了科学技术基础研究、技术开发、成果应用的链条渠道，有助于构建完善的区域科技创新网络和技术创新体系，推动区域科技成果高质量转化。

2.6.1.1　建设的重要性

创新是引领发展的第一动力，是建设现代化经济体系的战略支撑。创新驱动发展战略是在综合分析全球经济社会形势及我国科技发展全局基础上作出的重大战略抉择，是应对产业变革和新科技革命、适应和引领经济社会发展新常态的现实要求。依靠科技创新形成先发优势、从要素驱动转为创新驱动、提升发展质量及效益，是符合沈阳市、辽宁省乃至我国发展的系统性变革，是顺应时代发展要求的必然选择。创新驱动发展战略的落实应以创新为基础，以驱动为目标，以体制改革为保障，以科技和机制创新的双轮驱动为动力。

现阶段，创新驱动战略已成为支撑全国经济结构调整和发展方式转变的核心战略，建设一批适应新形势需要，遵循市场与创新规律的新型研发机构，着力打造一批产业共性技术研发基地，突破一批核心、关键技术，形成一批技术标准，转化一批重大科技成果，搭建一批资源整合、开放共享的技术创新服务平台，加速科技成果转化，促进创新链、产业链、市场需求的有机衔接、环保产业结构调整升级、建设东北创新驱动高地、助力辽河流域污染治理攻坚战、农村环境治理攻坚战等具有十分重要的意义。

2.6.1.2　建设的必要性

近年来，我国先后在《国家创新驱动发展战略纲要》等政策文件中重点强调要重视对新型研发机构的创新、培育和发展，要求充分重视科研与产业的紧密结合。在这一科研体制改革的逐步深入背景下，涌现出了一批破除陈旧组织观念和科研体制弊端的新型组织形式，这种新型研发机构采用经费自筹、独立核算、自主营销和自负盈亏的企业化运作模式，基于市场需求导向，以创新为手段、增收为目标，实现技术研发、成果转化、企业孵化和产业发展多方的有机融合，构建一体化科技创新链条，打通了经济与科技的融合壁垒。在此背景下，我国涌现出了中国科学院深圳先进技术研究院、深圳光启高等理工研究院、华为研究院、深圳清华大学研究院、广东华中科技大学工业技术研究院、江苏省产业技术研究院等一批新型研发机构，此类机构在组织发展模式、管理体制、运作机制、协同创新等方面进行了全新探索，成为区域性科技创新和战略性新兴产业崛起的重要平台。此类新型研发机构在创新体系中凭借其卓越的绩效已逐步成为科技体制革新的标杆，得到了科技界、经济界及学术界的高度关注。

为实现先进成熟水污染治理技术及成果在沈阳市区域内创新链与产业链上的无缝对接，加速区域内水污染治理产业链创新体系的形成，打破传统创新链条各环节间独立性强、彼此不兼容的弊端，保证科技成果产业化链条的畅通以及提高产业发展反哺科研的能力，建设承载着技术开发、成果转化、企业孵化和产业升级多重价值的新型研发机构——沈阳产研院是当务之急。

2.6.1.3 建设的可行性

据统计，辽宁省每年登记的省、部级成果约 4 000 项，但转化率不足 20%，真正商品化的仅占 5%左右，远低于发达国家和地区的科技成果转化率。沈阳市作为省内科技成果转化水平较高的地区，科技成果转化率低于 20%，究其主要原因为高校、科研院所与企业之间的产学研合作不够深入、新型的科技创新支撑体系尚需健全、企业自主创新能力有待提高。产学研合作的核心目标是提升企业的自主创新能力，推动企业的技术进步，促进区域经济发展、构建科技创新系统。特别是目前在高校、科研院所与企业以项目为基础而建设的新型研发机构，是实现产学研深度合作、提升科技成果转化率的重要手段和途径。

2.6.2 新型研发机构的特点

与传统研发机构相比，新型研发机构的"新"主要体现在"三无四不像"，即无行政级别、无事业编制、无固定财政经费来源，有培养人才的责任却不完全像大学、致力于研发成果的提供却不完全像科研院所、独立核算企业化运行却不完全像企业、致力于公共研发事业的发展却不完全像事业单位。实践表明，新型研发机构有效摆脱了"政府是投入主体、领导是基本观众、得奖是主要目的、仓库是最终归宿"的传统发展模式束缚，在投资主体、发展目标、运行方式、体制机制创新等方面呈现很多不同的新特质。

2.6.2.1 投资主体多元化

现有运营良好的新型研发机构，一般都由创新型企业、高校、科研院所、产业联盟或政府有关部门等共同组建，投资建设主体多元，运行机制灵活，各参与组建方共担创新风险、共享市场收益。作为国有事业单位的传统科研机构，人员编制固定、事业发展经费固定，参照行政或公务机关的体制机制进行管理，市场竞争意识不强，对市场反应不够灵敏。新型研发机构则从根本上突破了传统科研机构国有、官办特色，企业、高校、科研院所、产业联盟乃至创投、风投基金等主体，都可以是新型研发机构的出资人，并在实践中形成了校（院）地共建、企业自建、联盟共建和民间自办等多种有效模式。新型研发机构的研发活动要向全体出资人负责，接受全体出资人监督，有利于从源头上推动研发直接面向市场竞争主战场。

2.6.2.2 目标多层次

新型研发机构的组建和运营具有多层次的目标。服从服务于国家战略需求，紧密围绕战略新兴产业、高新技术产业的关键共性技术，重点产业领域前沿技术和地方支柱产业核心技术等开展研发活动。以技术研发成果为纽带，对创新链上的人才、资金等资源有效整合，推动成果向市场有效转化。吸引集聚重点创新领域的高端人才及团队顺利落户，培养造就高水平的科技领军人才和创业人才队伍。结合地方或区域产业需求定位，发挥技术、人才优势，为科技型中小微企业提供技术开发、转让、咨询和培训等服务，推动科技型、创新型企业的筛选、孵化、加速和育成。

2.6.2.3 运行企业化

新型研发机构坚持投管分离，以市场化为导向，运行管理普遍采用理事会领导下的院（所）长负责制，以事业部制代替课题组、股份制代替打分制、聘用制取代终身制，管理机制、激励机制和创新机制等不断完善。新型研发机构身处市场竞争主战场，根据自身优势，围绕战略性新兴产业技术自主确定研发方向，运用现代企业管理制度和方法独立核算、自负盈亏。坚持市场化选人用人机制，秉持不定编、不定人，不以学历、资历论英雄，不拘一格选任创新型人才，充分调动和激发研发团队的创新积极性。

2.6.2.4 发现、发明与产业有机融合

新型研发机构注重从源头知识创新、技术工艺创新到产品生产创新的无缝衔接，实现科学发现、技术发明与产业发展的高效联动。其创新目标和研发导向明确，从诞生起始就与产业需求紧密结合，科学发现推动技术发明，技术发明助推产业发展，产业发展支撑科学发现，有效弥补了传统创新链条容易"掉挡""断链"短板，推动并实现科技与经济的有机融合。新型研发机构致力于推动创新链、产业链、资金链和政策链的紧密融合，同步研发、逆向创新、交叉融合开发，确保研发成果产业化的通畅及产业发展对研发创新的适时反哺，为成功实现创新成果产业化提供坚实保障。

2.6.2.5 体制机制进一步创新

新型研发机构通过实践探索，构建形成了一系列新的体制机制。有别于传统研发机构的行政领导体制，新型研发机构的理事会是决策机构，理事会聘任科学指导委员会作为学术咨询机构，对研发工作作出评估并提出建议。同时，许多新型研发机构集平台、服务和研发等功能于一体，与市场同步研发、交叉融合开发，推动技术转移和产业化发展。新型研发机构普遍采用合同制、匿薪制、动态考核和末位淘汰等现代管理制度，以全新的投资、运行、用人和研发机制，坚持市场需求决定研发方向，充分发挥市场配置创新资源的决定性作用，推动创新成果的市场化转化。

2.6.3 辽宁环保产业技术研究院的组建

由辽宁省环保集团有限公司牵头，联合沈阳市皇姑区政府和"十一五""十二五"水

专项辽河流域课题主要承担单位大连理工大学研究团队、中国科学院沈阳生态所研究团队成立了水专项技术成果专门转化单位——辽宁环保产业技术研究院，该研究院于 2020 年 10 月 16 日完成了法人实体注册，注册资金 1 000 万元，实现了"政、产、学、研、用"的深度融合，引进了大连理工大学、中国科学院沈阳生态所、清华大学等国内著名高校研究团队，专门进行水专项先进成熟技术成果等科技成果的转化与产业化，并与南京大学盐城环保研究院、南京大学江宁环保研究院、清华大学苏州环保研究院等机构开展交流协作，就科技成果转移转化与产业化推广建立了深度合作关系。为打通水专项技术成果转化最后一公里提供重要支撑。研究院采取董事会管理下的总经理负责制，总经理、副总经理及研究院核心人员均为水专项培养的高层次人才。目前，研究院已被列为辽宁省科技厅、辽宁省人民政府国有资产监督管理委员会科技成果转化政策激励试点，为辽宁省国资管理企业中第一个且唯一一个混改成功单位，成功备案于辽宁省科技厅新型研发机构，并被列入辽宁省产业化技术研究院下设唯一的一个环保技术研究所。

第 3 章　辽河流域畜禽养殖污染治理技术转化与应用

　　畜牧业的快速发展满足了人们对肉、蛋、奶的需求，增加了农民的收入。但随着养殖规模不断扩大，污染环境问题逐渐显现，经营效益提升与生态环境保护的矛盾日益突出。畜禽养殖排放的粪便及养殖污水中携带大量的 COD、氮、磷等污染物，以面源形式污染周边环境，对土壤及地下水质造成极大危害。此外，化肥农药过量使用也增加了面源污染失控风险。因此，推进畜禽污染治理技术及工程，倡导绿色发展，防止农业面源污染，对于保护区域农业生态环境至关重要。

3.1　辽河流域畜禽养殖污染概述

3.1.1　辽河流域畜禽养殖污染现状

3.1.1.1　辽河流域畜禽养殖污染现状概述

　　近年来，随着我国对肉类、蛋奶等产品需求的扩大，我国畜牧业总体发展态势良好。2018 年，我国畜禽粪便年产量约 41.21 亿 t，其中畜禽直接排泄量 19.7 亿 t，养殖过程污水排放产量 21.51 亿 t。

　　辽宁省作为全国重要的畜牧产品生产基地，2017 年全省生猪饲养量 3 935.2 万头，牛饲养量 387.7 万头，禽饲养量 13.8 亿只，畜禽标准化规模养殖比重达 65% 及以上，居全国畜牧养殖量前列。畜牧业的蓬勃发展导致了养殖污染风险的提升，2017 年全省畜禽养殖业粪便污水产生量约 1.3 亿 t。

3.1.1.2　辽河流域规模畜禽养殖主要类型及污染特点

　　鸡粪、猪粪、牛粪和羊粪等多种养殖类型的畜禽粪便污染物均具有含水率高，抗生素与铜、锌、铅等重金属污染物含量高及氮、磷等营养元素含量高的特点。但不同的畜禽粪便，其主要养分氮、磷、钾、锌、铜含量存在较大差异，鸡粪和猪粪中的氮、磷、钾、锌、铜含量明显高于牛粪和羊粪，但这几种畜禽粪便中钾素含量相当。另外猪粪中锌、铜的超标最为严重，其次是鸡粪。各类型粪污特点概述如下。

相较牛、羊、猪等其他动物，鸡粪富含易降解有机物组分，还富含钾、磷、钙和锌等微量元素，被认为是最具转化为清洁能源潜力的畜禽废弃物之一。鸡粪中磷、铜和锌主要以可提取态存在，有较高的生物有效性和移动性，并且鸡粪中氨基酸组成比较完善，且赖氨酸、胱氨酸和苏氨酸含量较高。风干鸡粪中粗蛋白含量比猪粪、牛粪的高 2 倍左右。未腐熟鸡粪中含有大量的有机酸等物质会影响作物根系的营养吸收功能，在土壤中发酵消耗氧含量，导致作物根系缺氧，并且发酵过程中释放的氨气及亚硝酸经植物气孔和根系在植物中累积而影响作物生长。此外，由于鸡的消化道较短，80%～95%的药物抗生素等通过粪便和尿液排出体外，畜禽粪便的排放是兽用抗生素输入环境的重要来源。如金霉素等抗生素会抑制缩氨酸生长和蛋白质合成，最终导致包括产甲烷细菌在内的革兰氏阴性菌细菌死亡，影响鸡粪的厌氧消化效果。

3.1.1.3 辽河流域畜禽养殖污染危害

（1）严重污染水体。

畜禽养殖对水源的污染主要来自畜禽粪便和养殖场污水。目前，我国大多数养殖场的畜禽粪便处理能力不足，60%以上的粪便得不到科学处理而被直接排放，通过畜禽排泄物进入水体的 COD 量已超过生活和工业污水 COD 排放量的总和。畜禽粪便中含有大量的污染物，包括病原微生物、有机质、氮、磷、钾、硫元素等。随意堆放的粪便会经雨水冲刷排入水体，使水中溶解氧含量降低，水体富营养化，从而导致水生生物过度繁殖。畜禽粪便被过度还田后还会使有害物质渗入地下水，引发地下水中硝酸盐浓度超标，严重威胁人类健康。另外，据生态环境部门统计，高浓度养殖污水被直接排放到河流、湖泊中的比例高达 50%，极易造成水源生态系统污染恶化。

（2）污染空气。

畜禽粪便发酵后会产生大量的有害恶臭气体，连同畜禽本身释放的气体，恶臭物质多达 230 多种。这些污染物对人和动物有毒性和刺激性，其中一些物质还会损害肝脏及肾脏。长时间吸入这些污染物质，会改变神经内分泌功能降低代谢机能和免疫功能。所以长期处在含有这些污染物质的环境下，不仅会使畜禽产生应激、影响生长发育、降低畜禽产品的质量，严重影响了畜禽养殖场及周边环境的空气质量，危害畜禽本身、饲养员以及周围居民的身心健康。

（3）传播病菌，有害健康。

畜禽污染物中含有大量致病菌，从而造成人畜传染病的蔓延，尤其是猪流感等人畜禽共患病会导致疫情发生，给人畜禽带来严重的危害，对人类的健康造成威胁。尤其是在农村的小养殖场，对畜禽废弃物处理非常简易，有的畜禽粪便未经腐熟，便直接进入土壤、水系等自然环境。北方常见的蛔虫、绦虫、钩端螺旋体等寄生虫病，都与之有直接关系。

（4）污染土壤，危害农田生态系统。

高浓度的畜禽粪便污水及养殖污水，严重影响土壤的质量。另外，集约化养殖中使用大量饲料添加剂，其粪便中重金属元素（如 Cu、Zn、As）的含量呈逐年上升的趋势，不但对土壤造成污染，还会导致水体污染。

3.1.2　辽河流域畜禽养殖污染治理现状

2007 年，辽宁省通过实施生猪标准化规模养殖场（小区）建设项目，全面开展畜禽粪污资源化综合利用工作，对老旧养殖场（小区）畜禽粪污的处理设施进行改造。2015 年以后建设的养殖场需执行环保"三同时"政策要求，即安全设施必须与主体工程同时设计、同时施工、同时投入生产和使用。2017 年起，全省以畜牧大县为重点，实施种养结合整县推进和畜禽粪污资源化利用整县推进项目，以农用有机肥和农村能源为主要利用方向来处理畜禽粪污，坚持源头减量、过程控制、末端利用的治理路径，通过政府引导，以企业为主体，在全省 27 个县（市、区）推动实施畜禽粪污资源化利用和种养结合工作。目前该项目已获得中央扶持资金 7.1 亿元，实现畜牧大县全覆盖，项目区域内规模化养殖场粪污处理设施装备配套率达 100%，项目县畜禽粪污处理和综合利用水平超过 90%。养殖大县有效带动了全省畜禽粪污资源化利用工作，种养结合、农牧循环的可持续发展新格局逐步构建，为畜牧业绿色发展提供了有力支撑。2018 年，全省畜禽粪污无害化处理、资源化还田利用率达到 72%，畜禽规模养殖场粪污处理设施装备配套率达 82%，这两个指标均高于国家规定标准 10 多个百分点。

3.1.3　辽河流域畜禽养殖污染治理存在的问题

（1）畜禽粪污治理历史欠账繁多。

法律法规明确规定了谁养殖、谁治理，养殖业主是畜禽粪污治理的责任主体，但大多数养殖业主的环保意识淡薄、治理主体责任意识不强。同时，粪污处理设施装备一般投入较大、运行成本高，使得先发展后治理、只发展不治理等现象普遍存在。

（2）畜禽养殖污水处理困难。

近年来辽宁省畜禽粪便处理模式日益成熟，可以通过堆沤工艺生产成农肥，或通过工厂回收生产成有机肥。相比之下，畜禽养殖产生的污水因具有总量大、不便于运输、处理成本高、肥效较低、实用处理技术缺乏等特点而较难处理。

（3）粪肥还田机制种养结合不够。

辽宁省普遍存在种地的不养殖、养殖的不种地现象，种养分离导致废弃物资源化利用渠道不畅。农村种植散户承包地不集中连片，使得集中消纳粪肥能力有限；缺少粪肥运输、还田利用的农机具和田间储粪（液）设施，影响粪肥大规模还田消纳；施用有机肥的农产品质量优于施用化肥，但有机肥生产成本相对偏高，产出的绿色农产品优质不优价，导致施用有机肥得不到真正的实惠，难以推广。目前对有机肥生产者的补贴政策比较健全，而对有机肥购买和使用者的补贴政策还处于试点阶段。养殖业与种植业如何能有效衔接，实现真正意义的以种定养、种养结合，还需要不断探索建立完善的体制机制。

（4）畜禽养殖粪污资源化利用技术落后。

辽宁省重点推广应用粪污能源化利用模式和粪污全量化收集还田利用模式。粪污能源化利用模式是通过沼气工程经厌氧发酵产生生物质能源沼气，同时产生沼渣和沼液，沼气工程在建设和运行中存在原料收集困难、工程造价高、消防要求严格、缺少专业的管理和操作人员、季节性产气不稳定、沼气利用渠道不畅通及沼液池占地等难以解决的问题。粪污全量化收集还田利用模式存在贮存周期长（6个月）、贮存设施占用土地面积过大、处理效果不稳定、肥效不高及粪污转运存在二次污染风险等问题。

3.2 辽河流域畜禽养殖污染治理技术

规模化畜禽养殖粪便的治理主要分为产前、产中和产后 3 个阶段。产前主要是规划布局，科学配方，控制氮磷排放量。产中强化管理，控制畜禽饲养环境。据研究，多阶段饲喂法可使饲料的转化率提高到 70%，并有效减少氮的排泄量。产后对畜禽粪尿进行资源化、无害化处理。例如，加拿大用作物秸秆、木屑和城市垃圾等与畜禽粪便一同堆肥腐熟后作商品肥；美国伊利诺伊州立大学采用高温高压和热液处理技术，使用合适的催化剂，畜禽粪便不经前处理直接转换成液体燃料。产前、产中的治理只能相对减少畜禽粪便对环境的污染，不能从根本上消除，产后处理才是消除畜禽粪便污染环境的最关键阶段。

3.2.1 畜禽粪污高效厌氧发酵技术

针对农村畜禽养殖污染问题和高效厌氧治理技术的产业化需求，同时充分考虑农村面源污染治理对辽河流域水环境质量改善的重大意义，对粪污、垃圾及秸秆等厌氧发酵的关键治理技术进行研究与优化，以自主研发和集成创新的方式研制规模化高效厌氧发酵成套技术，满足辽河流域粪污治理对高效厌氧发酵成套技术产业化推广的需求。

3.2.1.1 多原料预处理技术

沼气工程原料预处理技术是为了满足工艺的需要而对生物质所做的技术处理，是对天然生物质的优化处理。沼气原料预处理是沼气工程是否能够运行的重要环节，是保障厌氧发酵系统稳定运行、提高产气率和工程效益的前提条件。近年来可用于沼气发酵的原料种类日益增多，畜禽粪便、生活垃圾、厨余垃圾、污泥、干稻草、青草、菜叶等废弃物均可作为沼气发酵原料。但由于这些原料的收集渠道和理化性状不一，各种消化工艺对原料的处理要求和输送方式不一，使原料预处理环节不仅复杂而且难度加大。现有的大型沼气工程原料预处理设备技术单一，仅具有简单的除砂除草功能，在原料预处理过程中会将秸秆、草料等与沉砂一同作为废物去除。课题研发的多原料预处理技术以多原料分离技术和固液悬浮搅拌技术为核心，通过对此两种技术的优化可拓宽厌氧发酵原料种类和来源，避免大型沼气工程预处理原料的局限性，使其在解决农村综合垃圾面源污染问题方面发挥更大的作用尤为重要。

（1）多原料分离技术。

①间歇式沉降机理。

悬浮液的沉降过程，可以通过间歇沉降试验来观测。把混合均匀的悬浮液倒进直立的玻璃筒中，其中的颗粒大小不甚悬殊。当颗粒开始沉淀后，筒内迅速出现 4 个区域（图 3-1）：A 区已无颗粒，称为清液区；B 区内固相浓度与原悬浮液的浓度相同，称为等浓度区；C 区内越往下，浓度也越高，称为变浓度区；D 区由最先沉淀下来的粗大颗粒和随后陆续沉降下来的颗粒所构成，固相浓度最大，称为沉淀区。

沉降过程中，A 区与 B 区的分界面颇为清晰，而 B 区与 C 区之间没有明显的分界面，仅存在一个过渡区。随着沉降过程的进行，A、D 两区逐渐扩大，B 区则逐渐缩小以致消失。B 区消失后，A 区与 C 区便直接接触，A、C 界面的下降速度逐渐变小，直至 C 区消失。这是一个缓慢的过程，被压在上方的沉淀物重量所挤出的液体必须穿过颗粒之间狭小的缝隙而升入清液区，而底部的较大颗粒则构成一个疏松的床层。所以 D 区又称为压紧区。压紧过程所需时间往往占整个沉聚过程的绝大部分。

以沉降时间为横坐标，分别以清液区、变浓度区、压紧区高度为纵坐标，作出沉降过程中各区的变化情况，如图 3-2 所示。

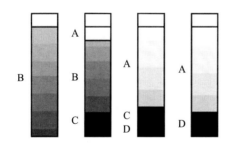

A—清液区；B—等浓度区；C—变浓度区；D—沉淀区

图 3-1　间隙沉降试验

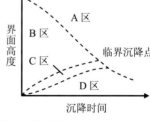

A—清液区；B—等浓度区；C—变浓度区；D—沉淀区

图 3-2　沉降-沉积曲线

清液区高度变化曲线如图 3-2 中 A 区所示。在临界沉降点左边（直线段），清液区 A 与等浓度区 B 的界面等速下降，其沉降速度就是直线段的斜率。沉降速度与悬浮液的浓度有关，浓度越低，则沉降速度越快。临界沉降点以后，变浓度区浓度逐渐增大，沉降速度逐渐减小，加之浓度扩散的影响，均使界面下降趋缓，最后变成斜率很小的直线。这时，变浓度区的高浓度悬浮液在上面的压力作用下，逐渐把存在于颗粒间的部分水分挤压出去，压紧区体积则逐渐减小直到过程终点。

在清液区下界面逐渐下降的同时，沉淀区 D、变浓度区 C 则逐渐上升直至临界沉降点。其变化情况如图 3-2 中 C 区、D 区虚线所示，该虚线也称为沉积曲线。在临界沉降点附近，曲线呈弯曲状态，称为浓度过渡区。

②间歇式沉降槽工作原理分析。

需处理的悬浮料浆送入槽内静置足够的时间后，即可由上部抽出清液而由底口排除稠厚的沉渣。

图 3-3 所示为一种典型的间歇式沉降槽。为了引出清液，在槽内不同高度侧壁上装有几个侧管，并配有阀门。引出清液也有采用虹吸管的。一般情况下，当一批物料沉淀完毕后，先引出清液而后卸出沉淀。

间歇式沉降槽的生产能力计算视工艺取舍而定，若取沉淀为有价值物质，如淀粉和酵母的生产则以干沉淀或湿沉淀的数量来表示，如取澄清液为有价值物质，如葡萄酒的澄清，则以清液体积计算。

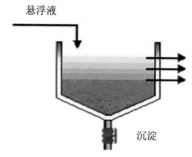

图 3-3　间歇式沉降槽

如图 3-3 所示，以清液体积计算为例计算沉降槽的生产能力（Q）。

$$Q = \frac{V}{t_0} = \frac{h_0 A}{t_0}$$

由于　　　　　　　　　　　　　$h_0 = u_t t_0$

所以　　　　　　　　　　　　　$Q = u_t A$

式中，h_0 为清液层的高度，m；V 为澄清液的体积，m^3；t_0 为沉降时间，s；u_t 为沉降速度，m/s；A 为沉降面积，m^2。

上式表明，间歇式沉降槽的生产能力等于沉降速度和沉降面积的乘积，而与沉降槽的高度无关。因此现代沉降槽的结构特点是截面积大，高度低。而整个沉降槽体积的设计则是以暂时贮存必要数量的沉淀和清液为依据。

综上所述，多原料预处理主体沉降槽应设计成圆形、方形和锥形或它们的组合。

（2）固液悬浮搅拌技术研究。

固体物料在液体物料中悬浮操作的目的是使固体的分布较为均匀，从而按工艺要求完成溶解、结晶、混合调配等化工过程。如无搅拌器的作用，每一种固体颗粒放在一定黏度的液体中，存在一个极端沉降速度（u_t），该数值与固体颗粒的大小有关，固体物料只有在搅拌器的旋转作用下获得一定的运动速度，才能克服其极端沉降速度而悬浮在液相物料中。

在工程应用中，可以依固体颗粒在槽内的分布程度将固体悬浮操作分为 10 个搅拌级别，其分级效果见表 3-1。

表 3-1 固体悬浮搅拌操作的分级效果

搅拌级别	分级效果
1～2	只适用于颗粒最低程度悬浮情况，其搅拌效果是：使具有一定沉降速度的颗粒在容器中运动，使沉积在槽底边缘的颗粒做周期性的悬浮
3～5	适用于多数化工过程对颗粒悬浮的要求，固体的溶解是一个典型的例子；3 级搅拌的效果是：使具有一定沉降速度的粒子全部离开槽底，使浆液容易从槽底放出
6～8	可使悬浮程度接近均匀悬浮；6 级搅拌的效果是：使 95%料层高度的浆料保持均匀悬浮，使料液可从 80%料层高度排出
9～10	可使颗粒达到最均匀的悬浮；9 级搅拌的效果是：使 98%料层高度的浆料保持均匀悬浮，用溢出方式可将料液放出

表 3-1 中所列的 10 个搅拌级别，级别越高，液体中固体颗粒的分布越均匀。决定固体颗粒在液体中悬浮程度的主要因素是液体的湍流程度，即流体的流速。对于一定固体颗粒所具有的沉降速度，槽内流体必须达到一定的流速，才能使得固体悬浮操作对应于表 3-1 中所列的某一级别。另外，如槽内液体仅进行圆周流动，则要使固体悬浮操作达到较高的级别，往往难以做到。对于 5 级以上的操作，槽内液体还需具有一定的轴向流动速度，或者在搅拌槽内有多个搅拌器沿槽高按一定的间距分布，以使液体能带动固体颗粒在液体中分布得比较均匀。

搅拌槽内流体的流速和湍流强度是由搅拌器转速决定的，而为了完成某一级别的固液悬浮操作，固体颗粒的极端沉降速度越大，显然所需要的搅拌器转速也越大。

固液悬浮搅拌应使固相粒子悬浮于液相中，故应尽量使液相的流动状态为湍流，搅拌器选型能使流体有较好的对流循环。

3.2.1.2 高浓度物料高效厌氧发酵技术

高浓度物料高效厌氧发酵技术集专用节能搅拌技术、内置热能转化技术和正负压气水分离保护技术等关键技术于一体，能有效解决反应器结壳、管路堵塞、管路冻结等问题；确保厌氧反应器可在北方冬季低温环境下持续稳定运行，进而提高产气率；同时提高装置紧凑度，有利于实现厌氧消化设备的标准化、系列化和产业化。

3.2.1.2.1 节能搅拌技术

（1）搅拌机理分析。

①搅拌物料的特性。

搅拌物料的种类主要是指流体，在搅拌设备中，由于搅拌器的作用，而使流体运动。黏度是指流体对流动的阻抗能力，在搅拌过程中，一般认为黏度小于 5 Pa·s 的为低黏度流体，如水、蓖麻油、低黏乳液等；黏度为 5～50 Pa·s 的为中黏度流体，如油墨、牙膏等；黏度为 50～500 Pa·s 的为高黏度流体，如口香糖、增塑溶胶、固体燃料等；黏度为大于

500 Pa·s 的为特高黏流体，如橡胶混合物、塑料熔体、有机硅等。对于低黏度介质，用小直径的高转速的搅拌器就能带动周围的流体循环，并至远处。而高黏度介质的流体则不然，需直接用搅拌器来推动。适用于低黏和中黏流体的叶轮有桨式、开启涡轮式、推进式、长薄叶螺旋桨式、圆盘涡轮式、布鲁马金式、板框桨式、三叶后弯式、MIG 式等。适用于高黏和特高黏流体的叶轮有螺带式叶轮、螺杆式、锚式、框式、螺旋桨式等。有的流体黏度随着反应的进行而变化，就需要用能适合宽黏度流体的叶轮，如泛能式叶轮等。

研究表明猪粪、鸡粪、鸭粪、羊粪、牛粪和兔粪 6 种厌氧消化原料在总固体（TS）体积分数为 8%、常温条件下都为低黏度假塑形流体，鸡粪的流变特性最接近牛顿流体，而猪粪偏离牛顿流体的程度最大。随着浓度的降低，6 种厌氧消化原料的流变特性都逐渐接近牛顿流体，羊粪的流变指数随浓度变化的幅度最大，鸭粪变化幅度最小。鸭粪、牛粪和鸡粪的黏度随温度升高而降低，且基本符合线性关系。羊粪、兔粪和猪粪的黏度随温度的升高呈现先降低再升高的趋势。随着温度的升高，鸡粪、牛粪和鸭粪的流变性质越接近牛顿流体。计算得到鸭粪、牛粪和鸡粪的活化能分别为 8.018 kJ/mol、11.337 kJ/mol、8.285 kJ/mol。随着发酵的进行，鸭粪的黏度下降，趋势与其 TS 变化基本一致，猪粪、羊粪和牛粪黏度呈现上升的趋势，鸡粪与兔粪的黏度变化不明显。

②搅拌过程及对搅拌的要求。

固-液相搅拌的问题要比均相液体的搅拌复杂得多，主要是固相悬浮的问题。这就要考虑固体颗粒在液相中的沉降速度。如果固体颗粒很小、浓度也不高，而且其密度与液体的几乎相同，则固体颗粒也可近似看作液体的一部分，这时的搅拌操作基本上类似于均相液体的搅拌。如果固体颗粒的密度较大，即固-液相的质量差较大，则固体颗粒在液相中的沉降速度必然较大，这就必须进行更充分地搅拌，才能保持固体颗粒的悬浮状态。从理论上来看，只要搅拌液流的上升速度等于或大于固体颗粒的沉降速度，就可使固体颗粒悬浮。

固体颗粒的沉降速度除受到固-液相重度差影响外，还受到固体颗粒的几何形状、固相在液相中的浓度以及液相黏度（当流动状态是层流时）的影响。固相悬浮操作多数处于湍流状态下，而固体颗粒在湍流区的沉降规律比在静止液中要复杂得多，研究表明固相悬浮过程中存在一个使固相悬浮的最低的搅拌速度，成为固相悬浮的临界搅拌速度。这个临界搅拌转速与固-液相的密度差、液相密度、固相浓度、液相黏度、粒径等物性条件有关，也与搅拌罐、搅拌器的几何关系有关。当然固相悬浮有不同的悬浮程度，例如，最低程度是允许罐底仍有部分固相暂时停留，叫作部分悬浮；中等程度是使罐底固体颗粒全部悬浮，叫作完全悬浮；最高级程度是使固体颗粒在罐中均匀悬浮，叫作均匀悬浮。前文所谈到的临界搅拌转速是指完全悬浮状态下。

③搅拌混合。

搅拌是指借助于流动中的两种或两种以上物料在彼此之间相互散布的一种操作，其作用可以实现物料的均匀混合、促进溶解和气体吸收、强化热交换等物理及化学变化。搅拌对象主要是流体，按物相分类有气体、液体、半固体及散粒状固体；按流体力学性质分类有牛顿型流体和非牛顿型流体。

混合是指使两种或两种以上不同的物料从不均匀状态通过搅拌或其他手段达到相对均匀状态的过程。被混合的物料常常是多相的，主要有以下几种情况。

a. 液-液相：可以有互溶或乳化等现象。

b. 固-固相：纯粹是粉粒体的物理现象。

c. 固-液相：当液相多固相少时，可以形成溶液或悬浮液；当液相少固相多时，混合的结果仍然是粉粒状或团粒状；当液相和固相比例在某一特定的范围内，可能形成或稠状物料或无定形团块（如面团），这时混合的特定名称可称为"捏合"或"调和"，它是一种特殊的相变状态。

搅拌混合是指搅动液体使之发生某种方式的循环流动，从而使物料混合均匀或使物理、化学过程加速的操作。搅拌在工业生产中的应用有：气泡在液体中的分散，如空气分散于发酵液中，以提供发酵过程所需的氧；液滴在与其不互溶的液体中的分散，如油分散于水中制成乳浊液；固体颗粒在液体中的悬浮，如向树脂溶液中加入颜料，以调制涂料；互溶液体的混合，如使溶液稀释，或为加速互溶组分间的化学反应等。

此外，搅拌还可以强化液体与固体壁面之间的传热，并使物料受热均匀。搅拌的方法有机械搅拌和气流搅拌。

搅拌槽内液体的运动，从尺度上分为总体流动和湍流脉动。总体流动的流量称为循环量，加大循环量有利于提高宏观混合的调匀度。湍流脉动的强度与流体离开搅拌器时的速度有关，加强湍流脉动有利于减小分隔尺度与分隔强度。不同的过程对这两种流动有不同的要求。液滴、气泡的分散，需要强烈的湍流脉动；固体颗粒的均匀悬浮，有赖于总体流动。搅拌时能量在这两种流动上的分配，是搅拌器设计中的重要问题。

在搅拌混合物时，两相的密度差、黏度及界面张力对搅拌操作有很大影响。密度差和界面张力越小，物系越易于达到稳定的分散；黏度越大越不利于形成良好的循环流动和足够的湍流脉动，并消耗较大的搅拌功率。

（2）搅拌器选型。

①搅拌器类型。

搅拌器是使液体、气体介质强迫对流并均匀混合的器件。搅拌器的类型、尺寸及转速，对搅拌功率在总体流动和湍流脉动之间的分配都有影响。一般来说，涡轮式搅拌器的功率分配对湍流脉动有利，而旋桨式搅拌器对总体流动有利。对于同一类型的搅拌器来说，在功率消耗相同的条件下，大直径、低转速的搅拌器，功率主要消耗于总体流动，有利于宏观混合。小直径、高转速的搅拌器，功率主要消耗于湍流脉动，有利于微观混合。主要的搅拌器类型如下所述。

旋桨式搅拌器：由 2～3 片推进式螺旋桨叶构成，工作转速较高，叶旋桨式搅拌器外缘的圆周速度一般为 5~15 m/s。旋桨式搅拌器主要造成轴向液流，产生较大的循环量，适用于搅拌低黏度（<2 Pa·s）液体、乳浊液及固体微粒含量低于 10%的悬浮液。

涡轮式搅拌器：由在水平圆盘上安装 2~4 片平直的或弯曲的叶片所构成。桨叶的外径、宽度与高度的比例，一般为 20∶5∶4，圆周速度一般为 3~8 m/s。涡轮在旋转时造成高度湍动的径向流动，适用于气体及不互溶液体的分散和液-液相的混合过程。被搅拌液体的黏度一般不超过 25 Pa·s。

桨式搅拌器：有平桨式和斜桨式两种。平桨式搅拌器由两片平直桨叶构成。桨叶直径与高度之比为 4~10，圆周速度为 1.5~3 m/s，所产生的径向液流速度较小。斜桨式搅拌器的两叶相反折转 45°或 60°，因而产生轴向液流。桨式搅拌器结构简单，常用于低黏度液体的混合以及固体微粒的溶解和悬浮。

锚式搅拌器：桨叶外缘形状与搅拌槽内壁要一致，其间仅有很小的间隙，可清除附在槽壁上的黏性反应产物或堆积于槽底的固体物，保持较好的传热效果。桨叶外缘的圆周速度为 0.5~1.5 m/s，可用于搅拌黏度高达 200 Pa·s 的牛顿型流体和假塑性流体。但当搅拌高黏度液体时，液层中有较大的停滞区。

螺带式搅拌器：螺带的外径与螺距相等，专门用于搅拌高黏度液体（200~500 Pa·s）及拟塑性流体，通常在层流状态下操作。

折叶式搅拌器：折叶涡轮搅拌器一般适应于气、液相混合的反应，搅拌器转速一般应选择 300 r/min 以上。

②搅拌器选型。

搅拌装置的设计选型与搅拌作业目的紧密结合。各种不同的搅拌过程需由不同的搅拌装置运行来实现，结合搅拌机理和畜禽粪便特性对厌氧搅拌设备进行优化，选择大桨叶、低转速的搅拌器，并在桨叶上部安装破壳装置。

（3）搅拌器安装形式。

对厌氧反应器混合搅拌装置的选择必须有利于促进产甲烷化过程的进行，同时应尽量满足能源消耗量最低。从节省动力消耗的角度来看，机械搅拌最有效。机械搅拌器有不同的安装形式。

①顶部中心搅拌。

将搅拌装置安装在设备的中心线，一般为皮带传动和齿轮传动，可以用普通电机直接连接或与减速机直接连接，这也是这种搅拌方式的最大优点。这是目前化工中应用比较广泛，设计制造相对简单的一种搅拌器安装形式。但是这种搅拌器安装形式的运行中如选择径流型的搅拌器，由于离心力的作用，会在搅拌器周围产生打旋现象。一般的农村厌氧消化原料（人畜粪便、秸秆等）均属于非均质多相物料，在进行机械搅拌设计时，应按照非牛顿流体型物料的要求设计搅拌装置，将搅拌器设计成顶部中心搅拌，以便形成打旋，从而加快产甲烷速率。对于无数据判定其物理特性的原料，易产生浮渣的，也须按非牛顿型流体进行设计，设计中心搅拌。

②底部搅拌。

将搅拌装置安装在反应器的底部，可在中心或偏心安装，也可在底部从反应器侧面插入。底部搅拌的优点是搅拌轴短而细，没有中间轴承，可用机械密封，稳定性好、寿命长，搅拌装置所需的空间比要小很多，避免了长轴吊装工作。此外这种搅拌方式可以把沉重的动力和减速装置安装在地面上，大大减少了各搅拌装置的受力，同时也便于这些装置的维护和检修。缺点是在原料存在固相物质时搅拌叶轮下部常有固体物质沉积，影响搅拌装置的工作。另外，检修搅拌器时，一般需将反应器内原料排干净。大中型沼气工程的反应器较大，一般要上千立方米。对于如此大的反应器，对搅拌设备的设计存在许多实际困难，如轴的设计复杂且昂贵等。将搅拌器安装在反应器底部，可解决很多关于设计、安装和运行的问题。

③侧插式搅拌。

这种搅拌器安装形式是在反应器侧壁开孔，将搅拌装置安装在反应器的侧壁上。由于螺旋桨的转动，使反应器内的物料产生两个方向的运动，一个沿螺旋桨轴线方向向前运动，另一个沿螺旋桨圆周方向运动。这可以使罐内的液体上下翻动，达到充分搅拌的目的。它用于液体介质的调和效果较好，但是由于储罐内液体的流型是固定不变的，若用于清罐则死角区的沉积物无法清除。一般用于小型设备或流体流动均匀的情况。在大型沼气工程中，常采用底部侧插式安装搅拌器。

④顶部偏心式搅拌。

将搅拌装置在立式反应器上偏心安装，可以有效防止打旋现象的产生，产生与加挡板相近似的搅拌效果。偏心搅拌使搅拌中心偏离容器中心，使反应原料在各点所受压力不同，因而，原料层间的相对运动和原料层之间的湍动加强，搅拌效果得到明显提高。但是偏心搅拌容易引起振动，一般化工行业的中大型设备使用较少。欧洲一部分采用低速搅拌的沼气工程使用这种搅拌器安装形式。

⑤倾斜式搅拌。

为了防止涡流的产生，可将搅拌器直接安装在设备筒体的上缘，搅拌轴斜插入反应器内。德国一些农场沼气工程中，厌氧反应器径高比较大，通常采用斜插式安装长轴搅拌器。

根据搅拌器安装方式的特点，并结合工程经验，本搅拌器选择中心顶置机械搅拌安装方式。

（4）搅拌模式。

选择适合的搅拌模式既可以达到良好的搅拌效果，又是节约能耗的关键。搅拌模式分为连续搅拌和间歇性搅拌两种。研究表明搅拌时间及频率是影响沼气发酵进行的重要参数。在较高 VS 负荷时 [$4.7\sim5.9$ kg/（$m^3\cdot d$）]，搅拌越频繁，产气量越高；在较低 VS 负荷时 [2.4 kg/（$m^3\cdot d$）以下]，搅拌次数对产气量的影响很小。进行间歇式的搅拌要好于连续搅拌，过分的搅拌不仅没有必要，而且对厌氧消化有害，在实际运行中，也极少 24 h 连续搅拌。其至有研究认为，污泥厌氧消化时每一次搅拌时间不应超过 1 h。

此外，搅拌强度也是影响厌氧消化过程的重要参数，轻度的搅拌被证明可以使进料充分分散，有利于形成一个新的絮凝中心。而剧烈的连续搅拌会破坏生物菌胶团，不利于厌氧消化的进行。基于上述研究，本着节能的目的，推荐选择间歇性运行的搅拌方式。

3.2.1.2.2　内置热能转化方式

为确保沼气工程在北方寒冷地区冬季仍能正常运行，需要对反应器进行加温保温，课题通过对不同加热方式的发酵料液温度场分布规律及温度场随时间变化的波动情况进行研究，从而得出沼气工程较佳的加热方式，进而优化反应器加热技术及设备。

分别以底部加热、内侧壁加热和底部内侧壁组合加热方式开展研究，每种加热方式的功率一致。设定中温发酵料液控制温度（33±0.5）℃，环境温度（5±1）℃。研究同一测点 24 h 温度的平均值、平均值偏差和极差；同一层面 24 h 温度的极差；整个温度场 24 h 温度的极差；整个温度场 24 h 随时间变化的波动。发酵料液温度达到发酵工艺要求后，由自控系统对料液温度进行保温恒温控制，温度控制精度为 ±0.5℃，测试不同加热方式的发酵料液温度场中各测温点的温度。试验时间 24 h 内在线测定，每 5 s 自动测试并记录 1 次。测试结果如下所述。

（1）发酵罐内底部加热方式。

同一测点平均偏差≤0.19℃，最大极差1.6℃、最小极差0.4℃；同层极差≤1.6℃；整个温度场极差达 1.6℃。温度场分布稳定均匀，无显著差异。底部加热方式中温发酵工艺温度场分布见表3-2。

表 3-2　底部加热方式中温发酵工艺温度场分布

温度/℃		中心点	120°		240°		360°	
		0	270 mm	470 mm	270 mm	470 mm	270 mm	470 mm
上层面	测温点	1	2	3	4	5	6	7
	平均	34.1	34.4	34.3	33.8	33.9	34.0	34.1
	平均偏差	0.19	0.08	0.11	0.21	0.08	0.05	0.16
	最小值	34.0	34.4	34.0	33.2	33.6	33.6	34.0
	最大值	34.4	34.8	34.8	34.8	34.4	34.8	34.4
	同点极差	0.4	0.4	0.8	1.6	0.8	1.2	0.4
	同层极差	1.6						
下层面	测温点	8	9	10	11	12	13	14
	平均	34.2	34.2	34.0	34.0	33.9	34.0	34.0
	平均偏差	0.18	0.19	0.03	0.14	0.06	0.06	0.02
	最小值	34.0	34.0	34.0	34.0	33.6	34.0	33.6
	最大值	34.4	34.4	34.4	34.4	34.4	34.4	34.4
	同点极差	0.4	0.4	0.4	0.4	0.8	0.4	0.8
	同层极差	0.8						
整个温度场极差		1.6						

（2）内侧壁加热方式。

同一测点平均偏差≤0.23℃，最大极差 1.2℃、最小极差 0.4℃；同层极差≤2.4℃；整个温度场极差达 2.8℃。内侧壁加热方式中温发酵工艺温度场分布见表 3-3。

表 3-3　内侧壁加热方式中温发酵工艺温度场分布

温度/℃		中心点	120°		240°		360°	
		0	270 mm	470 mm	270 mm	470 mm	270 mm	470 mm
上层面	测温点	1	2	3	4	5	6	7
	平均	34.5	34.9	34.6	34.2	34.2	34.5	33.8
	平均偏差	0.22	0.20	0.23	0.22	0.25	0.20	0.22
	最小值	34.0	34.4	34.0	34.0	34.0	34.0	33.2
	最大值	35.2	35.6	35.2	34.8	34.8	35.2	34.4
	同点极差	1.2	1.2	1.2	0.8	0.8	1.2	1.2
	同层极差	2.4						
下层面	测温点	8	9	10	11	12	13	14
	平均	33.1	33.9	33.4	33.6	34.0	33.8	33.9
	平均偏差	0.01	0.09	0.19	0.04	0.01	0.17	0.14
	最小值	32.8	33.6	33.2	33.6	33.6	33.6	33.6
	最大值	33.6	34.0	33.6	34.0	34.4	34.4	34.0
	同点极差	0.8	0.4	0.4	0.4	0.8	0.8	0.8
	同层极差	1.6						
整个温度场极差		2.8						

（3）底部内壁组合加热方式。

同一测点平均偏差≤0.41℃，最大极差 2.4℃、最小极差 0.8℃；同层极差≤2.4℃；整个温度场极差达 3.2℃。平均偏差、最大极差、最小极差、同层极差、整个温度场极差及温度场随时间变化的波动均高于底部加热方式、低于内侧壁加热方式。底部内壁共同加热方式中温发酵工艺温度场分布见表 3-4。

表 3-4　底部内壁共同加热方式中温发酵工艺温度场分布

温度/℃		中心点	120°		240°		360°	
		0	270 mm	470 mm	270 mm	470 mm	270 mm	470 mm
上层面	测温点	1	2	3	4	5	6	7
	平均	33.9	33.9	33.9	33.9	33.9	33.9	34.2
	平均偏差	0.40	0.41	0.40	0.40	0.40	0.40	0.39
	最小值	33.2	33.6	33.2	33.2	33.2	33.2	33.6
	最大值	35.2	35.2	35.2	35.6	35.2	35.2	35.6
	同点极差	2.0	1.6	2.0	2.4	2.0	2.0	2.0
	同层极差	2.4						

温度/℃		中心点	120°		240°		360°	
		0	270 mm	470 mm	270 mm	470 mm	270 mm	470 mm
下层面	测温点	8	9	10	11	12	13	14
	平均	33.2	33.2	32.8	32.9	32.7	33.3	33.2
	平均偏差	0.28	0.25	0.24	0.25	0.26	0.22	0.23
	最小值	32.8	32.8	32.4	32.4	32.4	32.8	32.8
	最大值	34.0	34.0	33.6	33.6	33.6	34.0	33.6
	同点极差	1.2	1.2	1.2	1.2	1.2	1.2	0.8
	同层极差	1.6						
整个温度场极差		3.2						

（4）发酵罐外侧壁加热方式。

如果采用发酵罐外侧壁加热方式，其发酵料液整个温度场分布规律应与发酵罐内侧壁加热方式一致，温度波动较大，极差最大；且外侧壁加热方式比发酵罐内任一加热方式均增加一个先加热罐体侧壁再由罐体侧壁加热发酵料液的热交换过程，所以发酵罐外侧壁加热的热效率低于发酵罐内任一加热方式的热效率。

根据以上研究可知，发酵罐内任一加热方式的发酵料液温度场稳定性、加热的热效率均优于发酵罐外侧壁加热方式；发酵罐内底部加热是较佳的加热方式，其发酵料液温度场分布最稳定，温度场随时间变化的波动最小。同时考虑制造安装便捷方面的因素，宜将内置热能转化机设置在罐内底部。

3.2.1.2.3　正、负压气水分离保护技术

由于厌氧发酵反应器在正常运行过程中，受进出料、外界气温变化以及用气系统波动的影响，反应器内压力经常波动，为防止压力波动造成罐体失稳或胀裂，必须设置正压和负压保护装置。针对机械式保护器存在锈蚀失效，寿命短的问题；水封保护器存在占地面积大，低温环境结冻问题，研发紧凑型的一体式正、负压气水分离保护技术及装置，降低投资和管理强度，方便使用，解决传统压力保护装置存在的弊病。

将厌氧反应器的正、负压保护功能、气体冷凝集于一体，避免传统正、负压保护器及气水分离器因独立而造成的投资增加、管理烦琐、占地面积大的弊端，解决输气管道易冻裂等问题，对反应器的保护有效可靠，适用于大型厌氧反应器的正、负压保护及气水分离。

该装置筒体上部和下部的截面分别为圆形和三角形结构，圆形保证了布气均匀，稳定了气体流态，三角形结构保证冷凝下来的水快速回到厌氧发酵罐内，采用封闭水将水封槽的空腔与排气管的空腔分隔开，由于水具有流动性，由水封槽和排气管的液位压差为被保护的容器提供了保护压力，同时，两个折流筒形成的循环空腔使气体停留时间变长，换热面积增加，从而使水汽冷凝析出，达到沼气与水汽的分离目的。

3.2.1.3　沼液浓缩制肥技术

沼液是厌氧消化过程中剩余的液体部分，它主要包含厌氧发酵过程中产生的丰富的氮、磷和一些其他的有机物和微量营养物等可溶性物质和一定的不可溶悬浮物。由于其高氮含量和相对较低的碳含量，沼液成为难以常规处理的污染物。但因沼液中含有丰富的氮、磷、钾等营养元素，钙、铁、铜、锌、锰等矿物元素，丰富的氨基酸、各类维生素、水解酶和多种植物激素以及对病虫害有抑制作用的生物因子，沼液同时也是一种速效肥性强、养分可利用率高的多元速效复合肥料。因此，将畜禽粪便厌氧发酵产生的沼液进行浓缩后生产有机肥料不但可以有效地利用沼液，同时也解决了沼液利用过程中的储存和运输成本高的问题。

（1）碟管式反渗透（DTRO）技术简介。

碟管式反渗透是反渗透的一种形式，是专门用来处理高浓度污水的膜组件，其核心技术是碟管式膜片膜柱。把反渗透膜片和水力导流盘叠放在一起，用中心拉杆和端板进行固定，然后置入耐压管中，就形成一个膜柱。

DTRO 系统的关键部分是碟管式膜柱组件。膜柱通过两端都有螺纹的不锈钢管将一组水力碟片与反渗透膜紧密集结成筒状而成，其主要组件包括碟片式的反渗透膜片、导流盘、橡胶垫圈、中心拉杆和耐压套管。每个膜柱直径为 200 mm、长 1 000 mm，内含 170 个导流盘和 169 个膜片。膜片和导流盘间隔叠放，橡胶垫圈置于导流盘两面的凹槽内，用中心拉杆串在一起，置于耐压套管中，并在两端用端板密封。图 3-4 显示了 DTRO 膜柱的结构。

图 3-4　DTRO 膜柱结构示意图

由于 DTRO 膜组件的构造与传统卷式膜有着明显的不同，过滤过程也有不同的方式。原液流道采用开放式流道，料液通过入口进入压力容器中，从导流盘与外壳之间的通道流到组件的另一端，在另一端通过几个通道进入导流盘中，待处理的料液快速流经膜表面，然后 180°逆转到另一膜面，再从导流盘中心的槽口流入下一个导流盘中，从而形成在膜表面的 S 形路线，浓缩液最后从进水相同端的法兰出口处排出。导流盘之间的距离为 4 mm，盘面有按一定方式排列的凸点或是线条，这种水力结构能够使流体在压力作用下在膜表面形成湍流，增加透过速率和自清洗功能，能有效缓解膜堵塞和浓差极化现象，延长了膜片的使用寿命和清洗周期，保证 DTRO 系统能承受更恶劣的水质，使得高污染废水的处理成为可能。

DTRO 系统首次应用于垃圾渗滤液的处理始于 1989 年德国垃圾填埋场。该工程使用两级 DTRO 装置，第一级膜总面积达 1 147 m^2，第二级膜总面积达 768 m^2，有机和无机污染物去除率达 98%～99%。德国垃圾填埋场使用 DTRO 技术和生物预处理技术相结合，有效解决了垃圾渗滤液的污染问题。目前碟管式反渗透技术在北欧、西欧、北美和东亚等地得到广泛推广，主要用于垃圾渗滤液的达标排放。2018 年，处理水量 1 500 m^3/d 的沈阳老虎冲生活垃圾填埋场渗沥液处理项目的两级 DTRO 系统，达到了比较理想的效果。

（2）DTRO 系统预处理技术。

DTRO 系统作为特殊的一种反渗透膜系统，其膜片和导流盘之间有比较宽敞的通道，进入膜组件的 SDI 值可以达到 20，含砂系数能达到 40，因此能够对成分非常复杂的沼液进行处理。但即使如此，仍然需要对沼液进行预处理以延长膜系统的寿命。

①自然沉淀+混凝沉淀。

自然沉淀主要去除相对密度大于 1 的悬浮物，主要方式为重力沉降，排泥后取上清液。新鲜沼液经 1 d 的自然沉淀后粒径小于 10 μm 的颗粒物比例将超过 90%。混凝剂主要采用聚合氯化铝铁，主要用于去除牛粪沼液中存在的沙石、料纤维等悬浮物。经过 1 d 的混凝+自然沉淀后可以去除大部分大颗粒悬浮物。

②砂滤。

砂滤技术是以具有空隙的粒状滤粒层，如石英砂等，截留水中的杂质从而使水获得澄清的工艺过程。砂滤可以进一步降低水中的悬浮物质。本装置采用的砂滤器旨在去除粒径大于 50μm 的悬浮物，由于大颗粒悬浮物对保全过滤器的伤害是不可逆的，因此砂滤过程必不可少。

③酸调节。

沼液 pH 随着发酵物的不同、发酵时间等各种条件的变化而变化，其组成成分复杂，存在各种钙、镁等难溶盐，这些难溶无机盐进入反渗透系统后被高倍浓缩，当其浓度超过该条件下的溶解度时会在膜表面产生结垢现象，而调节原水 pH 能够有效防止碳酸类无机盐结垢，故在进入反渗透前需对原水进行 pH 调节。本实验中新鲜沼液的 pH 基本保持在 6.8～7.0，已经比较适合反渗透过程，因此不用额外进行调节。

④保安过滤器。

保安过滤器是微米级的过滤器，本装置使用的是一种悬吊式滤芯过滤器，选用 10 μm

滤芯。对于反渗透系统的进水，除了用一般过程去除颗粒物外，还需要用滤芯过滤，截留水中的悬浮物及砂滤中逃逸的滤料微粒，为反渗透膜和高压泵前的最后一道保护工艺。

（3）DTRO 系统沼液浓缩运行参数分析。

对于反渗透系统，压力和回收率是决定运行效率与系统经济性的重要运行参数。压力在合适范围内能确保膜的寿命和运行能耗，回收率可确定系统的经济性。

①DTRO 系统最佳运行压力分析。

运行压力由溶液渗透压、净推动力和管路的压降组成。渗透压与原水中的含盐量和水的温度成正比，与膜性能无关。净推动力是为了使膜元件（组件）产生足够量的产品水而需要的压力。碟管式反渗透的安全操作压力为 0～7 MPa。

在保证供试沼液相同且其温度和 pH 相同的情况下，工艺流程如图 3-5 所示。选择 5 个不同的操作压力进行试验，在压力不变的条件下考察膜通量衰减量，选择膜通量衰减量为其最初膜通量 20%的情况下停止系统，清洗设备以保证试验条件一致，开始下一个压力的试验，记录下膜通量随运行时间的变化，比较各个压力条件下膜通量衰减 20%所需的时间、单位周期所产生的水量和污染物去除的效果，确定系统的最佳操作压力范围。

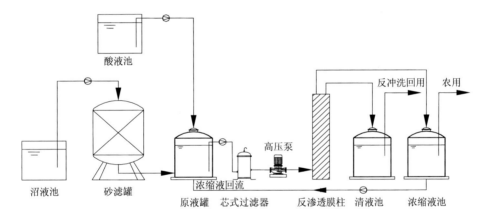

图 3-5　膜性能测试工艺流程

不同条件下系统到达设定衰减值的时间（单周期运行时间）随着运行压力的增加而减小。主要由于膜表面存在污染层，压力越大导致污染层密实程度增加，从而造成膜通量衰减。膜通量衰减速度越快，导致反冲洗频率越高，造成运行费用的增加。

运行压力为溶液渗透压、净推动力和管路的压降之和。在原水水质恒定，系统管路组成确定的基础上，运行压力即净推动力直接影响了系统的膜通量。系统平均膜通量随运行压力的上升而上升，但由于运行时间与运行压力成反比，故单周期总产水量同时受膜通量和运行时间的影响，当运行压力为 4.5 MPa 时，单周期总产水量达到最大为 463.8 L。但压力的减少也会影响污染物的去除率下降，综上所述，在保证系统产水性能大，能量消耗小，且不影响膜的寿命的基础上，研究确定系统最佳运行压力为 4.5～5.5 MPa。

②DTRO 系统浓缩沼液回收率分析。

系统的回收率定义为透过液的体积比上原液体积。DTRO 系统在处理废水时有着较为经济合理的回收率范围，当选择更高的回收率时，系统所需的运行压力将急剧上升。当压力恒定时，进水电导率则是影响系统回收率的重要因素。

为了确定合适的浓缩倍数范围，研究控制一定的回收率，使系统在一定浓缩倍数连续运行一段时间，由于沼液成分复杂对膜的污染一般比较严重，因此在运行过程中运行压力会随着膜污染的进程而逐渐增大，当系统压力达到 7 MPa 时停止运行。

沼液浓缩倍数越高，运行压力与膜污染的速度急剧上升。当浓缩倍数达到一定高度后，系统运行压力将很快达到设计上限，将导致越发频繁的反冲洗频率。因此，综合以上分析，合适的浓缩倍数在 2~2.5 倍。

③循环浓缩。

通过 DTRO 系统浓缩沼液回收率分析可以看出经过单次直接过滤的浓缩倍数最多 3 倍左右。由于膜通量的限制，单次直接过滤很难直接达到较高的浓缩倍数。如果要进一步浓缩沼液，需要将一次过滤的浓液进一步过滤浓缩。主要有两种方法，一种是多级直接过滤模式，即将每一级过滤系统产生的浓缩液直接作为下一级的原水进入系统。另一种是循环过滤模式，即将过滤过的浓液循环回到原水端与原水混合后继续过滤的模式。试验中由于浓缩沼液是采用间歇式的处理模式，因此采用循环浓缩模式是非常合适的，可以将沼液浓缩到需求的浓度后统一处理。

随着浓水不断重新混入原水，原水浓度不断上升，并且伴随膜污染的发生，膜通量随着时间快速降低。1 h 左右的运行可以使沼液浓缩到 2 倍左右，之后虽然膜通量下降速度较快，但由于浓缩液总量下降较快，因此浓缩速度也能较快增加。2 h 左右能达到 6 倍左右的浓缩倍数。在之后由于膜通量已经太低，浓缩效率太低可以认为循环浓缩到 6 倍左右已经达到较高的程度。表 3-5 显示了浓缩液和原液的水质情况。

表 3-5　DTRO 循环浓缩出水与浓缩液水质

项目	原液	透过液	浓缩液	去除率/%
电导率/（Ms/cm）	10.66	0.549 6	62.79	94.80
COD/（mg/L）	10 890	66	56 950	99.40
TN/（mg/L）	3 950	267	21 640	93.20
NH_3-N/（mg/L）	2 850	175	15 830	93.90
TP/（mg/L）	143	0.55	789	99.60

（4）DTRO 系统膜污染清洗策略。

畜禽粪污发酵沼液制取有机肥中碟管式反渗透膜浓缩沼液工艺中膜的物理清洗（清水反冲）及化学清洗（碱洗及酸洗）的清洗周期及清洗效果；完成耐污染膜和膜清洗方法的

开发，形成了耐污染反渗透沼液浓缩技术。

连续运行过程中，定期对系统进行清水反冲（平均每天 2～3 次），记录每天的膜通量，当膜通量下降 15%时对系统进行清洗，先碱洗再酸洗。

系统的连续运行仍然导致反渗透膜通量的持续下降。运行至第 5 天时，膜通量由开始的 12.16 L^3/（m^2·h）降低至 10.33 L^3（m^2·h），降低幅度达到 15%，表示系统需要进行化学清洗，经过碱洗后膜通量恢复至 11.9 L^3/（m^2·h）。系统继续运行 120 h 后膜通量再次下降 15%，进行第二次碱洗后，膜通量仅恢复至 11.3 L^3/（m^2·h），运行至第 350 h 时，膜通量已下降至 10.05 L^3/（m^2·h），此时对系统进行第一次酸洗，膜通量很快就恢复至 12.13 L^3/（m^2·h），基本恢复至初始水平。根据试验结果，确定碱洗周期为 120 h、酸洗周期为 350 h 左右。

3.2.1.4 基于 PSA 过程的沼气净化分离提纯技术

主要开展变压吸附技术研究，实现沼气的净化、分离和提纯，获得高品质生物天然气和可作为化工原料的高纯度 CO_2，实现沼气的高附加值利用和温室气体减排的目标，形成沼气精制天然气的一体化技术。

（1）高效吸附剂的筛选。

开展了高效吸附剂的筛选开发研究，考察了不同吸附材料及吸收介质对沼气主要组分的吸收性能，筛选高效沼气吸附材料。完成了硅胶、活性炭和分子筛 3 种常用吸附剂的筛选，考察了不同类型多孔材料的吸附分离能力。基础材料吸附分离性能数据见表 3-6。

表 3-6 基础材料吸附分离性能数据

材料名称	型号或规格	CO_2 吸附量/（mL/g STP）	分离因子	备注
硅胶	CK 硅胶	77.1	1.88	试验压力 0.5 MPa
	XK 硅胶	9.4	2.07	
	BX 硅胶	25.0	1.71	
	FG 硅胶	16.0	1.40	
	XF 硅胶	31.2	2.79	
活性炭	煤质	85.4	2.00	
	椰壳	36.2	1.52	
	山核壳	47.0	1.87	
	果壳	29.0	1.89	
	沥青	72.0	2.93	
分子筛	5A	78.9	4.25	试验压力 0.8 MPa
	13X	91.1	6.63	
	NaY	91.8	4.64	

针对常规材料，包括硅胶、活性炭和分子筛等，进行垃圾填埋气的吸附分离性能研究。以 CH$_4$/CO$_2$ 混合气为原料气，采用 PSA 吸附硅胶和活性炭作为基础吸附剂，通过引入修

饰物质、特殊场处理，以及酸碱修饰等途径，制备了多种对 CH_4/CO_2 混合气具有较好吸附分离性能的典型吸附剂，最后选择已被应用、价格相对便宜，且具有较高分离因子及吸附能力的吸附硅胶（XFGJ）进一步研究。

（2）分离 CH_4/CO_2 用硅胶基吸附剂的性能。

①吸附材料比表面积及孔径分布。

采用低温氮气吸附脱附测定了典型硅胶基的吸附材料比表面积（S）、孔容（V）及平均孔径（D），结果见表 3-7。XFGJ 具有较大的比表面积和孔容，具有更多的微孔。此外该材料优良的孔结构，规则的孔径分布也是其性能良好的重要原因。

表 3-7   典型硅胶基吸附材料比表面积、孔容及平均孔径数据

吸附剂	$S/$（m^2/g）	$V/$（cc/g）	D/nm
吸附硅胶	962.2	0.744 6	3.262

②CO_2 单组分吸附。

两种材料对 CO_2 均具有较高的吸附能力，且活性炭在 1 MPa 以下的压力范围对 CO_2 具有更大的吸附量，这和文献数据一致。因此硅胶及活性炭对 CH_4/CO_2 混合气分离具有一定的研究和应用潜力。

③XFGJ 对 CH_4/CO_2 混合气吸附分离性能。

不同压力下 XFGJ 对 CH_4/CO_2 混合气吸附分离性能可知，XFGJ 对 CH_4/CO_2 混合气的分离效率随压力的增加逐渐稳定，0.5 MPa 以后变化不明显，因此课题采用 0.5 MPa 作为考察硅胶基吸附剂的试验压力。试验结果表明，吸附稳定后 XFGJ 的分离因子达到 2.79。

综上所述，通过对硅胶、活性炭和分子筛等新型吸附材料的研究分析，筛选研发了 XFGJ，并分析了其对 CH_4/CO_2 混合气的吸附分离性能，取得了良好提纯效果，可以作为 PSA 沼气提纯过程的高效吸附剂。

（3）沼气提纯设备工艺设计。

变压吸附脱碳工艺过程之所以得以实现是由于吸附剂在这种物理吸附中所具有的两个性质：一是对不同组分的吸附能力不同；二是吸附质在吸附剂上的吸附容量随吸附质的分压上升而增加，随吸附温度的上升而下降。利用吸附剂的第一个性质，可实现对含二氧化碳源中杂质组分的优先吸附而使其他组分得以提纯；利用吸附剂的第二个性质，可实现吸附剂在低温、高压下吸附而在高温、低压下解吸再生，从而构成吸附剂的吸附与再生循环，达到连续分离提纯沼气的目的。

吸附塔循环处于高压吸附、降压再生、负压再生、升压恢复 4 个阶段。沼气由底部进入吸附塔。在高压吸附阶段，吸附剂选择性吸收二氧化碳、氧气、氮气等杂质气体，从而完成提纯过程。提纯后沼气中甲烷含量可达 97% 以上。在之后的吸附剂再生阶段，

随着压力逐渐降低到常压并最终进入负压过程使得吸附剂得到彻底再生。PSA 工艺需要多个平行吸附塔，常见的有两塔、四塔、六塔和九塔工艺。不同吸附塔分别循环处于高压吸附、降压再生、负压再生、升压恢复 4 个阶段，进而实现沼气的连续提纯。沼气中硫化氢和水蒸气会不可逆地吸附于吸附剂，因此变压吸附塔之前设有脱硫脱水等沼气净化装置。

　　撬装式沼气分离工艺技术如图 3-6 所示，采用一级变压吸附，本技术系统选取四塔工艺，以实现分离甲烷浓度超过 95%，优化参数选取操作压力 0.6 MPa，两次均压、步长 20 s。技术装备可以通过集成设计，整合在撬装式集装箱中。沼气经 PSA 分离工艺技术提纯后，可以实现甲烷回收率大于 90%，二氧化碳纯度大于 95%，甲烷纯度大于 95%，达到车用燃气标准。

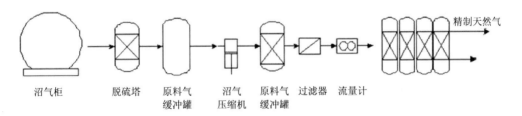

图 3-6　撬装式沼气分离工艺技术示意图

3.2.2　禽养殖废水治理技术

　　（1）畜禽养殖废水自然处理技术。

　　畜禽废水自然处理技术包括土地处理技术和氧化塘处理技术。按运行方式的不同，土地处理技术可分为慢速渗滤处理、快速渗滤处理、地表漫流处理和湿地处理等技术。按照优势微生物种属和相应的生化反应的不同，氧化塘可分为好氧塘、兼性塘、曝气塘和厌氧塘。

　　好氧塘的水深通常在 0.5 m 左右，BOD_5 去除率高，在停留 2～6 d 后可达 80%以上。兼性塘较深，一般为 1.2～2.5 m，可分为好氧区、厌氧区和兼性区，在多种微生物的共同作用下去除废水中的污染物。厌氧塘有单级厌氧塘和二级厌氧塘。在处理畜禽废水时，二级厌氧塘比一级厌氧塘处理效果好。曝气塘一般水深 3～4 m，最深可达 5 m，塘内总固体悬浮物浓度应保持在 1%～3%。

　　自然处理法基建投资少，运行管理简单，耗能少，运行管理低，但是，自然处理工艺占地面积大，净化效率相对较低，适用于具备场地条件的中小型养殖场污水处理。

　　（2）完全混合活性污泥法。

　　完全混合活性污泥法是一种人工好氧生化处理技术。废水经初次沉淀池后与二次沉淀池底部回流的活性污泥同时进入曝气池，通过曝气废水中的悬浮胶状物质被吸附，可溶性有机物被微生物代谢转化为生物细胞，并被氧化成为二氧化碳等最终产物。曝气池混合液在二次沉淀池内进行分离，上层出水排放，污泥部分返回曝气池，剩余污泥由系统排出。完全混合性污泥停留时间一般为 4～12 d，污泥回流比通常为 20%～30%。BOD_5 有机负荷率通常为 0.3～0.8 kg BOD_5/（$m^3 \cdot d$），污泥龄 2～4 d。

完全混合活性污泥法的优点是承受冲击负荷的能力强，投资与运行费用低，便于运行管理；缺点是易引起污泥膨胀，出水水质一般。该技术适用于中小型养殖场污水处理。

（3）序批活性污泥法（SBR）。

序批活性污泥法是集均化、初沉、生物降解、二沉等功能于一池，无污泥回流系统的一种处理工艺。序批活性污泥法（SBR）停留时间一般为 3～5 d，污泥回流比通常为 30%～50%。BOD_5 有机负荷率通常为 0.13～0.3 kg BOD_5/（$m^3 \cdot d$），污泥龄 5～15 d。

该工艺可有效去除有机污染物，工艺流程简单，占地少，管理方便，投资与运行费用较低，出水水质较好，适用于大中型养殖场污水处理。

（4）接触氧化工艺。

生物接触氧化法也称淹没式生物滤池，其在反应器内设置填料，经过充氧的废水与长满生物膜的填料相接触，在生物的作用下，污水得到净化。接触氧化工艺停留时间通常为 2～12 d，BOD_5 有机负荷率通常为 1～1.8 kg BOD_5/（$m^3 \cdot d$）。

生物接触氧化法具有体积负荷高，处理时间短，占地面积小，生物活性高，微生物浓度较高，污泥产量低，不需要污泥回流，出水水质好，动力消耗低等优点；但由于生物膜较厚，脱落的生物膜易堵塞填料，生物膜大块脱落时易影响出水水质。该技术适用于大中型养殖场污水处理。

（5）升流式厌氧污泥床反应器（UASB）。

UASB 是目前发展最快的消化器之一。在反应器内设有固、液、气三相分离器，产气和均匀布水能形成良好的自然搅拌，并能在反应器内形成沉降性能良好的颗粒污泥或絮状污泥。污水从厌氧污泥床底部流入，与反应区中的污泥进行混合接触，污染中的微生物将有机物转化为沼气。污泥、气泡和水一起上升进入三相分离器实现分离。同时，由于畜禽养殖废水中悬浮物含量较高，因此畜禽养殖废水 UASB 有机负荷不宜过高，采用中湿发酵时，通常为 5 kg BOD_5/（$m^3 \cdot d$）左右。

升流式厌氧污泥床反应器的优点是消化器结构简单，没有搅拌装置及填料；较长的 SRT 及 MRT，实现了很高的负荷率；颗粒污泥的形成使微生物天然固定化，增加了工艺的稳定性；无混合搅拌设备；污泥床内不设填料。升流式厌氧污泥床反应器的缺点是需要有效的布水器，使进料能均匀分布于消化器底部；运行技术要求较高；污泥床内有短流现象，影响处理能力；抗冲击能力差。适用于大中型养殖场污水处理的预处理。

（6）厌氧滤器（AF）。

AF 多用纤维或硬塑料作为支持物，使细菌附着于表面形成生物膜，当污水穿过生物膜时，有机物被细菌利用而生成沼气。可以选择在厌氧滤器的不同高度不同方向进水，水流方向可以升流或降流。厌氧滤器的优点是操作费用低；可缩小消化器体积；微生物固着在惰性介质上，微生物浓度高；抗冲击负荷强；有机负荷高。厌氧滤器的缺点是填料的费用较高，易发生堵塞和短路，通常需要较长的启动期。

3.2.3　养殖臭气治理技术

（1）物理除臭技术。

向粪便或舍内投（铺）放吸附剂减少臭气的散发，可采用沸石、锯末、膨润土以及秸秆、泥炭等含纤维素和木质素较多的材料。

（2）化学除臭技术。

向养殖场区和粪污处理厂（站）投加或喷洒化学除臭剂防止臭氧的产生，可采用双氧水、次氯酸钠、臭氧等不含重金属的化学氧化剂。

（3）生物除臭技术。

即微生物降解技术，利用生长在滤料上的除臭微生物对硫化氢、二氧化硫、氨气以及其他挥发性恶臭物进行降解。生物除臭包括过滤法和生物洗涤法等。

3.2.4　其他相关技术

3.2.4.1　沼气脱硫技术

畜禽粪污发酵所产生的沼气中含硫量通常为 0.1%～0.6%，沼气需经过脱硫处理后方可利用。沼气脱硫技术通常包括干法脱硫、湿法脱硫、生物脱硫 3 类。

干法脱硫是指沼气通过活性炭、氧化铁等构成的填料层，使硫化氢氧化成单质硫或硫氧化物的一种方法。

湿法脱硫是将沼气与添加了催化剂的碱性溶液，或溶解态的脱硫剂充分混合，将硫化氢脱除。

生物脱硫是在生物的作用下，将硫化氢氧化成单质硫、亚硫酸的一种方法。

干法脱硫结构简单，使用方便，工作过程中无须人员值守，但运行费用偏高。湿法脱硫设备可长期连续运行，运行费用相对较低，但工艺复杂，需要专人值守和定期保养。生物脱硫不需要催化剂和氧化剂，不需要处理化学污泥，能耗低，并可回收单质硫，处理效率高，缺点是过程不易控制，条件要求苛刻。

3.2.4.2　沼气脱水技术

畜禽粪污发酵所产生的粗沼气中含水量很高，沼气均需经过脱除水分后方可利用。常见的脱水方法有冷分离法、溶剂吸收法、固体物理吸水法。

冷分离法是利用压力能变化引起温度变化，使水蒸气从气相中冷凝下来的方法。

溶剂吸收法是利用氯化钙、氯化锂及甘醇类等脱水溶剂实现对水的吸收。

固体物理吸水法是通过固体表面力作用实现水分的脱除。

沼气脱水技术处理效率较高，且投资和运行成本均较低，目前多先用冷分离法脱水。

3.2.4.3 沼气提纯技术

畜禽粪污发酵所产生沼气的二氧化碳含量通常为 30%～45%，通过沼气提纯技术可将沼气中的甲烷浓度提高。沼气提纯技术通常包括水洗法、化学吸收法和变压吸附法，去除率一般在 95%以上。化学吸收法是利用吸收液（通常为碱性）吸收沼气中的二氧化碳的方法；变压吸附法主要利用分子筛对混合气体中的二氧化碳和甲烷进行分离；水洗法是利用二氧化碳在水中的溶解度与甲烷的差异，通过物理吸收过程，实现二氧化碳和甲烷的分离。

沼气提纯技术适用于大型养殖场沼气工程，一次性投入较大，但经济效益较好，沼气提纯后可作为天然气并入城市燃气管网或车用燃料，脱碳前需对沼气进行脱硫、脱水处理。

3.2.4.4 沼气热电联产技术

沼气热电联产技术是指利用以沼气为燃料的发电机组，以及配套的余热回收系统，将沼气转化为电能和热能的技术。一般沼气中 30%～40%可利用的能量以电能形式回收，$1 \, m^3$ 沼气发电 1.5～2.0 kW·h。剩余能量大部分以热能形式回收，一般占沼气可利用能量的 40%～50%。

该技术适用于大中型养殖场发电自用或发电并网，发电前需对沼气进行脱硫、脱水处理。

3.2.4.5 沼气直燃技术

沼气直燃技术是指采用沼气直接燃烧以产生热能，通过锅炉或专用灶具实现沼气能量的利用。该技术适用于中小型养殖场或沼气工程沼气自用或居民集中供气，利用前需对沼气进行脱硫、脱水处理。

3.2.4.6 沼渣、沼液土地利用技术

沼渣、沼液养分含量较为全面，含有丰富的氮、磷、钾、钙、镁、硫等微量元素以及各种水解酶、有机酸和腐殖酸等生物活性物质，具有刺激作物生长、增强作物抗逆性及改善产品品质的作用，是优质的有机肥料，可广泛应用于农业、园林绿化、林地、土壤修复和改良等领域。

（1）沼液高值利用技术。

沼液高值利用是指采用浓缩技术减少沼液产出量，提高液肥中有机质和营养物质含量，在浓缩过程中，浓缩液营养成分不损失，通过性质稳定化、营养元素复本以及添加植物促生剂和微生物防菌剂，生产有机沼液营养液；清液回流到厌氧消化，减少工艺需水量和排放量。沼液浓缩比例一般在 4～5 倍。目前使用较多的是膜浓缩处理技术。

（2）沼渣高值利用技术。

沼渣高值利用是指通过沼渣改性、添加生物菌剂、进行养分的配比调控，制造兼有肥效和防病特性的优质复合有机肥和沼渣人工基质。

3.3　辽河流域畜禽养殖污染治理设备

3.3.1　多原料预处理一体化设备

3.3.1.1　工作原理

畜禽粪便、农村生活垃圾、秸秆、杂草等有机废物以及污水处理厂污泥等可发酵原料通过投料口投入设备后，先进行充分搅拌与混合，混合后的料液再在旋流水力作用下完成密度差异分离，从而使料液呈轻质相、中质相、重质相的三相分层状态。将轻质相层中大粒径物料、秸秆等分离出来进行切割后再次返回料液中，经混合后进入中质相层。重质相层的沉砂、金属等不可发酵物，在重力和环流水力的双重作用下，积聚设备的锥形料斗底部，通过分离设备进行分离去除。中质相料液调配至适宜的物料浓度进行二次完全粉碎后进入厌氧反应器进行发酵。

3.3.1.2　设备结构

根据固液悬浮搅拌、物料沉降的机理分析，结合畜禽粪便、秸秆、农村垃圾等物料性质及要求，研究确定多原料预处理一体机的设备构成和基本结构形式。

（1）设备构成。

按一体化预处理机所要实现的功能确定设备组成，包括收纳器、剥离混合器、环流槽、浮渣分选机、悬浮切割机、沉砂分离机、环流混合机、混料粉碎机和单元出料机。

（2）结构形式。

收纳器为坡底槽状，包括投料口、槽体、搅拌器、出料口、环流混合机接口；剥离混合器为圆筒锥底平盖形，包括器体、搅拌器组件、盘管组件；环流槽为异形结构，包括沉砂分离机槽、浮渣分选机槽；浮渣分选机位于环流槽内，悬浮切割机位于环流槽顶，沉砂分离机位于环流槽内，环流混合机位于环流槽内，混料粉碎机位于槽体外，单元出料机位于混料粉碎机之后。图 3-7 为多原料预处理结构一体机效果图及实物图。

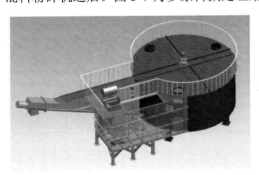

图 3-7　多原料预处理结构一体机效果图及实物图

3.3.2 改进型 USR 厌氧反应系统设备

3.3.2.1 厌氧反应器罐体选型

（1）厌氧反应器制罐技术种类。

厌氧反应器的结构主要有混凝土结构和钢结构。近年来为了缩短施工周期，节省建筑材料，提高反应池的施工质量，建设美观大方的环境工程处理装置，人们日益采用新材料、新技术建造的钢结构厌氧反应器，其中以搪瓷拼装罐、利浦罐、碳钢焊接罐、热喷涂拼装罐使用较多。厌氧反应器结构分类见图 3-8。

图 3-8　厌氧反应器结构分类

①钢筋混凝土制罐技术。

钢筋混凝土技术利用钢筋在抗拉强度和混凝土在抗压强度上各自的优势，实现优势互补，通过现场浇注，可以得到具备较好强度和防水性能的器体，由于混凝土具有耐酸碱、耐温变等性能，能够很好地保护内部钢筋，使之免受腐蚀，故此结构具有很好的防腐性能。结构成型后，进行简单的防腐和防渗处理就可以满足工程需要，使用寿命长，可达 50 年，后期维护和运行管理费用较低，但建设周期长，施工质量较难控制，美观程度较差。

②钢板焊接制罐技术。

钢板可采用碳钢、不锈钢、碳钢包覆等多种材料，材料可就地购买，现场安装，采购成本低，保温、支撑等结构可与罐体直接焊接，制作方便。具有加热迅速、耐高温、耐腐蚀、卫生、无环境污染，使用方便，价格便宜等特点。广泛应用于石油、化工、橡胶、农药、染料、医药、食品等行业。

③搪瓷拼装制罐技术。

搪瓷拼装罐起源于美国（1896 年），是由特制的标准搪瓷钢板在施工现场通过拴接技术拼装而成。拼装制罐技术使用软性搪瓷或其他防腐预制钢板，以快速低耗的现场拼装使之成型，预制钢板采用拴接方式拼装，拴接处加特制密封材料防漏。搪瓷专用钢板的内外两面在高温下各烧上双层搪瓷涂层，该涂层为高惰性釉层，抗强酸、强碱，不仅能阻止筒体腐蚀，同时还具有极强的抗磨损性。拼装罐具有建设周期短、建设成本低，技术先进、性能优良、耐腐蚀性好、维修便利、外观美观，可搬迁或回收利用等特点，其使用寿命达30 年。

④利浦制罐技术。

利浦制罐技术利用金属塑性加工中的加工硬化原理和薄壳结构原理，通过专用技术和设备，将一定规格的钢板，应用"螺旋、双折边、咬合"工艺来建造圆形的 LIPP 池、罐。由于是机械化、自动化制作和采用薄钢板作为建筑材料，LIPP 技术具有施工周期短、造价较低、质量好、易管理等优点。

⑤热喷涂拼装制罐技术。

热喷涂拼装罐的核心技术包括热喷涂技术和拼装罐技术。热喷涂技术是指两根带电的金属丝电弧熔融，通过压缩空气喷吹、雾化、喷涂至经处理的基体表面，并形成结合良好、致密的金属涂层，然后用封闭剂对金属涂层表面进行封闭，最终形成长效防腐复合涂层。热喷涂技术是目前世界上公认的钢材质防腐中最具竞争力的防腐方式，将合金铝热喷涂至经过处理的钢基体表面，并对涂层进行封闭处理，制成的钢板适用于各种大气、海水和淡水，以及 pH 为 3.5～9 的溶液及其他氧化性环境中，具有 30 年以上的长效防腐性能，特别适用于沼气站、污水处理厂中的厌氧反应罐，对硫化氢有很好的耐蚀性。拼装罐技术是从荷兰、德国等西方国家引进的一种高效安装技术，其主要原理是将预制钢板相互搭接，通过自锁螺栓连接，连接处采用专用的密封材料，达到了快速低耗的安装要求。

热喷涂拼装罐相对于其他材质的拼装罐而言，除了具有更长效的防腐性能，还具有很好的抗冲击性能和极强的涂层附着力，不会在运输、安装和运行过程中出现涂层破损、脱落等问题。

（2）厌氧反应器结构形式选择。

表 3-8 为厌氧反应器结构经济技术指标对比表，由表 3-8 可以看出，虽各类厌氧反应器的性能各有利弊，但采用新材料、新技术建造的厌氧反应器在建设周期、建设成本、发酵性能、运行维护方面都有一定提高，故高效厌氧发酵成套设备的反应器在结构选择上主要采用钢板焊接罐、搪瓷拼装罐、利浦罐及热喷涂拼装罐，需根据工程实际情况、现场条件等具体确定。

表 3-8　厌氧反应器结构经济技术指标对比表

项目	钢筋混凝土罐	钢板焊接罐	搪瓷拼装罐	利浦罐	热喷涂拼装罐
建设周期	较长	一般	较短	一般	较短
建设成本	一般	较高	较低	较高	一般

项目	钢筋混凝土罐	钢板焊接罐	搪瓷拼装罐	利浦罐	热喷涂拼装罐
维护费用	一般	高	较高	一般	较高
防腐性	一般	一般	很好	一般	较好
防腐层附着力	一般	一般	差	较好	一般
热传导性	差	一般	差	很好	较好
综合评价	★☆☆☆	★★☆☆	★★★☆	★★★☆	★★★☆

3.3.2.2　高效厌氧发酵系统结构设计

高效厌氧发酵系统以厌氧反应器作为设备主体，内部设有破壳型节能搅拌机，实现物料的高效传质传热，并避免结壳问题；热能转换机，实现反应器内沼气的物质能到热能的转换，具有对器体增温和热量供给作用；外接单元进料器，具有自动排料功能，有效解决了各连接管线堵塞和冬季冻结的问题；正负压气水分离保护器，保证了反应器可在正压或负压双重环境下安全运行。

（1）节能搅拌器研制。

根据工艺条件、搅拌目的和要求，选择大桨叶，低转速的搅拌器，并确定搅拌器直径，在搅拌器桨叶上安装破壳装置，进一步选择电动机、减速机、机架、搅拌轴、轴封等其他部件。通过对比顶部中心搅拌、底部搅拌、侧插式搅拌等搅拌器安装形式，选择中心顶置机械搅拌安装方式，并采用间歇式运行搅拌方式，节能搅拌器装配图及实物照片见图3-9。

图3-9　节能搅拌器装配图及实物照片

该搅拌器具有单位容积装机容量低，约 $10W/m^3$；大桨叶，低转速（15～20 r/min），有效提高了甲烷产气率；间歇运行，能耗低；上部带有破壳装置，避免结壳；中心顶置机械搅拌器，检修方便等技术特点。

（2）内置热能转化机研制。

通过对不同加热方式的发酵料液温度场分布规律及温度场随时间变化的波动情况进行研究，见表3-9，得出发酵罐内任意加热方式的发酵料液温度场稳定性、加热的热效率均优于发酵罐外侧壁加热方式；发酵罐内底部加热是较佳的加热方式，其发酵料液温度场分布最稳定，温度场随时间变化的波动最小。同时考虑制造安装便捷方面的因素，宜将内置热能转化机设置在罐内底部。

①内置热能转化机的结构。主要包括水路、气路和控制装置三大系统。

a. 水路。水箱是镶嵌于罐体内部的一个密封装置，燃烧换热室位于水箱中间，通过排烟管与大气相通，室壁将换热室气体与水箱液体隔开，水箱、循环水泵与盘管构成封闭系统。循环水泵将循环水泵入盘管中,循环水在盘管中流动时将热量传递给罐体内的物料,实现对物料的增温。

b. 气路。供气管将气体腔内的沼气引致沼气燃烧器,沼气通过燃烧器在燃烧换热室内完成化学能到热能的转化,并通过排烟管与大气相通,同时将热能通过室壁传递给水箱中的循环水。

c. 控制装置。安全控制箱与阻火器联合作用保证内置热能转化机组安全运行。

②内置热能转化机技术优势。

a. 减少热耗。由于将增温装置及管线都安装在罐体内部,并被料液包围,故其运行产生及散发的热量都传递到了罐体内料液上,很大程度上减少了能量损失。

b. 缩减建设投资。传统沼气燃烧器或加热系统都设置在距离厌氧发酵罐一定距离的位置,必将需要铺设一定的管线及基础,某种程度上增加了土建及设备安装的工作量,也增加了管线工程的造价。采用此种内置热能转化机减少了管线铺设,一定程度也减轻了建设投资。

c. 充分利用余热。传统沼气加热器产生的余热一般都散入大气,少有余热利用装置,即使增设余热利用装置,在某种程度上也增加了建设投资。而此种沼气利用装置在实现沼气高效利用的同时也提高了余热利用效率。

d. 设备集成化。内置热能转化机嵌置在罐体内部,成为罐体的构造及功能的一部分,一定程度上提升了设备的集成化进程。

表 3-9　不同加热方式发酵料液温度场分布情况

加热方式	发酵罐内加热			发酵罐外侧壁
	底部加热	内侧壁加热	底部内壁组合加热	
同一测点平均偏差/℃	≤0.19	≤0.23	≤0.41	由于该方式先加热罐体侧壁,再由罐体侧壁加热发酵料液,故加热效率低于发酵罐内任意加热方式
最大极差/℃	1.6	1.2	2.4	
最小极差/℃	0.4	0.4	0.8	
同层极差/℃	≤1.6	≤2.4	≤2.4	
整个温度场极差/℃	1.6	2.8	3.2	

（3）正、负压气水分离保护器研制。

针对目前采用的正压和负压保护装置与气水分离器都是独立的,存在投资高和管理烦锁的弊端;存在占地面积大,低温环境结冻问题,开展正、负压气水分离保护器研究。正、负压气水分离保护器选用双折流筒设计,保证了布气均匀,同时,采用封闭液体将外筒体的空腔与内筒体的空腔分隔开,由于封闭液体具有流动性,由内、外筒体的液位压差为被保护的容器提供了保护压力。该设备将正、负压保护功能和气体冷凝集于一体,对厌氧发酵罐体及管道的保护有效可靠,适用于大型气水分离保护装置。正、负压气水分离保护器结构图及实物照片见图 3-10。

3.3.2.3 高效厌氧反应器系统技术经济指标

经测试，高效厌氧反应器系统运行稳定高效，其技术经济指标如下：

①容积产气率可达 1.5 $m^3/(m^3 \cdot d)$；

②有机物降解率超过 70%；

③厌氧反应器反应温度全年保持在中温（35℃左右）；

④COD 容积负荷最高可达 4.9 $kg/(m^3 \cdot d)$；

⑤进料浓度高达 12%；

⑥全年系统能量消耗/全年系统能量输出<40%；

⑦冬季产气率不低于全年平均产气率的 70%。

图 3-10　正、负压气水分离保护器
结构图及实物照片

3.3.3　沼气干发酵一体化设备研制

3.3.3.1　沼气干发酵技术主要工艺参数

干式厌氧发酵技术的工艺参数主要有 pH、含固率、发酵温度、混合方式、停留时间等，主要参数为含固率、发酵温度及停留时间，参数的选择及优化直接影响反应系统的效率。

（1）干式厌氧发酵的含固率。

在 1990 年以前，普遍认为为确保干式厌氧反应工艺系统的稳定性，处理物料的浓度最高为 36%，随着研究的逐步深化，目前，普遍认为干式厌氧发酵工艺最高的物料处理浓度可以达到 40%。

而随着固体含量的提高，有机物的去除率和甲烷的产量会有所下降，且不受反应温度的影响。在中温的条件下，含固率从 20% 增加到 30% 时，有机物去除率从 80.69% 下降到 69.05%，甲烷产率从 110 L/kg 减少到 70 L/kg。

（2）发酵温度。

发酵温度是干式厌氧发酵工艺中非常关键的参数，适宜的发酵温度直接影响厌氧发酵的效果。中温反应的适宜温度为 35～40℃，高温反应的适宜温度为 50～55℃。

（3）混合搅拌。

制约干式厌氧发酵工艺发展的主要因素是介质传递、扩散困难，反应基质的组成不均匀性，连续运行不稳定，解决上述问题的关键技术就是搅拌，通过搅拌系统可以实现反应装置内物料的均匀混合，达到稳定反应的工艺条件，混合搅拌系统的作用主要表现在以下 3 个方面：

①混合搅拌实现新旧物料的混合，保证连续接种反应；

②混合搅拌实现各部温度达到均匀一致，保证整个系统的稳定性；

③混合搅拌有效地防止活性物质沉降，从而实现高效的产气率。

（4）停留时间。

干式厌氧发酵工艺的主要缺点是停留时间较长，通常的停留时间为 15～30 d，而湿式厌氧发酵的时间最短可降至 3 d。

缩短停留时间可以降低反应设备的体积，从而节省制造成本，而相对较长的停留时间可以保证系统运行的稳定性及稳定的产气率。

3.3.3.2　干式厌氧发酵工艺流程

发酵物集中收集，采用顶部进料，经粉碎格栅将细长、大块的物料切成小块后通过螺旋输送机输送至反应装置的顶部。发酵物在反应装置内经连续的混合搅拌，进行一级厌氧发酵。反应后的发酵物经分离后，沼渣可直接进行施肥，或制成有机肥；沼液也可直接作为液体肥料，或进入厌氧发酵装置进行二次发酵，暂存的沼液可重新回流至一级厌氧反应装置，用作反应系统的调浆液。整个系统为自循环系统，减少甚至避免添加新鲜水。干式厌氧发酵工艺流程见图 3-11。

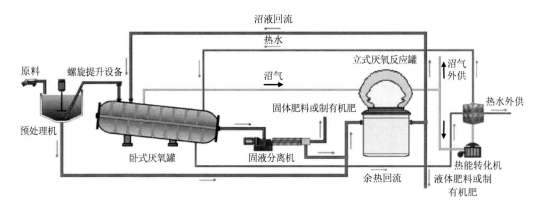

图 3-11　干式厌氧发酵工艺流程

3.3.3.3　沼气干发酵设备研制

针对干式厌氧发酵工艺介质传递、扩散困难，造成反应基质的结构、组成不均匀，连续运行不稳定等问题，课题开展小型卧式厌氧反应成套设备研制，核心设备为卧式厌氧反应装置，内部配套搅拌部件，投料方式为连续的进料。

（1）卧式厌氧反应装置的研发。

①装置本体。

卧式厌氧反应装置本体采用独特的倾斜结构，倾斜的结构不仅有利于系统沉砂的收集、排放，而且减少了沼气在反应设备中的存储体积，有效地提高了容积利用率。图 3-12 为卧式厌氧反应器效果图及实物照片。

图 3-12　卧式厌氧反应器效果图及实物照片

②装置搅拌部件。

搅拌部件为卧式厌氧反应装置的核心部件，搅拌轴采用细长管件，沿罐体通长布置，搅拌轴上布满桨叶，桨叶在搅拌轴上螺旋形布置，桨叶在电机、减速机带动下旋转，物料受桨叶的推流作用在卧式反应装置内呈随时间推移的塞流式运动，解决了高浓度物料的出料难的问题。同时，搅拌强化了物料内部的传质传热，解决了物料黏稠度过高导致的传质传热困难、沼气难以逸出的问题，加快了厌氧反应的速度，并促进砂水分离，提高了卧式厌氧反应装置的处理效率。

③增温、保温系统。

沼气在发酵过程中受温度的影响很大，在厌氧反应的过程中，尤其是冬季运行，需要采取增温、保温措施，并对温度进行监控，使发酵温度维持在适宜的温度，保证产气率。

增温系统采用沼气自加热方式，配套燃气热水锅炉，热水在加热盘管内循环与装置内物料进行热量传递，最终实现物料的增温。装置外设岩棉强制保温，减少系统热量损失。增温、保温系统的研发力求维持系统运行温度的同时，使装置结构紧凑，可节省制造费用并减少热量的损失，降低运行费用。

（2）配套设备。

沼气干发酵系统配套设备包括粉碎格栅、螺旋输送器，螺旋固液分离机、立式厌氧发酵罐、柔性气柜等。

3.3.4　沼气存储及转化设备研制

3.3.4.1　沼气调节缓冲器

沼气调节缓冲器具有沼气存储、平衡供给的作用，对沼气工程稳定运行非常重要。目前规模化沼气工程中常采用湿式浮罩贮气柜或钢制高压贮气罐贮气。钢制浮罩和钢丝网浮罩储气装置都存在制作工艺难、使用时间短、代价高等问题，且在冬季低温期的使用受到限制。高压储气可节约地面资源，且对沼气长期储存非常有利，但是对于一般农村沼气工程而言价格昂贵且制作工艺要求高，制约了其在农村的应用。

（1）设备结构。

沼气调节缓冲器外形为 3/4 球体或半球体，由钢轨固定于水泥基座上。主体由特殊加工聚酯材质制成，柜体由底膜、内膜、外膜及配套控制设备和辅助材料组成，内膜具有耐腐蚀的能力，高度防火并符合相关产品标准。内膜与底膜之间形成一个容量可变的气密空间用于储存沼气，外膜构成储存柜的球状外形，作为保护内膜和形成挤压内膜的压力空间，具有防紫外线和保护内膜的作用的同时还有自洁功能。沼气调节缓冲器效果图及实物照片见图 3-13。

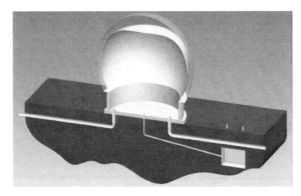

图 3-13　沼气调节缓冲器效果图及实物照片

底膜、内膜和外膜是根据各种不同形状规格使用专用充气膜软件设计，然后使用大型热合机在防尘车间加工而成。大型设备将分开的膜片热合成整体保证了热合缝气密性的高要求，同时也使热合缝的寿命与材料相同，保证了耐久性。双膜沼气储气柜的底膜主要用于密封基础防止气体从基础流走，内膜为球形的一部分和底膜连接形成一个空间用于储存气体。外膜为一个比内膜稍微大一些的同形状的球形，边界与内膜及底膜的边界连接，在内外膜中间形成一个空间，这个空间作为调压室调压空气。利用气泵注入空气或者放出空气从而进行调压和稳定外膜结构。

双膜柔性气柜结构简单，无须过多维护，膜材均采用进口耐腐蚀的环保专用复合材料，主要由高强抗拉纤维、气密性防腐涂层、表面涂层组成，具有防腐、抗老化、抗微生物及紫外线等功能，并且防火级别达到欧洲标准，同时外膜具有自洁功能。

（2）设备主要技术优势。

①沼气使用率高。普通固体气罐罐内气体使用率一般只有一半，一般不能将气体全部抽出。而双膜生物沼气贮存柜（罐）为柔性材料可折叠，可以将罐内气体全部压出，使用率为 100%。

②投资少，占地面积小。作为储气使用可以直接建于地面，外形美观。耐腐蚀寿命长。主要部件为耐腐蚀专用柔性膜，不需要防腐处理，无须冬季防冻。采用专用材料，寿命可达 15～20 年，条件允许可以使用 PTFE 材料，寿命达 50 年。

③自动恒压输出。双膜储气罐配备自动控制系统，通过注气或泄气来调节沼气内膜曲张从而调节压力和稳定其建筑结构。出口沼气压力恒定，进/出口沼气流量大，适用范围广。

④安全性高。内膜始终处于压力平衡中，不会泄漏储蓄气体，外膜即使泄漏少量气体，泄漏的气体也只是空气，没有任何安全威胁。配备有电子和物理两种安全阀门和超压警报，绝不会出现过压泄漏问题。配备警报系统、燃气泄漏检查系统等。

⑤可回收。任何产品都有一定的使用寿命，沼气工程也不例外，过去的沼气工程报废后要么直接就地毁坏，产生大量固体垃圾；要么直接掩埋，占用土地资源，污染了土壤环境，甚至引发安全事故。该储气柜从产业生态学原理出发，坚持循环经济发展原则，进行可拆卸和再安装的装置设计，很容易回收利用，可减少垃圾，实现资源循环。

⑥质量轻，基础建设要求低，建设成本低；安装工期短，便于检修，施工成本低；在工厂制造，质量可靠，可折叠，易于运输。

3.3.4.2　沼气热能转化设备

（1）设备结构。

沼气热能转化机采用整体结构设计制造，钢结构外壳。燃烧系统安装在加热机的外部，热辐射加热器安装在容器的内部。在供风系统中设有燃烧器。沼气热能转化设备基本结构图及实物照片如图3-14所示。

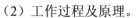

图 3-14　沼气热能转化设备基本结构图及实物照片

（2）工作过程及原理。

①当沼气由微电脑控制系统按程序控制进入燃烧器的燃烧头内，由一次风与可燃气体混合，点火燃烧，二次风助燃，实现充分燃烧。燃烧器的燃烧状况由火焰自动跟踪系统检测控制，当燃烧器出现故障（燃烧室缺氧、可燃烧气体断流、气量不足等），控制系统发出指令，供气系统的电磁阀迅速关闭，切断供气源或油路，燃烧器自动停机，指示故障。

②设备控制系统采用自动控制，可根据水或其他液体加热的要求在温控器上输入相应的控制温度的上下限，燃烧系统自动运行。

③设备具有微电脑程序化控制，自动点火，火焰自动跟踪，熄火自动保护，两段式燃烧，比例式自动调节控制。

（3）设备主要技术优势。

①加热速度快。燃气燃烧器在辐射筒、管燃烧的高温烟气下通过管壁对液体直接加热，换热面积大、加热速度快、时间短。

②节约燃料。由于布置受热面合理，燃烧充分，排烟温度低（130℃），热效率达94%，保温效果好，此装置热利用率一般为90%～92%，经锅炉加热箱系统综合节能10%～12%。

③节省投资。只需一个水箱（无须使用电热器，它可直接在容器内安装换热）就可以同时用于取暖和洗浴。省去了锅炉及辅助鼓风机、换热器、锅炉房的建设投资，占地面积

小，用电量也减少很多。热水加热器与锅炉加热热水或蒸汽送入水箱相比，可减少锅炉投资、占地面积及中间环节的热能浪费。

④安全环保。微电脑程序化自动控制、比例式调节、两段式燃烧、自动点火、火焰自动跟踪、熄火自动停机保护。运行稳定、安全可靠，燃烧充分、无烟尘、氮化物含量低、无污染，符合环保标准。

⑤自动化控制。水箱水位自动控制补水，智能型温度控制，自行设定理想温度后，可实现上限温度停机或保温状态，下限开机或大火燃烧。只要有电、油、气（气源稳定），此系统就可以无人操作、自动运行。以沼气通过全自动燃烧器燃烧产生热量，通过安装在容器内的热辐射器将热量传递给加热的液体，使被加热的液体温度快速升高，达到水或其他液体加热的目的。

3.3.5 沼渣沼液制肥系统设备研制

沼渣沼液制肥系统主要集成了固液分离和沼液自动配肥功能及沼液浓缩制造有机肥功能，实现高附加值沼渣沼液的开发利用，提高了沼气工程的盈利能力，有利于高效厌氧发酵设备的产业化推广，不但实现了零排放，还为种植业提供了低污染的有机肥料，符合清洁生产概念和节能减排要求。

3.3.5.1 沼肥固液分离机研制

（1）工作原理。

①特种输送泵将沼肥输送至分离机内，并通过安置在筛网中的挤压螺旋将要脱水的源物质向前推进，其中的干物质通过与在机口形成的固态物质圆柱体相挤压分离出来，其中的液体则通过筛网滤出。

②沼肥固液分离机采用螺旋挤压连续工作的方式，适用于分离粒径大于等于 1.0 mm固相颗粒，料液中含固率大而分离后要求含水率比较低的物料，特别适于处理沼肥、养殖场的禽畜原粪水、人造板厂废水及屠宰场污水等。

（2）结构特征。

①该机体积小、转速低、操作简单、安装维修方便、费用省、效率高。

②该机机身为铸件，表面漆有防护漆，挤压螺旋、筛网均为不锈钢。挤压螺旋为双簧叶片经过特殊加固以防磨损，筛网配有不同型号的网孔（如 0.5 mm、0.75 mm、1.0 mm），机头可依据固态物质的不同要求的干湿度调节，本机以 380V、50Hz 三相电驱动，电机功率 4 kW，并配有配电箱等附属设备。

（3）工作效率。

工作效率高低与原粪水的储存时间、固体物质的含量、原粪水的黏性等因素有关，其平均功率为：①牛粪水 10~20 m³/h；②猪粪水 20~25 m³/h；③鸡粪水 5~8 m³/h；④沼肥 10~15 m³/h。

（4）分离效果。

分离后的固体物质含水率低，便于运输，可直接作为有机肥使用。该分离机能将沼肥分离为液态有机肥和固态有机肥，液态有机肥可直接用于农作物利用吸收，固态有机肥可运到缺肥地区使用，同时经过发酵可制成有机复合肥，变废为宝，也可起到改良土壤结构的作用，有利于保护环境又能产生极大的经济效益。沼肥固液分离机实物照片见图 3-15。

图 3-15　沼肥固液分离机实物照片

3.3.5.2 沼液浓缩制取有机肥设备研制

基于碟管式反渗透技术研究成果进行沼液浓缩制取有机肥设备（处理量 25 m³/d）研制，其设计流程效果图如图 3-16 所示，设计参数如表 3-10 所示。沼液浓缩系统主要由两个部分构成，包括预处理系统和膜组件系统。预处理系统包括混凝沉淀池、pH 调节池和芯式过滤器；膜组件部分主要包括核心部件 DTRO 膜柱、高压泵以及电控设备。图 3-17 为沼液浓缩制取有机肥设备照片。

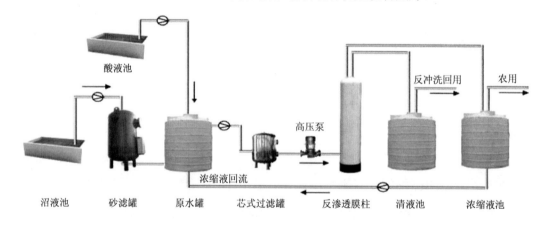

图 3-16　沼液浓缩制取有机肥设备效果图

表 3-10　沼液浓缩制取有机肥设备设计参数

项目	设计参数	项目	设计参数
设备平均开机率/%	90	膜使用寿命/年	2
设备进料/（L/h）	1 000	高压泵数量/台	1
原水电导率范围/（ms/cm）	0~80	在线加压泵数量/台	1
原水正常水温范围/℃	0~35	设计操作压力/10⁵ Pa	65
DTG 组件数量/台	4	最高操作压力/10⁵ Pa	75
膜面积/m²	37.62	能耗/kW·h	7.7

（a）整体　　　　　　　　　（b）局部（DTRO 膜柱、砂滤罐、电控箱）

图 3-17　沼液浓缩制取有机肥成套设备照片

设备的最佳运行压力为 5.0～6.0 MPa，通过采用循环过滤模式，沼液浓缩倍数可提高至 6 倍，有机物基本被 DTRO 系统截留在浓缩液中，沼液浓缩液较原液相比各项指标均接近浓缩倍数，营养物富集效果明显，便于农业进一步利用。同时，在沼液浓缩过程中，COD（mg/L）、TN（mg/L）、NH_3-N（mg/L）、TP（mg/L）的去除率分别达 99.4%、93.2%、93.9%、99.6%。

3.3.5.3　沼液自动配肥灌装机研制

（1）工作原理。

①根据产品需求及沼液的氮、磷、钾含量，将固体复配剂、液体复配剂及沼液按比例加入混合溶料搅拌池进行搅拌混合，待固体全部溶解后，将混合后的液体产品进行灌装。沼液自动配肥灌装机工艺流程见图 3-18。

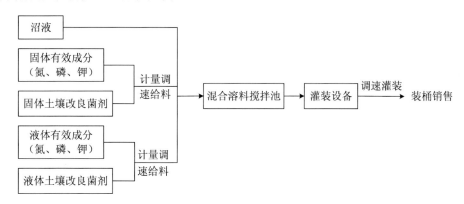

图 3-18　沼液自动配肥灌装机工艺流程

②固体、液体复配剂可通过调节固体螺旋给料机和液体计量泵的给料速度及给料量，来控制复配剂的投加量。

③灌装设备采用半自动活塞式灌装机，通过汽缸带动一个活塞来抽取和打出物料用单向阀控制物料流向，用磁簧开关控制气缸的行程，可调节灌装量，可以调解汽缸的进气量

实现快速或者慢速灌装。

（2）结构特征。

①本设备属于半自动配肥灌装设备，整机采用304不锈钢材料制成，结构简单，维护拆洗方便，耐腐蚀，生产灌装过程不影响产品品质。

②设备灌装速度快，灌装精度高；灌装量和灌装速度均可任意调节。

③本设备与多种设备搭配使用，如塑杯封口机、塑盒封口机、塑袋封口机、真空包装机等。

（3）工作效率。

沼液自动配肥灌装机单次灌装量为1 L，每分钟灌装20次，可用于沼液灌装规模为29 t/d以下的连续性生产。沼液自动配肥灌装机实物照片见图3-19。

图3-19　沼液自动配肥灌装机实物照片

3.3.6　高效厌氧发酵成套设备自控平台开发

由于电子技术突飞猛进的发展，特别是微处理器和数字技术的发展，使可编程控制器的性能和功能有了很大的提高。可编程控制器（programmable logic controller，PLC）是一种以计算机技术为基础的，专为工业环境设计的数字运算控制装置，具有使用方便灵活、可靠性高、抗干扰能力强及易于维护等优点。它不仅可替代传统的继电器控制系统，还可以构成复杂的工业工程控制网络，现已成为当代工业自动化的主流。

在厌氧发酵过程自动化方面，以往人们通常采用的是电气控制，无论是填料过程还是物料循环操作都离不开人的手工操作，生产现场始终都要有操作人员，同时由于操作失误或是时间掌握不准等因素极大地降低了产气率。厌氧发酵工业化的优势在于对厌氧生物过程的自动调控，从而达到高产气率、高降解率、降低劳动强度和减少二次污染的目的。但目前国内厌氧发酵工业化自动控制水平不高，特别是两相厌氧发酵涉及相分离，其自动控制尤为重要。

根据两相厌氧发酵的特点和实际生产沼气的要求，结合计算机软硬件技术、新仪器仪表等，采用基于PLC和组态软件的设计方案，对厌氧发酵控制系统进行设计，实现厌氧发酵的自动控制，从而提高沼气生产的工业化水平。

3.3.6.1　控制系统硬件设计

（1）控制系统的组成及控制方式。

该控制系统控制器选用CP1H系列可编程控制器，主机型号为CP1H-XA40DR-A；上位机管理及监控系统用组态王 6.53 软件编程实现。该系统需要控制的对象如下：1 个配料罐，被控量有罐内的料液浓度；2 个酸化罐，被控量有罐内的温度、液位、pH、压力、搅拌频率；1 个产气罐，被控量有罐内的温度、液位、pH、压力、搅拌频率和水力停留时间。所有的被控制量都通过上位机进行实时监控，对其被控量进行了自动控制。整套控制系统输入共 38 点，数字量输出点为 17 点，模拟量输入 16 点。

①用通信适配器将 CP1H-XA40DR-A 的 RS232C 扩展口和 PC 机 COM 口相连，即可实现 PLC 和上位机之间的通信。通过 Hostlink 通信协议进行数据传输，PLC 和上位机之间传输速率为 19.2 kbps。

②将配置有组态王组态软件的 PC 机作为上位机，实现了对重要数据的同步实时监控，1 个上位机通过 Hostlink 协议连接到 PLC，实现对数据的远程监控。

（2）PLC 选型。

下位机的硬件主要是欧姆龙 CP1H，作为控制系统的核心，可以提供良好的控制和组态功能，以及良好的扩展能力和通信能力，实现分布式的系统结构。CP1H 的 PLC 模块的选择主要考虑存储容量、运行速度、I/O 模块扩展能力以及计时器和计数器的数量等指标。综合分析所要控制的对象及其要求，选用 CH1H-XA40DR-A 主机，增加了 40 点的数字量 CP1W-40EDR 模块 1 个，4 点模拟量输入的 CP1W-AD041 模块 3 个。数字量总点数共达到 80 点，其中输入 48 点，输出 32 点。模拟量总点数共达到 18 点，其中输入 16 点，输出 2 点。

3.3.6.2　控制系统软件设计

控制系统软件主要包括上位机的组态王组态软件和下位机的 CX-ONE 编程软件。

（1）上位机软件的设计。

组态软件采用北京亚控公司的组态王组态软件。组态王组态软件是运行在 Windows98/NT/2000/XP 操作系统上的一种组态软件，是对现场生产数据进行采集与过程控制的专用监控组态软件，是自动控制系统监控层一级的软件平台和开发环境。它能以灵活多样的"组态方式"（而不是编程方式）进行系统集成，提供了良好的用户开发界面和简捷的工程实现方法。因此，只要将其预设置的各种软件模块进行简单的"组态"，便可以非常容易地实现和完成监控层的各项功能。

①建立监控界面。

工程共有以下 7 个窗口：监控系统主控画面窗口、手动控制、趋势曲线、报表、报警记录、监测数据和参数设置。可实时监控所有泵、电动阀的开关、各个罐体的液位、pH、压力、温度、气体分析及各种变量的变化。

上位机管理及监控系统用组态王组态软件编程实现。

②配置 I/O 设备。

组态王 6.53 组态软件通过 I/O 驱动程序从 I/O 设备获得实时数据，对数据进行必要处理后，一方面实时数据以数字方式直观显示在计算机屏幕上，另一方面按照组态要求和操作人员的指令将控制数据送给 I/O 设备，对执行机构实施控制或调整控制参数。该系统采用 PLC I/O 驱动程序的设置：工程浏览器-设备-新建-欧姆龙-CJ-Hostlink。设备地址与 PLC 中设置的 Hostlink 地址应该一一对应，其他 I/O 设备驱动设置方式类似，即完成了 I/O 设备驱动连接。

③创建实时数据库。

数据库是整个监控软件的核心，创建数据库点并进行数据库点与 PLC 设备的数据连接，实时数据库系统由管理器和运行系统组成，实时数据库将组态数据、实时数据、历史数据等以一定的组织形式存储在介质上。

该系统中各检测点的温度、压力、液位、阀门开关、气体分析等都需要保存在数据库中。在建立数据库时，首先按照点类型创建变量，对其参数进行设置，包括基本参数和报警参数，并且进行量程转换，然后把已创建的点和点参数与现场的 I/O 设备检测到的某一具体数据项建立映射关系，当这一关系建立以后，数据库中的点和点参数才与来自 I/O 设备的数据源建立连接。

在"开发系统"中，双击"工程浏览器"中的"变量"菜单，新建数据变量，指定变量类型，在"定义变量"窗口设定变量的"基本属性"（包括变量的数据、类型等），进行"报警定义"设置和"记录安全区"设置。设置"连接设备"和"数据类型"，填写点参数应与 PLC 地址一一对应，完成点参数的数据连接。

④动画连接。

动画连接是将画面中的图形对象与变量建立特定的联系，通过制作画面连接使图形在画面上随 PLC 数据的变化活动起来。建立了动画连接后，在界面运行系统中，图形对象将根据变量或表达式的数据变化，改变其颜色、大小等外观，可根据变量的变化动态刷新。这样便可以将现场的真实数据反映到计算机的监控画面中，从而达到计算机监控的目的。

⑤动作脚本。

在该系统中涉及窗口脚本动作、应用程序脚本动作及数据改变脚本动作。窗口脚本可以在窗口打开时执行、关闭时执行或者在存在时周期执行。应用程序脚本可以在整个应用启动时执行、关闭时执行或者在运行期间周期执行。数据改变脚本当数据发生变化时执行。

（2）下位机软件的设计。

该系统使用 CX-ONE 作为下位机编程软件，CX-ONE 是基于 Windows 2000/Windows XP 的为 CP1H 配置和编程的标准软件包。通过 CX-ONE 中的 CX-programmer，用户可以进行系统配置和程序的编写、调试、在线诊断 PLC 硬件配置状态、控制 PLC 的运行状态和 I/O 通道的状态等。根据厌氧发酵工艺要求，用户程序使用 CX-ONE 的梯形图编程方法进行编程。控制系统的操作分为自动和手动，即被控对象分为自动和手动，这样也为程序调试带来方便。

3.3.6.3　控制系统功能

根据厌氧发酵工艺流程及控制要求，采用 CP1H 和组态王组态软件相结合的控制技术，建立高效厌氧发酵成套设备厌氧发酵自控系统，实时监控预处理设备、厌氧发酵系统设备、质能转化设备等所有泵、电动阀的开关，预处理设备、厌氧发酵系统设备、质能转化设备、沼液缓冲储存设备等的液位、pH、压力、温度、气体分析及各种变量的变化。该系统具备自动和手动控制功能，具有完善的故障报警功能，能够对各个参数进行实时采集和监控，可以查询、打印任意时间段的历史数据和远程操控，实现了厌氧发酵的自动控制。多原料预处理一体机自控如图 3-20 所示。

图 3-20　多原料预处理一体机自控

3.4　典型案例示范与推广

3.4.1　辽宁省抚顺市抚顺县某村畜禽养殖大型沼气工程

项目名称：辽宁省抚顺市抚顺县某村畜禽养殖大型沼气工程。

建设地点：辽宁省抚顺市抚顺县。

项目总投资：543 万元。

建设内容及规模：根据地区的实际情况，建设以 500 m³ 厌氧反应器为主体，配套多原料预处理一体机、沼气热能转化机等设备的大型沼气工程，工程主要处理该地区散养户的牛粪、牛尿等养殖污染废物。

工艺流程及布置：牛粪、牛尿等可发酵物经除砂、粉碎、混合、酸化等预处理工序后进入反应器进行中温厌氧发酵（35～38℃）。发酵产生的沼气用于本村的炊饭取暖或通过沼气热能转化设备转化为热能用于沼气工程的冬季保温。产生的沼液一部分回流用于预处理的调浆，另一部分可作为有机肥料施用于农田。沼渣经固液分离后作为有机肥料施用于农田。

主要技术：采用高浓度高效厌氧发酵技术、多原料预处理一体化技术、沼气热能转化技术等关键技术，解决沼气工程在北方寒冷地区冬季难以连续稳定运行的技术难题，容积产气率可达 1.5 m³/（m³·d）、较同类产品高 10%～20%，有机物降解率超过 70%，冬季产气率不低于全年平均产气率的 70%。

主要设备：工程主体设备包括多原料预处理一体机、改进型 USR 厌氧反应器、沼气热能转化机、沼气调节缓冲器等，见图 3-21。

图 3-21　沼气工程成套设备照片

多原料预处理一体机：集除砂、杂草粉碎、物料预酸化、调质、供料等功能于一体，在有效去除泥沙、金属、塑料、玻璃等不可发酵物的同时将秸秆、杂草等低密度物料彻底粉碎，与粪便、垃圾等废物达到充分混合，拓宽了发酵原料的种类和来源，避免堵塞管道和进入厌氧反应器后结壳的问题，并利于秸秆类物料快速消解。

改进型 USR 厌氧反应器：反应器内设节能搅拌机、内置热能转化机、正负压气水分离保护器等，外设进出料器、保温层，保证了反应温度恒定及产气稳定性，解决了反应器内结壳、管路堵塞，避免了高寒地区管路冻结等问题，在建设周期、建设成本、运行维护等方面较传统厌氧反应器都有很大的提升。

沼气热能转化机：沼气转化为热能后冬季可为发酵系统提供热源，设备加热速度快，热效率高，节约燃料。

沼气调节缓冲器：由特殊加工聚酯材质制成，分为内膜、外膜和底膜。内膜和底膜构成一个容量可变的气密空间用作储存沼气，并且高度防火；外膜构成储存柜的球状外形，作为保护内膜和形成挤压内膜的压力空间，具有防紫外线和保护内膜的作用。

解决环境问题：日处理约 25 t 的畜禽粪尿等可发酵物，解决了抚顺县石文镇毛公村及周边地区畜禽养殖粪便堆积的问题，日产沼气约 500 m³ 用于农户炊事、沼气工程发酵系统保温等，产生的沼液沼渣用于周边地区的生态农业生产，实现了绿色生态循环。图 3-22 为工程建设过程照片。

图 3-22　工程建设过程照片

3.4.2　辉山乳业某现代化奶牛养殖场牛粪废水处理工程

项目名称：辉山乳业某现代化奶牛养殖场牛粪废水处理工程。

建设地点：辽宁省抚顺市抚顺县。

项目总投资：总投资为 300 万元。

建设内容及规模：处理榨乳厅清洗废水 50 t/d，处理水冲粪粪便污水 50 t/d，总处理规模 100 t/d。

关键技术及工艺路线：项目采用高浓度重点行业有机废水处理成套设备及关键技术，根据《畜禽养殖业污染治理工程技术规范》（HJ 497—2009）中工艺选择的要求采用厌氧-缺氧/好氧联合工艺。预处理采用水力筛及初沉，厌氧选择 UASB 工艺，好氧采用分段进水多级 AO 式 MBBR 工艺，深度处理采用砂滤罐+活性炭过滤工艺。污水首先进入调节、沉淀池进行水量和水质的调节及初沉，经提升泵提入 UASB 反应器厌氧反应，UASB 排水进入 MBBR 反应池，MBBR 反应池为 3 段进水多级 AO 形式，缺氧池和好氧池内分别填充悬浮填料，好氧池的氧气由鼓风机提供，MBBR 出水进入二沉池，二沉池污泥回流至 MBBR 厌氧池和好氧池，二沉池出水排入中间水池，经泵提升后进入砂滤罐，当水质不达标时，进入活性炭罐再处理，滤罐出水排入消毒池，消毒池内投加氯片进行消毒，处理后达标排放。奶牛养殖场牛粪废水处理工艺流程如图 3-23 所示。

主要设备及工程方案：工程污水处理规模为 100 m³/d，包括预处理、厌氧反应器、好氧处理单元、深度处理及消毒单元等单元。工程废水主要来自奶牛养殖场日常清理后产生的污废水，主要包括两部分，一是榨乳厅清洗废水，二是水冲粪的粪便污水经过固液分离器分离后的污水。其中，日处理榨乳厅废水 50 t，日处理牛粪螺旋挤压出水 50 t，总处理规模 100 t。

工程的关键设备主要有预处理一体化设备、多功能固液体分离机、自清洗过滤器、定流量分配器、UASB 厌氧反应器、集成式沼气热能转换器、沼气储罐、脱水罐、脱硫罐、砂滤罐、炭滤罐等。图 3-24 为该工程建设过程部分照片。

解决环境问题：该污水处理工程规模 100 m³/d，项目建成后，年减排 COD 326.7 t、氨氮 13.6 t，解决了奶牛养殖场榨乳厅清洗废水和水冲粪的粪便污水污染水体的问题，改善了奶牛养殖场周边的水环境。

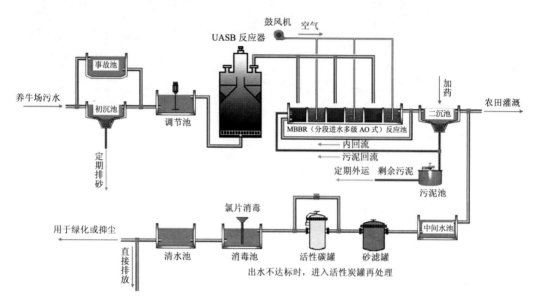

图 3-23　奶牛养殖场牛粪废水处理工艺流程

图 3-24　工程建设过程部分照片

3.4.3　铁岭调兵山某养殖企业有限公司畜禽粪污综合治理工程

项目名称：铁岭调兵山某养殖企业有限公司畜禽粪污综合治理工程。

建设地点：辽宁省铁岭市调兵山。

项目总投资：总投资为 750 万元。

建设内容及规模：对建设单位及周边畜禽养殖企业的粪便进行集中收集，利用部分粪便（约 1.5 万 t）采用厌氧发酵技术制沼气，沼渣与剩余的畜禽粪便（约 3.5 万 t）进行好氧发酵制备有机肥。工程年处理粪便约 5.0 万 t/a、秸秆等农业废物 10 t/a，年产有机肥 2 万 t、沼气 60 万 m³。

关键技术及工艺路线，工艺流程如图 3-25 所示。

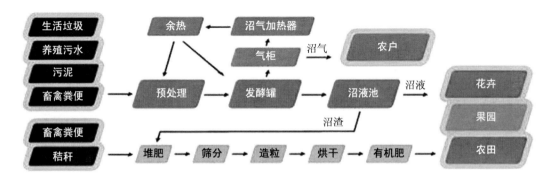

图 3-25　工艺流程

主要技术及设备如下所述。

原料预处理技术及设备：调节池与沉砂井之间设置了粉碎格栅机，解决了长纤维带来的工艺管道堵塞问题，同时有利于物料降解。采用沉砂井除砂，用无轴螺旋将井底的砂子提送至地面，解决了平流沉砂渠占地面积大和沉砂不彻底的问题。

高效厌氧反应器：自主开发改进型 USR 反应器，对传统 USR 厌氧反应器结构及运行方式进行改进，提高传质传热效率，同时解决反应器"结壳"问题，保障沼气工程厌氧反应器长期稳定、高效运行。

大型沼气工程保温增温：厌氧罐罐体保温增温采用热管缠绕加热、岩棉层保温的结构，避免了冬季低温期热量损失，利用具有热回收功能的火炬加热器，回收的热能用于厌氧罐增温。

行走式抛翻技术：采用德国好氧堆肥行车抛翻设备，实现了大尺度宽垛堆肥，抛翻的同时对堆肥中长纤维物料进行粉碎，提高了堆肥效率。

连续大堆堆肥菌种筛选技术：直接在大堆堆肥发酵过程中筛选低温高效好氧发酵菌种，筛选条件与实际堆肥条件基本相似，保证菌剂投入工厂化生产后的实际效果。

好氧堆肥技术：对堆肥条件、抛翻频次、原料配比、菌剂投加等进行优化控制，实现了畜禽粪便的快速腐熟，减少碳氮损失，提高肥效。工程建设过程部分照片见图 3-26。

图 3-26　工程建设过程部分照片

解决环境问题：项目完成后，工程周边半径 2.5 km 范围内的 3 个养殖小区的畜禽粪便将全部实现资源化利用，削减 COD 1 900 t/a、氨氮 120 t/a，有效减轻工程周边地区的养殖面源污染问题。

3.4.4　北京市某奶牛养殖场奶牛场污水处理工程

项目名称：北京市某奶牛养殖场奶牛场污水处理工程。

建设地点：北京市。

项目总投资：400 万元。

建设内容及规模：工程规模 50 t/d，主要处理养殖场的奶牛尿液、奶厅冲洗水、夏季喷淋水及养殖场日常其他用水等。

基本原理或工艺路线：复合添加剂耦合连续回分式活性污泥处理技术是一种融合了酶解技术的高浓度有机废水好氧处理工艺。根据浓度级差原理，采用多级生化、逐级分离的方式，实现菌群自然优配，协同复合添加剂酶解，具有耐受高浓度有机物的好氧菌驯化能力，能够实现高梯度降解有机物。该技术是一项具有较大创新突破的生态环保型污水处理技术，既具有活性污泥法的高效性和运转灵活性，又具有传统生物膜法耐冲击负荷、泥龄长、剩余污泥少和抑制恶臭等特点。

关键技术与设备如下所述。

连续回分式活性污泥处理技术：连续回分式活性污泥处理工艺根据浓度级差原理，采用多级生化、逐级分离的方式，实现菌群自然优配，协同复合添加剂酶解，具有耐受高浓度有机物的好氧菌驯化能力，能够高梯度降解有机物。

复合添加剂：复合添加剂是含有数百种以上的酶素连续体，如淀粉酶、过氧化氢酶、酯酶、水解酶、异构酶、连接酶、氧化还原酶、蛋白酶、转移酶等，利用生物触媒系统浓缩而成的连续酶素复合体。复合添加剂凭借各种天然酶素所拥有的"触媒"来促进有机污染物质的分解。

工程部分图片见图 3-27。

图 3-27　工程部分图片

解决环境问题：项目建设完成后，经处理 COD、总氮、氨氮、总磷的平均去除率分别为 99.6%、95.2%、99.4%和 97.5%。目前，项目处理效果良好，运行状态稳定，可作为解决困扰奶牛养殖场污水治理难题的有效解决方案（表 3-11）。

表 3-11　进出水水质一览表

名称	COD$_{Cr}$/（mg/L）	BOD$_5$/（mg/L）	NH$_3$-N/（mg/L）	总磷/（mg/L）	SS/（mg/L）	pH
原水指标	18 000	9 000	1 480	420	8 000	7.5～8.2
出水指标	≤150（水作）	≤60	1.07	4.2	≤80	5.5～8.5

3.5　效益分析

辽宁省散养密集区（村）277 个、养殖总量为 248.4 万头猪当量。一些建设了处理设施的散养密集区，由于没有建立有效的运营机制，大多由政府买单，运营不畅。多数散养密集区没有建设粪便污水治理设施，人畜混居，粪便污水未经治理乱排乱堆，蚊蝇孳生，环境污染问题十分突出。

　　根据辽宁省 2017 年制定出台的《辽宁省畜禽养殖废弃物资源化利用工作实施方案（2017—2020 年）》，明确到 2020 年，辽宁省畜禽粪污综合利用率达 75%以上，现有畜禽规模养殖场粪污处理设施装备配套率达 95%以上的目标。同时，中华人民共和国农业农村部、财政部在辽宁开展畜禽粪污资源化利用重点县建设工作，2017—2020 年，共计投入扶持资金 4.5 亿元用于相关项目建设。随着上述工作的实施将有效带动规模化畜禽养殖场粪便污水治理项目的发展与建设。

第4章 辽河流域农村生活污水治理技术转化与应用

随着社会的不断发展，农村生活水平逐渐提高，农村用水量和污水排放量也逐渐增加，且大部分污水未经处理直接排入环境中，造成环境的污染。目前，绝大多数乡镇、村屯污水收集与处理设施仍然缺乏或不完善，如何有效地进行村镇污水收集、处理仍然是亟待解决的问题。我国幅员辽阔，不同地区自然环境和生活习俗存在巨大差异，特别是北方高寒地区季节变化较大，因此，如何针对不同地域特点选择合适的污水处理技术是解决农村生活污水对环境污染问题的关键。

我国对建设生态文明和生态环境保护提出了新要求。农村是重中之重，环境是突出的短板。因地制宜搞好农村人居环境综合整治，尽快改变农村脏乱差状况，给农民一个干净整洁的生活环境。我国农村生活污水的排放量不断增加，由于农村大部分地区没有完善的污水收集系统和污水处理设施，未经处理或者经简单处理的生活污水自流到地表水体和渗透到地下水体，不仅会污染地表水和地下水，还将严重威胁地下水体，影响村民的生活质量，制约地区经济的发展。

4.1 辽河流域农村生活污水治理现状

4.1.1 农村污水治理现状

随着农村经济的发展，辽宁省农村水环境问题日益凸显。因此，推进农村污水处理设施建设和运行工作，对加强农村水环境保护工作，进一步改善辽河流域水环境质量，有着积极的作用。对于农村生活污水污染问题，辽宁省委、省政府十分重视，结合辽河流域污染整治、饮用水水源保护和农村环境综合整治等工作，辽宁省陆续建设了一批乡镇污水处理设施，改善了水环境质量和生活环境，有力地促进了农村环境保护工作。

目前，辽宁省地级市 14 个，县级市 16 个，县数 17 个，自治县 8 个，区数 59 个，乡镇数 857 个，行政村 11 319 个，乡村人口 1 390.6 万人。辽宁省自 2008 年起，在中央农村环境综合整治资金大力支持下持续推进农村生活污水处理设施建设工作，截至 2020 年，依据辽宁省各市县上报并经省直对口联系部门确认的数据，辽宁省农村污水整治概况：共有水源地安全工程设施 1 889 套，自备水源净化消毒设施 250 套，污水处理厂 200 个，污水处理设施 774 套。根据第三次全国农业普查主要数据公报，2018 年统计显示辽宁省 8.4%的村实现了生活污水集中处理或部分集中处理。通过进一步广泛调研统计，辽宁省已有集中式污水处理设施 659 套，接入城市污水处理厂的村庄有 3 个。不同污水处理规模设施所占比例如图 4-1 所示。其中处理规模小于 500 m³/d 的农村污水处理设施按照规模分类：处理规模≤10 m³/d 的设施占比 46%，10 m³/d＜处理规模≤50 m³/d 的设施占比 22%，50 m³/d＜处理规模＜500 m³/d 的设施占比 32%（图 4-1）。

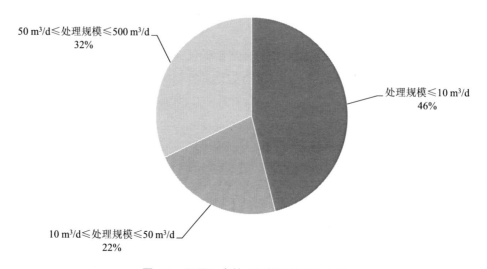

图 4-1　不同污水处理规模设施所占比例

4.1.2　农村污水治理工艺

辽宁省处理规模小于 500 m³/d 的农村污水处理设施处理工艺可以分为 8 个类型，包括小型人工湿地、土壤渗滤、稳定塘、膜生物反应器、生物膜法、活性污泥法、其他小型一体化污水处理设施以及组合工艺。各类型工艺所占比例如表 4-1 所示。从设施数量来看，土壤渗滤、其他小型一体化污水处理设施、人工湿地所占比例较高，分别为 38%、21%、16%；从处理规模来看，人工湿地、稳定塘、其他小型一体化污水处理设施的比例较高，分别为 32%、24%、21%。从整体来看，无论设施数量还是处理规模，生态处理法占比 59%，生物处理法占比 41%，生态处理比例较高。但从设施完成时间上可以看出，近年来生物法的使用比例越来越高。

表 4-1 污水处理工艺统计

工艺类型	设施数量占比/%	处理规模占比/%
小型人工湿地	16	32
土地渗滤	38	2
稳定塘	5	24
膜生物反应器	3	2
生物膜法	7	6
活性污泥法	8	7
其他小型一体化污水处理设施	21	21
组合工艺	2	6

根据目前辽宁农村当地情况常需要采用组合工艺。预处理+潜流湿地组合工艺主要适用于污水收集管网完善、有足够可利用占地、景观需求高、经济较发达的村镇；预处理+氧化塘组合工艺适用于有可利用低洼地、污水收集管网不完善、经济水平一般的村镇；二级生化工艺适用于管网完善、占地面积小、经济相对发达的村镇；水解-吸附沉淀工艺适用于处理规模小、缺少占地、经济水平一般的村镇。

辽宁省《农村生活污水处理技术指南》根据污水处理后是否回用给出了不同的推荐工艺。无污水回用需求，且周边有排放水体的地区，污水处理宜采用预处理+缺氧生物处理+好氧生物处理+生态处理模式。土地资源较丰富（拥有空闲地、闲置池塘等）、经济条件一般、有农田灌溉用水需求的地区，污水处理宜采用"预处理+厌氧生物处理+生态处理"模式。出水回用于灌溉的污水处理工艺宜采用"厌氧滤池+跌水曝气+潜流人工湿地（稳定塘）"工艺、"三格化粪池+跌水曝气+潜流人工湿地（稳定塘）"工艺，出水水质应符合 GB 20922—2007 要求。有绿化、冲厕、冲洗车辆等中水回用要求的地区，宜采用"缺氧+MBR"工艺，出水水质应符合 GB/T 18920—2020 的要求。

4.1.3 农村生活污水治理及运营模式

（1）农村生活污水治理模式。

目前辽宁省农村污水处理主要采用以下 3 种处理模式：

一是针对距市区或区、县（市）建成区市政管网较近的村镇，采取就近接入污水处理厂集中处理模式。接入市政管网模式具有投资省、施工周期短、见效快、管理方便等优点。

二是针对村庄布局相对密集、人口规模较大、经济条件好、村镇企业或乡村旅游发达的远郊区及规模较大的行政村，采用常规生物处理（动力型设施）与自然处理组合等工艺模式。大部分采用"水解酸化+人工湿地""二级生化+人工湿地"等处理工艺。这些模式具有占地面积小、抗冲击能力强、运行安全可靠、出水水质好等优点。

三是对于村庄布局分散、人口规模较小、地形条件复杂、污水不易集中收集的村庄，采用分散式处理模式，主要是利用村屯原有坑塘、洼地建设氧化塘、表流湿地等无动力型设施，通过种植净水植物净化污水。分散式处理模式具有布局灵活、施工简单、管理方便、出水水质有保障等优点。

"水解酸化+潜流湿地"是辽宁省较为常见的一种污水处理模式。沈北新区尹家街道创业村污水处理工程占地约 4 225 m²，设计处理能力 1 000 t/d，投资 220 万元。污水汇集后，经格栅去除较大的漂浮物和悬浮物，经调节池均化水质后，提升至水解酸化池与接触氧化池，最后进入潜流湿地（茭白），处理达标后排放。处理后出水符合《城镇污水处理厂污染物排放标准》（GB 18918—2002）一级 B 标准。

（2）农村生活污水运行模式。

辽宁省处理规模小于 500 m³/d 的农村污水处理设施的运行维护责任主体主要包括村委会、乡（镇）级人民政府、县（区）级人民政府和第三方运营机构，以及两方共同管理的情况。两方共同管理的形式又分为 4 种：县（区）级人民政府+第三方、乡（镇）级人民政府+第三方、村委会+第三方、村委会+乡（镇）级人民政府。调研结果显示，第三方运营机构单独管理的比例最高，占整体的 34%。双方共同管理所占比例为 19%，村委会、乡（镇）级人民政府单独管理的比例相近，分别为 24% 和 23%。不同责任主体运营模式所占比例如图 4-2 所示。

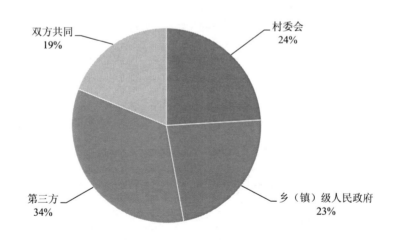

图 4-2　不同责任主体运营模式所占比例

4.1.4　农村生活污水治理重点与难点

近年来，我国大力推进农村污水处理，农村污水处理设施建设进度不断加快，环境效益日益显现，但在建设与运维管理方面存在诸多问题，如工艺适用性较差、厂址选择不尽合理、运行成本偏高等，部分污水处理设施难以正常运转。多年来，尽管辽宁省对农村生活污水治理工作进行了积极探索，也取得了一定成效，但经过认真梳理，在工作中还需要突破以下重点与难点。

（1）建设规划与农村实际不相符合。

设施选址不合理，由于受当地地理条件和土地使用权等原因影响，有的设施位置距收水区域距离较远，管网建设费用增加并且污水汇集困难。甚至个别污水处理所在村镇尚不具备污水集中收集的条件，设施无污水可处理。已建成的乡镇污水处理设施存在规划与乡镇具体情况不相符合的现象，有的污水处理设施无水可收，污水处理设施形成"孤岛"。

（2）地方管网配套建设滞后，覆盖区域有限，不能有效收集污水，污水收集困难。

污水收集管网不健全，辽宁省农村基础设施建设相对落后，大部分乡镇和村庄没有排水管网，污水收集困难。省内农村污水处理设施主体建设均来自国家或省专项资金，地方政府负责配套污水管网，但由于地方财政紧张，管网建设并不完善，污水收集率较低。个别地方只完成了主体建设，因缺乏配套资金，管网建设跟不上，污水收集不上来，工程被迫停止。

（3）运营管理机制不健全。

主要存在运行维护资金保障困难、监管制度不完善等问题。没有专业的运行管理队伍来保障设施正常运转和处理后出水水质。

（4）运行资金严重不足，出现运行难的情况。

经费保障不足，现有农村污水处理设施缺少运行经费保障。农村污水未收取污水处理费，运营及维护费用均以地方财政自筹为主，缺少长期稳定的资金来源，严重影响农村污水处理设施的正常运行。在配套建设资金不足的同时，运行资金严重不足，多数污水处理设施已经建完，并具备通水条件，由于农村生活污水不收费，县、镇两级财政资金紧张，导致运行资金没有来源无法运行，发生"晒太阳"的现象。

（5）部分地区城镇化发展程度较低，处理工艺选取不当。

工艺选择针对性不强，现有农村污水处理设施普遍以集中式处理为主，导致设施污水收集困难且收集系统建设投资与污水处理设施建设投资比例超过 2.5∶1。处理工艺多参照城市污水处理工艺设计，部分设施不切合当地实际，存在"大而全""高大上"的问题，造成污水处理设施负荷不足，运行成本过高。例如出现有的处理设施设计能力大，而实际可处理量少；有的设施规模小于处理需求，或是无法运行等问题。

（6）处理设施未能起到整治污水的作用。

设计规模偏差，现有农村污水处理设施多数建于镇政府所在地或镇集中人口居住区，建设规模普遍大于目前的污水产生量。主要原因有：一是设施建设为今后发展预留处理能力；二是对当地人口数量统计偏差，部分地区居民常年在外务工，实际常住人口远少于在册人口，导致设计规模远大于处理能力。

（7）管理水平偏低。

现有农村污水处理设施的运营管理均由设施所在乡镇政府负责，由县级生态环境部门进行监管。管理人员基本由当地农民担任，这些人不具备专业知识和相应的运营及维护能力。

4.2 辽河流域农村生活污水治理技术

4.2.1 土地渗滤技术

4.2.1.1 土地渗滤技术性质特征

土地渗滤技术属于土地污水处理技术的一种，在农村污水处理工艺中较为常见。作为一种人工强化的污水处理技术，土地渗滤技术利用土壤中各个组分的共同作用，如吸附、沉淀、络合等，让水体中的污染物得到净化，其中部分氮、磷元素作为补充，得以重新在系统中利用。

土地渗滤污水处理技术是一种利用过滤作用与土壤微生物分解作为处理途径的处理技术，在应用过程中可以划分为快速渗滤、慢速渗滤、地表漫流及地下渗滤几类不同的模式。土壤渗滤技术不影响地面景观、基建，且不受外界温度影响而导致处理效率降低，建设成本较低，运行管理及人力成本较低，可处理多种不同类型的废水及高负荷水质的冲击，氮和磷去除能力强、处理出水水质好、废水可用于回用，在日本、美国、新西兰和西欧等国家和地区得到广泛关注并在实际应用中取得了较好的成效。但由于土壤渗滤系统中大量使用黏土，使得土壤对污染物的吸附性导致土壤的渗透性下降，随着时间的延长，造成土壤堵塞等问题，对土壤渗滤技术的实际推广造成了一定的阻碍。

4.2.1.2 土地渗滤技术污染去除原理

土壤对污水的净化作用是一个十分复杂的综合过程，是利用土壤-微生物-动物-植物等构成的生态系统的自我调控机制和对污染物的综合净化功能，以及物理、化学、微生物等多种类作用；物理化学和生物化学协同作用，即土壤过滤、截留、渗透、物理吸附、化学吸附、化学分解、中和、挥发、生物氧化以及微生物、植物的摄取过程，来实现污水的净化处理。土地渗滤技术是一种复杂的综合净化过程，主要去除途径有以下 3 种。

（1）物理途径。

土地渗滤对污水的物理处理途径主要依靠过滤、物理吸附、沉积等方式。土壤颗粒间隙能够对污水中悬浮颗粒起到截留作用。土壤颗粒的尺寸、孔隙分布及大小都对土壤过滤污水性能起到一定影响，悬浮颗粒过大、含量较高、微生物在污水中生长繁殖产生的代谢产物都会导致土壤颗粒间孔隙堵塞。可通过加强排水水质及周期管理结合，恢复土壤截污过滤能力。土壤中含有可吸附中性分子的黏土矿物等物质，污水中部分重金属离子在土壤胶体表面由于阳离子交换作用发生置换、吸附反应，并生成难溶解物质，进而固定于矿物的晶格之中。

（2）化学途径。

金属离子与土壤中的无机胶体和有机胶体颗粒，由于螯合作用而形成螯合化合物；有机物与无机物的复合化而生成复合物；重金属离子与土壤颗粒进行阳离子交换而被置换吸附；某些有机物与土壤中重金属生成可吸性螯合物而固定在土壤矿物的晶格中。重金属离子与土壤的某些组分进行化学反应生成难溶性化合物而沉淀。如改变土壤的氧化还原点位能产生非溶性硫化物；pH 的改变导致金属氢氧化合物的生成；此外还有一些化学反应可导致金属磷酸盐及有机重金属产生并沉积在土壤中。

（3）生物途径。

土壤为细菌、放线菌、真菌、藻类及原生动物等提供了适宜的生活环境，微生物的各种代谢活动，维持土壤环境内以及土壤与其他环境介质的物质循环。在一定水力负荷条件下，土壤不但可以为微生物提供碳源和水分，同时可以提供好氧环境。污水中有机污染物进入土壤后提高微生物可应用碳源，导致微生物加速繁殖，使有机质降解同化作用大大加快，短期内可实现污染物的大量去除。微生物降解污染物时，向周边环境分泌胞外酶诱导生化反应的发生。但污水中的有毒有害物质超过一定浓度时会对土壤微生物产生不良的毒理效应，导致微生物种群数量减少，需控制污染物负荷率，确保单一污染物浓度不超过环卫的毒性限值。

植物在土壤中的根系具有较好活性，通过吸收土壤及废水中的水分和氮、磷等营养元素维持自身生长繁殖，同时一些非植物生长必需物质（如金属离子和部分有机物）也可以随植物体蒸腾拉力被植物吸收并积累。由于根基土壤的土质疏松，具有充分的氧气，且根系所分泌的酶、氨基酸等为微生物的生存提供了必要的养分，因此为污染物的降解提供了有利条件。根系分泌物中的酶还可以为废水中污染物的转化与固定提供催化机制，加速其降解及固定速率。

4.2.1.3　土地渗滤技术组成

土地渗滤技术属于污水土地处理系统的一种，通常由污水收集、预处理、调质、布水、污水净化及出水收集环节组成，其中污水收集、预处理是快速渗滤及地下渗滤技术的主要环节，污水调节及贮存是慢速渗滤技术的主要环节，污水布水方式决定土地渗滤技术的具体应用方式，土地渗滤技术处理能力主要受污水土地净化田的组成方式决定，处理后出水通过出水收集设施进行统一收集排放，保证了土地渗滤系统的可持续性及处理稳定性。

污水收集、预处理系统是土地渗滤技术的重要组成环节之一，可以在收集污水过程中对污水来源及水质进行测定和控制，重点调控对后续处理过程中产生妨碍作用的有害物质及成分，同时保证再生水可应用于地下水循环中。预处理系统可以避免泥沙对布水系统的磨损及沉淀堵塞，同时可以对污水中重金属进行初步去除，避免重金属在污水净化田中富集造成危害。

污水的调节和储存系统可以保证土地渗滤技术在受天气影响降低水力负荷时，可以将无法及时处理的污水进行前期储存，满足快速渗滤技术冬季水力负荷调整，慢速渗滤技术在种植、采收、雨季等多个时段贮存水量的需求。

污水的布水方式是指通过泵站、集水池、配输水管道等将污水按工艺要求均匀分布到土地渗滤系统，使污水处理效果得到有效提升。其中慢速渗滤技术可采用布水及喷灌结合方式；快速渗滤技术通常采用表面布水工艺；地表漫流技术可分为表面布水、低压喷水和高压喷洒等不同方式。

土地净化田是污水土地渗滤处理技术处理能力的最主要组成，由土壤-植物-微生物系统构成，污染物的净化与去除主要是在土壤-植物系统中完成的。净化田的设计需要考虑土地用途、地形地表特征、建设成本费用、土壤性质及种植的植物种类等。微生物活性受土壤影响较大，且对进入土地处理系统中污染物降解起到关键作用。微生物进行污染物分解过程时，可以为植物提供可利用的营养基质；同时吸收同化土壤中的有机物及矿物质元素完成自身生长繁殖，因此需要协同考虑土壤、微生物与植物之间的协同作用，保障污水土地渗滤处理系统的处理性能。

经处理后的再生水需要通过集水装置进行收集后统一排放，可以保持土地处理系统处理效果及水路流通，同时收集的再生水可以进行回用并避免再生水流入地下水从而影响地下水水质。

4.2.1.4 土地渗滤技术关键参数

（1）土壤因素。

土壤类型是影响污染物迁移的主要原因之一，土壤质地通过影响土壤水分运动状况而影响污染物在土壤中的迁移速率，通过影响土壤氧化还原状况和热量状况而影响污染物在土壤中的降解速率。土壤胶体微粒作为分散相分散于微粒间的土壤胶体溶液中，成为土壤胶体系统。土壤胶体具有多种特性，对整个土壤的性质影响极大。由于土壤胶体的粒径非常细小，具有很大的表面能并带有电荷，因此能够对污水中的离子产生吸收、络合和沉淀作用。其净化能力与土壤胶体的种类、数量和性质有关。土壤中所含胶体物质越多，其净化能力越强；所含有机胶体越多，其净化能力越强。

土壤的质地不同其水力传导性能也不同，一般都在当地土壤适宜的情况下加入一些有机质对土壤的结构进行改造。例如，在土壤中加入鸡粪、草木灰、沙或在土壤中掺和一定比例的泥炭和炉渣，都可以为微生物提供良好的生存环境，提高土壤的渗滤效果。

（2）水力负荷。

土地渗滤技术虽然有许多优点，但其限制因素也较多，其中水力负荷是重点问题之一，对该技术的处理能力具有直接影响。土壤的净化能力受污染负荷的制约，水力负荷过小导致土壤渗滤系统的利用率低，而水力负荷过大会减少污水的水力停留时间，无法满足处理需求。要控制土地污水处理系统的净化效果，需要调节其进水量，以达到维持土壤中污染物的投配和降解之间良好的平衡，保证系统长周期稳定运行效果。

（3）渗滤沟的布置方式。

渗滤沟的布置方式会影响污水的处理效果，其布置有多种方式，有以污染物去除能力为限制的污染物负荷设计方法；有以系统透过水量为限制的水力负荷设计方法；还有以绿地利用中植物需水量为主的设计方法。可以在实际设计时相互校核。一般认为毛细管渗滤水力负荷为 $0.03\sim0.04\ \mathrm{m^3/(m\cdot d)}$。

其中，慢速渗滤处理可以通过土壤与植物结合来实现污水处理，所以在一些降水较少的区域可以有效应用，如污水灌溉就是一种典型的渗透型处理技术。在我国，沈阳西部地区就利用这种技术来进行污水的处理，效果显著。另外，快速渗滤技术则是在重力的作用下通过流动到土壤中以此来实现净化，这个技术在应用时对于土壤本身的性质具有一定的要求，需要土壤具有较强的通透性与活性。利用该技术能够最低成本地去除氮、磷等元素，防止出现富营养化的问题。

4.2.2　A^2O 处理技术

4.2.2.1　A^2O 工艺性质特征

A^2O 工艺是在 A/O 工艺的基础上增加了一个厌氧池，集厌氧区-缺氧区-好氧区于一体的污水处理工艺。该工艺具有去除有机物、脱氮除磷的效果，且工艺流程相对简单，运行费用低，不易发生污泥膨胀，被广泛应用于废水处理领域。A^2O 工艺在运行时，通过合理控制水力停留时间、污泥龄、污泥回流比、硝化液回流比、曝气量等工艺参数，使各反应区适应于具有发生脱氮除磷反应的细菌增殖，进而形成 A^2O 工艺（图 4-3）。

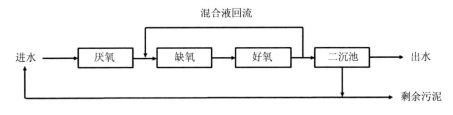

图 4-3　A^2O 工艺流程

A^2O 处理工艺对污染物去除效率高，出水水质好，有脱氮效果同时可进行污泥减量，耐冲击负荷较差，A^2O 工艺设备简单，建设成本较低。但运行需消耗能量，需要定期维护管理，是典型的有动力工艺。农村污水单一，在有动力处理工艺中，A^2O 工艺占比最高，应用最广。相比于其他的工艺，A^2O 工艺较为复杂，可优化空间大，但由于农村人口较城市更为分散，且不同时段污水水质和水量具有时间上的不均匀性，具有总量大、分布广、水质水量波动幅度大、污水来源多等特点，导致 A^2O 工艺在处理农村生活污水时存在一些问题。

4.2.2.2 A²O 工艺分类及特征

（1）传统 A²O 工艺。

A²O 工艺是传统活性污泥法、生物硝化及反硝化法与生物除磷工艺的集成，通过曝气装置、推进器及回流渠道的布置将生物池分布为厌氧段、缺氧段、好氧段，工艺流程如图 4-4 所示。该工艺可有效去除 BOD、SS 和不同形态的氮及磷，且具有以下特点：

①厌氧、缺氧、好氧 3 种不同的环境条件和种类微生物菌群的有机配合，能同时具有去除有机物、脱氮除磷的功效；

②在具有脱氮除磷效果的工艺中，A²O 工艺流程最简单、总水力停留时间相对较少；

③在厌氧-缺氧-好氧交替运行下，丝状菌不会大量繁殖，SVI 一般小于 100，不会发生污泥膨胀；

④污泥中磷含量高，通常为 2.5%以上。但 A²O 工艺同样存在除磷效果提升困难、污泥增长限度不高、内循环量应小于 2Q 以及溶解氧浓度控制条件高等缺点。

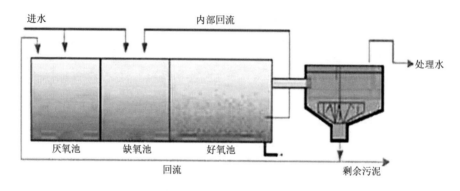

图 4-4　传统 A²O 工艺流程

（2）倒置 A²O 工艺。

传统 A²O 工艺在碳源分配上总优先照顾释磷需求，把厌氧区放在工艺前部，缺氧区之后，这种方法是以牺牲系统反硝化速率为前提。考虑工艺最终目的，部分学者提出一种新的碳源分配方式，将缺氧区放在工艺最前端，厌氧区置后，形成倒置 A²O 工艺，具体工艺流程如图 4-5 所示。

倒置 A²O 工艺与传统 A²O 工艺相比具有以下特点：

①聚磷菌厌氧释磷后直接进入生化效率较高的好氧环境，在厌氧条件下形成的吸磷动力可被充分利用；

②回流的全部污泥经历完整释磷、吸磷流程，除磷效果良好；

③缺氧段环节位于首端，允许反硝化优先获得碳源，脱碳效果加强；

④工程上可将回流污泥和内循环合并为一个外回流系统，流程简洁。

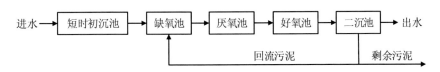

图 4-5　倒置 A^{2}O 工艺流程

（3）改良 A^{2}O 工艺。

改良 A^{2}O 工艺在传统 A^{2}O 工艺前加了一个预缺氧段，回流污泥和 10%~20% 的进水进入预缺氧池，微生物利用 10%~20% 进水中的有机营养物质去除回流污泥中的硝态氮，消除了反硝化细菌对聚磷菌的影响，保证了厌氧池的稳定运行，工艺流程如图 4-6 所示。

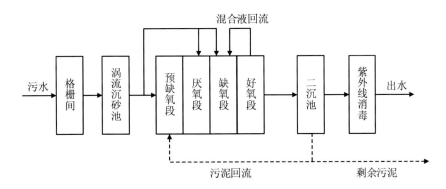

图 4-6　改良 A^{2}O 工艺工艺流程

4.2.2.3　A^{2}O 工艺脱氮除磷原理

（1）脱氮原理。

微生物对污水内含氮物质的去除主要通过 2 个途径：

一是微生物利用污水中的含氮物质通过同化作用合成蛋白质等生命物质，用于自身的生长和繁殖，该途径可去除原污水总氮量（TN）的 4%~5%；

二是通过氨化、硝化和反硝化过程去除，也是污水中氮去除的主要方式。污水中的含氮物质在有氧或无氧环境中，借助氨化菌作用将有机氮转换为氨态氮，之后在好氧阶段，亚硝化菌将 NH_4^+-N 转化为硝酰基、羟胺以及亚硝酸氮等物质，中间产物经酮硝酸菌作用转化为硝酸盐。最后通过内回流，硝酸盐回流至缺氧反应器中，缺氧条件下反硝化菌将硝酸态氮作为电子受体，有机碳作为电子供体，经由反硝化得到有机氮化合物作为菌体构成部分的同时，生成氮气逸出。因此，生物脱氮可有效去除废水中的氮且对环境不造成二次污染，当氨氮含量不高于 200 mg/L 时处理效果最佳，但受温度影响较大，北方寒冷地区冬季运行效果无法达到理想效果。

（2）除磷原理。

针对厌氧环境下，对于聚磷微生物则存在释磷特性，当此种微生物处于好氧或者是缺氧等环境中，能够具备十分良好的吸磷特性。即使处于严格缺氧条件下，聚磷微生物也可以通过聚磷行为并利用释磷过程产生的能量维持自身生命活动，当微生物处于好氧（缺氧）状态时，聚磷菌利用分解胞内所含糖原的方式提供还原力，将 O_2 充当最终电子受体，可氧化磷酸化作用下获得产物 ATP（三磷酸腺苷），此反应所形成的能量满足聚磷菌于好氧期间生长、糖原与聚磷菌合成、聚磷菌自身所需，同时摄取自外界环境的磷数量高于其生理所需，会通过聚合磷形式存储于菌体内，使得处于好氧或缺氧环境中，污水中磷含量显著下滑，从而出现高磷污染污泥，并及时将污泥清理出系统之中，以达到除磷目的。

4.2.2.4　A^2O 工艺运行影响因素

（1）碳源。

在脱氮除磷期间，碳源的消耗以反硝化、异养菌、释磷等为主。而碳源内易降解的部分，受挥发酸浓度影响反硝化及异养菌的活性受较大影响。其他碳源诸如乳酸、丁酸、戊酸等，以及葡萄糖等非 VFA 同样存在由 PAOs 吸收的情况，非 VFA 仅当生成为乙酸或丙酸后，才可被微生物利用。因此，乙酸还有丙酸对 A^2O 工艺运行属必需条件。由于有机质含量过高可促进异养细菌在好氧硝化段的生长，进而抑制硝化细菌生长，硝化功能将会下滑，因此碳源过高时生物脱氮受到较大影响。且仅当 BOD/TP 值处于 20～30 时，出水中 TP 浓度可不高于 1.0 mg/L。当 BOD/TP 值小于 15 时，基质浓度无法满足聚磷菌生长所需。

（2）pH。

pH 对微生物生长繁殖有较大影响，反硝化反应的适宜 pH 为 7.0～8.0，当 pH 为 7.5 时反硝化效果最佳，当 pH 不足 6.5 或高于 9.0 时，亚硝酸盐还原酶活性受抑制，工艺脱氮能力明显下降。pH 还作用于 A^2O 过程中厌氧释磷的概率，经研究证实，若 pH 处于 5.5～8.5，厌氧释磷菌释磷水平还有乙酸吸收的比重会表现为线性相关，处于 pH 较高状态下，除磷能力同样得到提升。如果 pH 由 7.0 减小到 6.5，除磷比重将会由 99.9% 下滑至 14%，除磷水平迅速衰弱。

（3）温度。

活性污泥法的适宜温度为 10～45℃，通常最低温不低于 15℃，最高温不高于 35℃ 时可稳定运行。处于 10～30℃ 内反硝化速率达到顶峰，同时将跟随温度的增加而加快。同时温度会导致酶催化反应推移、基质扩散受抑制，A^2O 工艺无法稳定运行。低温条件下 A^2O 工艺微生物处于内源代谢受抑制状态，影响其种群构成、细胞繁殖、絮状结构、吸附水平、沉降功能及曝气池中氧转移效率等方面。

（4）污泥龄。

污泥停留时间（SRT）主要对微生物生长速率起影响作用，当污泥龄下降时，除磷效率提高，延迟污泥龄时，污泥含磷量逐渐下降。若污泥龄太长，且有机质不足时，存在"自溶"现象，除磷效率降低。另外污泥龄不足不利于硝化细菌增长，氨氮及 COD 处理能力不足。通常生物除磷工艺污泥龄多为 3.5～7 d，硝化菌的低速繁殖以及世代时间相对较长，表现为优质专性自养型好氧菌的显著特点。

（5）水力停留时间。

通常增加 A²O 工艺厌氧区的水力停留时间（HRT）会造成磷的二次释放，且增加好氧区的 HRT 会造成细胞能源的降低，引发磷菌竞争力的衰减，将聚糖菌推向优势一方。有学者提出，处于厌氧区，最优的 HRT 是通过挥发性脂肪酸的吸收速度以及发酵快慢形成的；在好氧区最优的 HRT 是通过厌氧状态下细胞内部产生的能源物质的多少，还有预估磷元素的出水浓度来作用的。从农村污水处理用的 A²O 工艺来说，夏季的反硝化 HRT 通常保持在 1～2 h，而硝化 HRT 通常保持在 3～4 h。但北方地区由于冬季气温不足等因素，反硝化的 HRT 将提升至 2～3 h，硝化的 HRT 会提升至 5～6 h。

（6）溶解氧。

A²O 工艺溶解氧（DO）浓度在好氧微生物生长调控中发挥关键作用。若 DO 充分，能够促进好氧微生物活力提升，而 DO 不足则对微生物生长规律存在破坏性。在好氧硝化作用进行期间，DO 含量应保持在 2.0～3.0 mg/L，溶解氧含量高于要求将不利于控制曝气的运行成本。

4.2.3　MBR 技术

4.2.3.1　MBR 技术特征

MBR 工艺是膜分离技术与污泥生物处理法有机结合的生物化学反应系统，作为一种农村生活污水较为常见的处理技术，工作原理区别于传统的活性污泥法。该工艺将膜分离技术和传统的生物处理技术有机结合，解决了传统活性污泥法的诸多问题。传统的活性污泥法占地较大，污水需经二沉池沉淀，依靠重力完成泥水的分离，MBR 技术的基本原理是将膜放置在曝气池当中，通过缺氧、厌氧等方式曝气对废水进行初步处理。在水泵的作用下，处理过的水源通过滤膜进行过滤后被抽出，再利用 MBR 技术中的截留设备将其留置，MBR 中的污泥与大分子物质同时进行留置，省去二次沉淀池的步骤，污泥的活性也能够因此得到显著提升。此外，废水的留置时间与污泥的留置时间可以分开进行控制，比较难进行分解的物质可以在反应器当中反复进行作用，不断重复降解，因此 MBR 工艺简洁高效，出水水质优良，同时可实现污染物的去除和污水再生回用。

膜组件工作的机理主要是物理作用，用于截留微生物和过滤出水。因为膜所具有的选择透过性，可以有效截留活性污泥混合液中的微生物絮体和较大分子有机物，使其被截留在反应器内，延长了微生物（活性污泥内所含）在反应器中的停留时间。系统几乎不排放剩余污泥，且具有较高的抗冲击能力。污水在膜生物反应器内先由微生物进行降解，又由膜片进行过滤，二种工艺同时在一个反应器内得以实现，所以经处理后的排放水水质较好，通常情况下，经过合理工艺处理后，其出水中所含有机污染物（BOD_5）和悬浮物（SS）的含量都不会超过原水的 3%左右。与传统活性污泥法相比，MBR 技术具有以下特点：

①结构紧凑，占地面积小；

②处理效率高，出水水质好；

③容积负荷高，抗冲击负荷能力强；

④运行成本较低；

⑤剩余污泥产量少，脱氮效果明显等优势。

4.2.3.2 MBR技术的分类

（1）根据MBR构造分类。

按反应器与膜组件的组合方式将MBR分为浸没式MBR和分置式MBR两种类型。浸没式MBR即膜组件浸没在生物处理单元内，液体通过泵抽吸过膜，从而实现泥水分离；分置式MBR即膜组件独立于生物处理单元外，液体通过推动跨膜，达到泥水分离的效果。相较于浸没式MBR，分置式MBR需要较高的膜表面液体流速推动泥水混合液过膜以及降低膜污染频率，从而极大地增加能量的消耗，而浸没式MBR结构紧凑，占地面积小，过膜压力低于分置式MBR，同时，浸没式MBR可以通过曝气在膜表面产生的剪切力来降低污泥絮体在膜表面聚集程度，从而降低膜污染频率，因此，浸没式MBR的运行成本低于分置式MBR。

（2）根据生化处理单元需氧性分类。

按生物处理单元是否需氧可以将MBR分为好氧MBR与厌氧MBR两种类型。好氧MBR操作简单，出水水质高，被更多应用于农村生活污水处理，相较于好氧MBR，厌氧MBR主要用于高浓度有机废水的处理，多用于工业污水和垃圾渗滤液。此外，厌氧MBR工艺能够实现能源回收利用，但膜污染通常较好氧MBR严重，所以目前我国的MBR项目多是膜过滤工艺与好氧生物处理单元的结合。

（3）根据膜组件的构型分类。

市场上流通的膜组件主要分为3类，即管式膜、平板膜和中空纤维膜。其中分置式MBR中主要以管式膜为主，浸没式MBR以平板膜及中空纤维膜为主。目前MBR的设计多采用浸没式MBR而非分置式MBR，而中空纤维膜过滤面积大、允许的膜装配密度高、制造成本低，同时流体动力学和分布也更容易控制，市场占有率相对较高。

（4）根据膜组件孔径分类。

按照膜组件所应用的孔径大小将MBR膜组件分为微滤膜、超滤膜、纳滤膜及反渗透膜。孔径范围 $0.1\sim10\ \mu m$ 为微滤膜，$0.001\sim0.01\ \mu m$ 为超滤膜，$0.000\ 1\sim0.001\ \mu m$ 为纳滤膜，小于 $0.000\ 1\ \mu m$ 为反渗透膜，其中微滤膜应用占比最高。

（5）根据操作方式分类。

操作方式主要包括恒通量和恒压力条件。在恒通量条件下操作，膜组件的渗透通量产生变化，由于膜污染的影响，渗透通量由开始的迅速衰减然后缓慢衰减直到一个假稳定状态。相较恒压力，恒通量可以通过变换过膜压力而保持系统的通量恒定，而过膜压力的变化能够在一定程度上避免膜污染的过度，现今 MBR 技术主要采用恒通量的操作方式。

4.2.3.3　MBR 技术原理

膜生物反应器（MBR）是一种将超滤、微滤膜分离技术与污水处理中的生物反应器相结合而成的一种新的污水处理再生系统，生物反应相和膜组件这两个部分设备是其核心组成部件。待处理液经重力流进入膜生物反应器后，膜生物反应器中活性污泥所含的微生物进行同化和异化作用分解、硝化待处理中的可生化污染物部分。异化产物基本为对环境无污染的二氧化碳和水分子，污染物由于同化作用被分解为可为微生物所吸收的养分。

膜组件工作的机理主要是物理作用，用于截留微生物和过滤出水。因为膜所具有的选择透过性，可以有效地截留活性污泥混合液中微生物絮体和较大分子有机物，使其被截留在反应器内，延长了微生物（活性污泥内所含）在反应器中的停留时间，也就是使污泥龄延长，并且把生物浓度维持在一个较高的水平，从而极大地提高了微生物对有机物的氧化率。这种反应器综合了膜处理技术和生物处理技术的优点。超滤、微滤膜组件作为泥水分离单元，可以完全取代二次沉淀池。同时，经超、微滤膜处理后，出水质量高，可以直接用于非饮用水回用。系统几乎不排剩余污泥，且具有较高的抗冲击能力。

污水在膜生物反应器内先由微生物进行降解，又由膜片进行过滤，二重工艺同时在一个反应器内得以实现，所以经处理后的排放水水质较好，通常情况下，经过合理工艺处理后，其出水中所含有机污染物（BOD_5）和悬浮物（SS）的含量都不会超过原水的 3%。传统的生化法处理污水技术，存在一些问题，如传统活性污泥法会产生污泥膨胀，造成污泥沉降性变差，体积增大、极易上浮，难以沉降分离，混杂于上清液中，导致出水水质差。发生污泥膨胀时需要很长时间来调节，影响工艺稳定性。传统的活性污泥法还存在污泥浓度低的问题，导致出水 BOD 和总氮、总磷过高，出水达不到国家排放标准的要求。而膜生物反应器处理工艺的出现，在解决了上述问题的同时，由于其自身的分离作用，能有效提高固液分离效果，而且因其活性污泥浓度高，也极大地提高了生化效率。同时，生长在活性污泥中的硝化菌由于膜的高效截留作用基本上被截留在生物反应器内，因此硝化反应可以高效地进行，极大地提高了氨氮的去除率，避免污泥随着反应的进行而逐渐流失，又使得部分未能及时分解的大分子有机物可以延长其在反应器内的停留时间，使这些难降解有机物得到最大限度的降解。使用膜生物反应器技术后，污水中主要指标性污染物（如 COD）的去除率可高达 94% 及以上，出水悬浮物和浊度趋近于零，出水水质稳定达标，可作为中水直接回用，达到了污水资源化的目的。

4.2.3.4　MBR 膜污染成因及影响因素

MBR 污泥黏度大，为克服其带来的膜污染，并保证氧和物质的传质效率，MBR 需要持续大量供氧，导致 MBR 的运行成本较传统污水处理工艺高 25% 以上。在长期的 MBR 工艺运行过程中，通常采用临界通量以下的恒通量条件运行，膜污染发生主要包括膜污染形成期、膜污染稳定发展期和污染层的水力变化期 3 个阶段。

在膜过滤初期，微生物絮体与膜表面发生接触，产生短暂的停留，在膜表面进行翻滚或滑行，随后在水力的作用下，微生物絮体最终脱离膜表面，但是在絮体与膜表面接触过程中，其中一部分小的絮体，特别是具有较高浓度 EPS 的絮体会黏附于膜表面并堵塞膜孔，从而造成过膜阻力的增加与膜通量的下降。膜面特性因污染层形成而发生极大程度的改变，加剧了后续过滤过程中微生物絮体对膜面的吸附剂沉淀作用；在膜污染形成期过后，膜表面被小的污泥絮体以及微生物副产物 S-EPS 和 B-EPS 所覆盖，加剧混合液中污泥絮体和胶体污染物对膜面的黏附作用，形成膜污染稳定发展期。膜污染稳定发展期的主要特点包括：膜过滤通量的下降速率减缓、泥饼层的初级沉积层形成、EPS 沉积量对该阶段时间长短影响显著；随着泥饼层的初级沉积层的形成，污泥絮体以及携带的 EPS 趋向于膜表面，形成泥饼层的发展层，致使泥饼层增厚，过膜阻力变大，最终导致膜通量的增加，膜污染加剧，导致膜污染速率迅速增加，主要表现为过膜压力突然跃升。在此阶段，在 TMP 的迅速增加而产生强大的抽吸作用下，泥饼层进一步被压实或者坍塌。

膜污染主要来源于膜的性质，待处理污水中微生物的特征，以及膜生物反应器的工艺条件设定以下 3 方面因素。

（1）膜的性质。

膜的天然性质主要是指用于制备膜的材料的物理性能和化学性能，这些性能决定膜受污染程度的高低。膜表面所带的电荷性和待处理液的电荷性相同、憎水、膜孔径适当且密度较高、表面光滑的膜更不易被污染。

（2）微生物特性。

溶液中过高或过低的活性污泥浓度都会对膜通量产生影响，活性污泥浓度过高，污泥更容易在膜片表面黏附，阻塞膜孔，降低膜通量。活性污泥浓度过低，则对待处理污水中的溶解性有机物的降解能力减弱，使得凝胶层的形成加剧，同样会降低膜通量。

（3）反应器工艺条件。

主要包括高压自吸泵的抽吸压力，膜组件内待处理污水在膜丝表面的流体速度，以及反应器内的温度。高压自吸泵的抽吸压力过高会导致活性污泥中分泌物阻塞膜孔，造成膜通量减小；适当提高反应器内温度和反应器内污水流速可增加膜通量。

4.2.3.5 MBR 膜污染控制技术

MBR 处理效果受膜污染影响最大，在实际工程中对膜污染的控制技术进行分析，主要有吸附絮凝、超声波、膜清洗以及膜材料改性 4 类技术。

（1）吸附絮凝技术。

在污水处理过程中，如果在水中添加具有吸附作用的物质或者是能够让污染物产生絮凝效果的制剂，水中的污染物会被有效去除，污染物对膜的污染作用会明显减弱。就吸附来看，主要利用的物质是活性炭粉末。活性炭具有较强的吸附作用，在水中添加活性炭粉末，利用其吸附作用可以有效去除水中的部分污染物。在水中添加某些酸性物质可以产生比较好的絮凝效果，絮凝使得水中的污染物进一步减少，同时对膜的污染也会进一步减弱。

（2）超声波技术。

利用超声波在水中产生的机械震动和微湍流现象，有利于使污染物质从膜表面脱离。传统的膜污染控制方法主要是化学药剂清洗，虽然可以实现膜污染的控制，但是使用的化学药剂会造成水的二次污染，相较于这种方法，超声波技术不使用化学制剂，所以不会对污水处理造成二次污染。从具体的分析来看，利用超声波可以有效改善微生物的细胞传质速度，这会提升污泥活性比耗氧速率（SOUR 值），超声波产生的机械振动作用增加了胞外聚合物的松散程度，可以实现膜污染程度降低的效果。

（3）膜清洗技术。

膜表面清洗法是指在膜的应用周期内，对膜的表面进行有效清洗，从而实现污染控制和膜通量的恢复。为了保证 MBR 工艺连续稳定运行，并且延长超滤膜使用寿命，化学药剂清洗必须要实现周期性，一旦超过了清洗周期，部分膜出现了不可逆污染之后再清洗也不会获得良好的效果。同时，膜清洗要考虑以下因素：清洗剂浓度、清洗温度、接触时间和膜丝机械强度。

（4）膜材料改性技术。

膜的耐污染性由膜表面的热力学性质和污染源的性质决定，水接触角小于 30°的膜更耐受胞外聚合物的污染。膜材料的制作过程往往会采用一些亲水化方法提高膜的耐污染性，为了获得永久性的亲水化，可以在膜表面通过化学反应来键合亲水基团，也可以在成膜过程添加含亲水性基团的聚合物。

4.2.4　一体化污水处理装置

4.2.4.1　一体化污水处理装置特征

一体化污水处理装置是将传统的生物处理工艺中的反应、沉淀及污泥回流集中于一个反应器中完成，现有一体化污水处理装置大多采用紧凑型处理工艺，将多个传统反应工艺组合在一个构筑物或设备装置内，实现设备的小型化、一体化。一体化污水处理装置适用于市政管网难以覆盖的郊区、新区、度假村以及经济相对落后的小城镇和广大的农村地区，是对大型污水处理厂的有效补充。其具有不可替代的优势，不仅可以充分利用社会闲散资金，减少投资和运行费用，而且可以缓解市政排水管网建设压力，节约占地面积，适于中水回用，符合我国污水处理的发展方向，具有广阔的应用前景。

现有装置通过结构设计、技术优化等手段提高了反应器耐受水质水量冲击的能力，对于有一定收集设施，且几十立方米及以上的乡村污水，可以采用一体化污水处理装置；一体化污水处理装置处理单元结构紧凑、装置小、易于安装、易于运行管理，可有效解决农村污水较为分散难以集中处理等问题，改良后的一体化污水处理装置已经在许多实际工程中取得了良好的处理效果。现在采用的一体化设备主体工艺包括 AO 法、SBR 法、CAST

法、MBR 主体工艺、MSBR 法、UNITANK 法、三沟式氧化沟法、一体化氧化沟法、一体式 OCO 法、RPIP 法以及其他部分工艺。与大型污水处理厂相比,一体化污水处理设备具有不可替代的优势。

①建设运维费用低,无须对操作人员进行专门培训,只需适时维护保养;

②建设面积小,有效节约空间,一体化设备体积小,搬运灵活,部分设备埋设在地下,不占用地表面积,不影响建筑群的整体布局与景观;

③适用于排水管网不健全的小型住宅区、村镇等,污水产生后可经污水处理设备直接排放到附近接纳水体中,减小排水管网的影响;

④污水回用效率高,产生中水可回用,与污水处理厂复杂的回用系统不同,一体化污水处理装置不需大规模管网,排水点同时也是中水回用点,节点布置方式灵活;

⑤一体化污水处理装置实现了污水处理集成化,对村镇农村生活污水处理行业起到革新推动作用。

4.2.4.2 一体化污水处理装置处理原理

一体化污水处理装置是集一级处理、二级处理或三级处理于一体的紧凑型的中小型污水处理技术设施。主要是厌氧和好氧组合联用,在去除有机污染物的同时,对污水中的氮、磷等污染物也具有较好的处理效果,使出水水质中氮、磷浓度降低,降低水体富营养化的风险。在北方村镇生活污水处理装置中,主要以 AO 法、SBR 法、MBR 法为核心的一体化污水处理装置较多,主要工艺原理如下所述。

(1)基于 AO 工艺为主体的一体化设备。

在 AO 工艺运行过程中缺氧段异养菌发生水解酸化反应,在增强污水可生化性的同时降低了后续好氧段有机负荷;当经缺氧处理的污水流入好氧段时,好氧段中的硝化菌将氨氮氧化为硝态氮;同时聚磷菌大量吸收混合液中的正磷酸盐到污泥中;经好氧段处理后的污水通过回流至缺氧段,在缺氧条件下,异养兼性反硝化菌将回流液中的硝态氮还原为分子态氮(N_2)逸出。经过好氧缺氧交替作用,达到脱氮除磷的目的。

(2)基于 SBR 工艺为主体的一体化设备。

SBR 是一种间歇式活性污泥法,其运行次序一般分为进水期、反应期、沉淀期、排水期和闲置期 5 个阶段,一个周期内缺氧(或厌氧)与好氧交替出现,借此条件达到去除污染物的目的。该工艺无须设置污泥回流设施,不设二沉池,曝气池容积小、运行费用低。SVI 值较低,污泥易沉降,不易产生污泥膨胀的现象。但是此工艺一体化处理设备对自控系统要求较高,导致此工艺一体化处理设备的处理效率不高。

(3)基于 MBR 工艺为主体的一体化设备。

MBR 工艺是活性污泥生物处理工艺与膜分离工艺相结合的一种新工艺。它不需要设污泥沉降池,而是使用中空膜在生化池中形成超高浓度的活性污泥浓度,使污染物得到分解。采用 MBR 作为主体工艺的一体化污水处理设备具有以下优点:高效的泥水分离,通过膜过滤截留多数有机污染物和细菌；可满足污水与活性污泥在生化池中充分接触，稳定出水水质；布置紧凑，处理能力高，有空间占用小、节约用地的优势。

（4）组合式工艺的一体化设备。

污水处理工艺往往非由单一处理工艺组成，而多采用组合工艺或多级工艺，以提高污水处理能力，使生活污水达标排放。如在我国南方大部分地区，分散式生活污水常采用结构简单的一体化处理工艺与氧化塘、人工湿地联用，利用自然中的微生物和植物的净化作用，使污水高效达标并降低成本。如付丽霞等设计了水解酸化-接触氧化-MBR 生物反应器，MBR 膜采用中空纤维膜，系统运行 90 d，出水 COD 为 35 mg/L，NH_3-N 为 3.7 mg/L，TP 为 0.3 mg/L，去除率较高且设备运行稳定可靠；陈永志等考察了 A^2O-曝气生物滤池生化系统的脱氮除磷特性，以低 C/N 生活污水为研究对象，通过缩短 A^2O 的泥龄分离硝化过程，在曝气生物滤池进行硝化反应，实现硝化菌和聚磷菌的分离，解决了硝化菌和聚磷菌泥龄之间的矛盾。

不同工艺为主的一体化设备对比见表 4-2。

表 4-2　不同工艺为主的一体化设备对比

项目	AO 工艺	SBR 工艺	接触氧化工艺	生物转盘工艺	生物滤池工艺	MBR 工艺
工艺类型	活性污泥法	活性污泥法	生物膜法	生物膜法	生物膜法	生物膜法
出水水质	一级 A 标准	一级 B 标准	一级 A 标准	一级 B 标准	一级 A 标准	一级 A 标准
抗负荷能力	较差	较差	较好	较好	较好	良好
出水稳定性	一般	一般	较稳定	较稳定	较稳定	稳定
污泥量	较多	较多	较少	较少	较少	较少
运维方式	简单	要求较高	要求较高	简单	要求较高	要求较高
建设成本	工艺设备简单、成本很低	工艺设备简单、成本较低	工艺设备简单、填料成本较高	工艺设备简单、盘片成本较高	工艺设备简单、成本较低	工艺设备简单、膜组件成本较高
运行成本	较低	较高	较低	较低	较高	高
适用范围	进水水质稳定、经济基础一般的大多数农村地区	进水水质稳定，要求灵活使用与管理的农村地区	进水水质水量变化、经济基础较好的大多数农村地区	进水水质水量变化、经济基础较好的大多数农村地区	进水水质水量变化，配备专业运行维护人员的农村地区	出水水质要求高，配备专业运行维护人员，经济发达的东部农村地区

4.2.4.3　一体化污水处理装置主要影响因素

一体化污水处理装置处理效果受主体工艺选择影响较大，但除工艺筛选外，装置处理能力受周围环境影响因素及运行管理条件限制，主要包括温度、pH、溶解氧、工程建设、后期管理及服务人口等因素。

（1）温度。

北方地区由于冬季寒冷，选取处理工艺及工艺设计阶段需要考量温度对装置的影响，因污水处理中较大部分微生物适宜的生长温度为20～30℃，超出此范围后，微生物活性较差，生物反应过程受到较大影响，通常反应进程的控制限制为不低于10℃。在寒冷地区应加设保温层或采用地埋等方式，提高微生物环境温度。

（2）pH。

活性污泥系统微生物最适宜的pH范围是6.5～8.5，过酸或过碱性环境对微生物的生长繁殖均起到限制作用，超出限值过多时会导致污泥絮体被破坏，菌胶团解体，处理效果急剧恶化。

（3）溶解氧。

好氧生物处理是污水处理重要环节之一，污水一体化处理设备需要保持混合液中含有一定浓度的溶解氧。当环境中的溶解氧高于0.3 mg/L时，兼性菌和好氧菌都处于好氧呼吸阶段，当溶解氧低于0.2～0.3 mg/L接近于零时，好氧菌大部分停止呼吸，兼性菌转入厌氧呼吸阶段，小部分好氧菌（多为丝状菌）可能具有较好活性，当菌株占据优势后会导致污泥膨胀。综合考虑能耗及经济成本，曝气池出口处溶解氧浓度在2 mg/L左右时最适宜。

（4）工程建设因素。

工程建设包括工程建设质量、选取工艺以及自动化程度3方面，其中建设质量直接影响装置长期稳定运行可靠性；污水处理工艺选取不合理时，会导致处理效果较差，后期维护费用增加；而自动化直接决定维护人力成本的高低。

4.3 典型案例示范与推广

4.3.1 黑山县八道壕镇污水处理工程

4.3.1.1 项目概况

项目名称：黑山县八道壕镇污水处理厂工程。

建设单位：辽宁北方环境保护有限公司。

建设地点：黑山县八道壕镇。

项目总投资：黑山县八道壕镇污水处理站总投资为803.17万元，其中设备费为359.5万元。

建设内容及规模：建设以日处理水量3 000 m^3，建成占地8 000 m^2预处理+氧化沟+二沉池+紫外线消毒组合工艺的污水处理工程。

采用技术：采用改进的曝气设备的潜水导流式氧化沟技术，解决寒冷地区冬季运行不稳定问题，保证污水处理工程冬季稳定运行。

4.3.1.2　工程背景

黑山县八道壕镇位于辽宁省中部平原区西部，锦州地区东北部，隶属锦州市。目前八道壕镇还没有形成完整的排水体系，排水设施不完善，大部分生活污水任意排放，大部分地区仍采用原明渠排水，排水体制为雨污合流制。城内沟、渠和排水明渠环绕城区，流经各居民生活区，河内水质污浊，呈灰黑色，时有恶臭，严重影响了市容，恶化了生态环境和投资环境，污染了水资源，在很大程度上制约着该县的经济发展，同时也给人民生活造成不利影响，通过该工程的实施，不仅实现了污水的达标排放，而且改善了当地环境卫生，为居民生活和工业生产提供了良好的环境。

4.3.1.3　工程设计

（1）设计规模。

潜水导流式氧化沟产业化工程，黑山县八道壕镇污水处理厂工程日处理水量为 3 000 m^3/d，占地面积为 8 000 m^2。

（2）设计进水水质。

本工程污水主要来自八道壕镇的生活污水，污水特性值见表 4-3。

表 4-3　污水水质预测

项目	指标/（mg/L）	项目	指标/（mg/L）
COD_{Cr}	350	TP	4.0
BOD_5	180	NH_3-N	30
SS	200		

（3）设计出水水质。

根据《辽宁省污水综合排放标准》（DB 21/1627—2008）的规定，八道壕镇污水处理厂属于县级污水处理厂，其出水水质需执行《城镇污水处理厂污染物排放标准》（GB 18918—2002）一级标准 B 标准，污水处理厂的出水就近排入羊肠河（表 4-4）。

表 4-4　污水处理厂的出水水质指标

序号	水质指标	各阶段水质指标/（mg/L）		
		进水	出水	一级标准（B）
1	COD_{Cr}	350	≤60	60
2	BOD_5	180	≤20	20
3	SS	200	≤20	20
4	氨氮	30	≤8（15）	8（15）
5	总磷	4.0	≤1	1

（4）工艺流程。

工艺流程如图 4-7 所示。

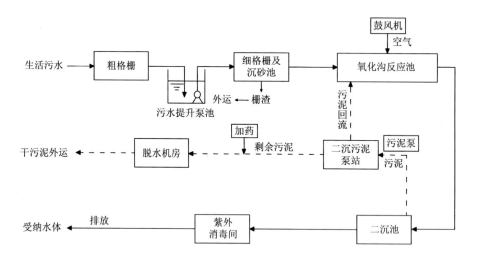

图 4-7 工艺流程

4.3.1.4 主要建（构）筑物

（1）预处理间。

预处理车间内设粗格栅、提升泵站、细格栅及旋流沉砂池。渠道内设置回转式机械粗、细格栅各一道，以防止污水提升泵损害。泵池内设污水提升泵4台，3用1备，预留1台泵位。旋流沉砂池直径2.13 m。

（2）氧化沟反应池。

本工程设1座氧化沟反应池，与二沉池合建，地下式结构池体为圆形，周边为氧化沟廊道，中心为ϕ14 m的二沉池。氧化沟池体总有效容积2 050 m³，沟内平均流速为0.27 m/s，沟内设两个廊道，廊道宽度2.8 m。池内设潜水导流曝气设备2台，直径为1 000 mm，N=15 kW，单台扬水量为120 m³/min，曝气设备氧气利用率为30%，气水比为6.8。氧化沟顶部设混凝土盖板。

（3）二沉池。

氧化沟出水进入辐流式二沉池，表面负荷为0.7 m³/（m²·h）。

外形尺寸：ϕ14×H6.25（m×m）。

（4）污泥泵站。

污泥泵站内设污泥回流泵2台，1用1备，向生化池回流污泥，污泥回流比50%～100%。

（5）紫外线消毒渠。

紫外线消毒技术具有较高的杀菌效率，运行安全可靠。运行期间不产生毒有害产物，由于不投加化学药剂，不会产生对人体有害的副产物；能降低臭味和降低微量有机物；占地面积小，运行维护简单、费用低。

消毒效果受水温、pH 影响小，外形尺寸：12.0×4.5（m×m）。

（6）污泥脱水间、鼓风机房及低压配电间。

其中，污泥脱水间外形尺寸为 8.5×7.5（m×m），内设带式浓缩脱水机一体机 1 台，带宽（B）为 500 mm，加药设备 1 套，投加助凝剂 PAM，投加量为污泥干重的 0.4%，PAM 浓度 0.1%。污泥进料螺杆泵 2 台，生化池产生的剩余污泥量为 53.8 m³/d，含水率为 99.2%。按每天 12 h 工作，脱水机处理能力（DS）40～50 kg/h。

（7）附属建筑物。

综合楼是污水处理厂运行管理及控制中心，与污泥脱水间、鼓风机房、低压配电间合建，平面尺寸为 15×7.5（m×m），二层。

4.3.1.5 工程建设及稳定运行

黑山县八道壕镇污水处理厂工程总投资 803.17 万元，目前运行状况良好，出水达到《城镇污水处理厂污染物排放标准》（GB 18918—2002）一级标准 B 标准，实现了达标排放（图 4-8 和图 4-9）。

图 4-8 工程建设及设备安装照片

图4-9 工程竣工运行照片

4.3.1.6 解决环境问题

黑山县八道壕污水处理工程的建设，可实现年减排 COD 273.45 t、氨氮 5.48 t，改变了八道壕镇雨污合流的现状，改善了羊肠河水环境质量以及当地环境卫生，为居民生活和工业生产提供了良好的环境。

4.3.2 开原市中固镇乡镇污水处理设施工程

项目名称：开原市中固镇乡镇污水处理设施工程。

建设单位：开原市中固镇人民政府。

建设地点：开原市中固镇中固村。

项目总投资：开原市中固镇乡镇污水处理设施工程总投资为 144 万元。

建设内容及规模：处理水量 600 m³/d，采用一体化污水处理技术，为预处理+MBBR+二沉池+紫外消毒组合工艺的一体化污水处理工程。

采用技术：采用小型一体化污水处理技术，在主反应器中，丝状菌在填料空隙间呈立体结构，增加了生物相与废水的接触面积，同时丝状菌对多数有机物具有较强的氧化能力，对水质负荷变化有较大的适应性，可有效提高处理能力。

解决环境问题：开原市中固镇污水处理工程的建设实施，可实现年减排 COD 52.56 t、氨氮 5.91 t，实现了污水的达标排放，而且改善了当地环境卫生，为中固镇居民生活和工业生产提供了良好环境（图4-10）。

图 4-10　开原市中固镇乡镇污水处理设施工程

4.3.3　沈阳军区某部队高效回用小型一体化污水处理设备工程

4.3.3.1　工程简介

高效回用小型一体化污水处理设备工程位于沈阳市，建设规模为 300 m^3/d 的军区生活污水处理工程，生活污水经化粪池处理后，进入粗格栅处理渠道，为缓解污水水质、水量不均匀变化对系统的冲击，经处理的污水进入调节池，由提升泵提升至细格栅渠道进行过滤处理。经粗细格栅处理后，污水进入生物接触氧化处理系统，处理后污水进入竖流式二沉池，上清液经管道式紫外消毒处理系统处理后，达标排放。二沉池污泥能定量回流设备气提，一部分污泥回流至生化池，剩余污泥排入污泥储池，定期外排。高效一体化处理设备工艺流程如图 4-11 所示。

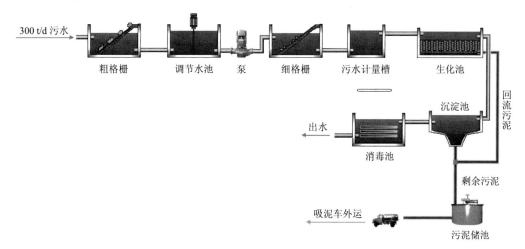

图 4-11　高效一体化处理设备工艺流程

4.3.3.2　主要工艺环节

针对目前分散式村镇生活污水排放点分散、不易纳入城市集中管网等特点，以及现有分散式生活污水处理设施存在设备能耗高、运行不稳定、脱氮除磷效率低、智能控制及远程控制程度低、维护难等问题，示范工程采用课题开发生产的高效回用小型一体化污水处理设备，具有专用小水量低能耗定量回流设备、智能控制，以及功能型组合式控柜房等设施，实现小型污水处理设备的成套一体化、标准化和系列化。

（1）定量回流技术。

针对目前小规模生活污水处理规模较小，而所需提升泵、污泥泵、硝化液回流泵等设备流量小、功率大、难选型的问题，提出利用剩余功率进行定量回流的技术理念，进而在满足工程需求的基础上，保证在小型处理设施运行费用合理的条件下，达到提高脱氮效率的目的。课题设计定量回流技术装置主要由中心气提器、回流计量渠、排泥计量渠组成。采用中心气提器利用系统风机的富余气量实现泥水的提升，经可自动调节计量的专用渠道实现污泥的定量分配，系统不需设置剩余污泥泵、回流污泥泵、硝化液回流泵等设备，节省动力，简化系统构造，并且实现了污泥的均衡、定量回流，提高了系统的运行稳定性，解决了传统小型一体化设备回流的问题，保证了脱氮效果。

（2）功能型控柜房设备。

为控制分散式小型生活污水处理设施的建（构）筑物的数量，节约用地，进而达到节省小型污水站的投资成本，该工程采用研发的新型功能型控柜房。该控柜房采用合理空间设计，通风设计、降噪设计，保温设计将控制系统、供气系统、消毒系统装配式布置在一个箱式单元内，解决附属设备分散布置造成的占地大、需附属厂房、易腐蚀、不便管理等问题。

（3）填料+活性污泥复合床处理技术。

随着国家对于分散式村镇生活污水排放要求的提高，为改善传统小型生活污水处理技术，采用填料+活性污泥复合床处理技术改善生化处理方式，进而提高出水水质标准，主要技术有：采用推流式生物接触氧化技术，设计负荷比活性污泥法高，池容小，对水质适应能力强，耐冲击负荷性能好，出水水质稳定，不会产生污泥膨胀；采用新型弹性立体填料，比表面积大，微生物易挂膜，提高了污水中溶解氧的利用率及对有机物的去除率；采用推流式生物接触氧化技术，其填料体积负荷比较低，微生物处理自身氧化阶段，产泥量少；操作简便、维修方便、工艺新、效果好。

4.3.3.3　工程效益

高效回用小型一体化污水处理设备建成运行后，污水出水水质达到 GB 18918 一级 B 标准，可回用于军区绿化及道路清洗等，年减排 COD 54.75 t、氨氮 3.1 t，进而解决军区生活污水地处郊区收集难、污染排放水体等环境问题。

4.4　效益分析

4.4.1　农村生活污水处理技术成本分析

土壤渗滤污水处理技术是一种人为控制生活污水周期性的流经具有渗透力的土壤的

技术。常见的土壤渗滤系统包括快速土壤渗滤系统、慢速土壤渗滤系统、地下渗滤系统等。土壤渗滤系统对污染物的去除机制是通过周期性的灌溉及休灌为土壤表层不断地创造厌氧-好氧交替的环境，利用物理截留、吸附沉淀、氧化还原、硝化反硝化等作用对污水中的污染物进行去除。该技术有基建投资省、运行费用低等优点。土壤渗滤污水处理技术优点在于充分利用了土壤中的自然净化作用，具有工程基建低、运行管理费用低、易操作管理等优点。但该技术容易造成堵塞，若工艺的防渗措施出现问题，还会影响地下水环境，造成二次污染。以北京某多级慢速渗滤工程为例，多级慢速渗滤系统中装填的载体由石英砂、火山岩和 Fe 基质生物载体构成。石英砂购于北京某加工厂，规格为 2~4 mm、4~8 mm，价格为 300 元/t。火山岩购于北京某加工厂，规格为 2~4 mm、4~8 mm、8~16 mm、16~32 mm，价格为 450 元/t。Fe 基质生物载体实验室自制，价格为 3 300 元/t。多级慢速渗滤系统内载体的装填体积为 250 L，堆积密度为 2 t/m³，其中石英砂、火山岩和 Fe 基质生物载体的占比分别为 22.1%、59.3%、18.6%。以处理规模 10 m³/d 计算，该农村生活污水多级慢速渗滤系统的建设成本主要为慢速渗滤设备的加工、基质填料制备或购买、进水泵及工艺管道等，一般为一次性投资。该农村生活灰水多级慢速渗滤系统的运行成本主要为日常运行所需的电耗费用和填料损耗费用，该设备运行操作简单，不需要派专业人员负责管理，连续运行中几乎未排泥，可忽略排泥费和人工维护费用。最终计算得出污水多级慢速渗滤系统的建设费用为 9 660 元，单位污水处理量投资为 966 元/m³，单位污水运行费用为 0.202 元/m³（包含电费 0.2 元/m³，以及填料损耗 0.002 元/m³）。

一体化设备污水处理技术由于占地面积小，污染物去除效率高而占有一定的市场份额。以 A²O 一体化处理技术为例，在使用 A²O 一体化设备作为主工艺处理农村生活污水时，其前后需要增加工艺流程来保证出水达标。其中格栅是为了去除大块固体悬浮物，人工湿地是为了进一步降低污水中磷的浓度。而在云南某地区农村生活污水实际运行调试中，该工艺对 COD、NH_4^+-N、TP 的去除率分别为 81.24%、68.08%、37.4%。出水执行《城镇污水处理厂污染物排放标准》（GB 18918—2002）一级 B 标准。从运行结果来看，一体化设备在刚开始运行期间对污染物保持着较高的去除效率，但是在随后的运行过程当中，TP 的去除率出现了很明显的波动甚至不达标。通常，一体化设备的维修费用都比较高，而且需要专业的技术人员。因此，限制一体化设备应用的最大原因是其设备、运行及维护成本。根据《农村生活污水处理项目建设与投资指南》中对农村生活污水分散式处理工程基础设施建设投资参考标准，小型一体化污水处理装置吨水投资费用为其他分散式污水处理工艺的 5~10 倍，运行费用为其他费用的 1~8 倍。

4.4.2　农村生活污水产出效益分析

农村生活污水经过处理后，产生的效益包含 4 个方面：①经济效益，利用再生水灌溉农田、浇花洗车，可以减少对干净淡水资源的使用；同时也能降低脏乱差环境引发的疾病进而带来的损失，增加当地的经济效益。随着政策的推行，农村污水处理站逐步委托给第三方进行运维，使污水处理站的运维管理费用得到了较大的节约，减少的运营管理成本对农村当地政府的经济发展具有良好的促进作用。②能源效益，污水处理装置均采用微动力或无动力技术，能源消耗较小，且部分技术采用厌氧处理方式作为二级处理时可产生沼气，作为能源用来燃烧发电等，产生良好的能源效应。③环境效益，农村生活污水处理后最主要效益即环境效益，不进行处理的污水横流，破坏居民生活环境，在当下"五水共治"的环境下，治理生活污水是必然选择，不仅改善了居住环境，还能够提高人民的生活质量。④社会效益，对农村生活污水进行治理能够带动经济的发展、提高水资源的重复利用率、促进农业生产的发展、改善农村地区的生态环境，而且减少当地政府对水体污染和农村环境污染的治理成本，在促进人与自然的和谐发展上，在经济与环境的和谐发展上，在农业与工业的和谐发展上，都可实现一定的社会效益。

第 5 章　辽河流域生态治理技术转化与应用

辽河流域水资源利用率较高，导致河道缺水严重。特别是遭遇特殊干旱气象现象，河道流量下降严重。河道严重缺少生态水，河流自净能力下降，由于缺乏必要的水资源补充，辽河水污染稀释能力弱，水质达标很困难。辽宁省是全国湿地资源较为丰富的省份之一，湿地类型多、面积广，总面积达 139.48 万 hm^2，其中辽河流域湿地面积为 67.96 万 hm^2，占湿地总面积的 48.72%。辽河流域内的湿地主要包括河流湿地、沼泽湿地、人工湿地（库塘、输水河、水产养殖场、盐田）、湖泊湿地及近海与海岸湿地 5 种类型，其中河流湿地、湖泊湿地及近海与海岸湿地所占比重较大，同时，也是受经济与社会发展影响最大的三类湿地。

目前，辽河流域内各类自然保护区、湿地公园及重点湿地共 31 处。其中，国家级自然保护区 1 个，省级自然保护区 4 个，市级自然保护区 4 个，县级自然保护区 1 个，保护小区 3 个；国家湿地公园 8 个，省级湿地公园 1 个，市级湿地公园 3 个，其他湿地 6 个。

5.1　辽河流域生态治理现状

5.1.1　辽河源头区治理技术现状

辽河源头区位于吉林省西南部，地处 123°42′~125°31′E，42°34′~44°08′N，流域面积为 11 283 km^2，占全省总土地面积的 6.02%，主要城市为四平市和辽源市。近年来随着区域经济社会快速发展，水污染与环境问题日益突出，严重威胁到流域水生态环境。主要表现为：第一，结构性污染突出，区域内以粮食深加工、化工、印染、制药、造纸等资源型产业为主导，具有"高耗水、高排放、低效率"的特点，污染治理难度大，流域水质污染严重；第二，面源污染严重，区内为重要农业区，农村生活污染重，畜禽养殖污染问题日益突出；第三，水源涵养的能力较差，区域天然径流量较小，污径比高，供水安全和水环境安全受到严重威胁，已成为影响当地和下游地区经济与社会可持续发展的重大制约性因素。辽河源头区水污染综合治理技术及示范研究以"辽河源头区水质持续改善和生态恢复"为目标，以完善流域水污染控制与治理技术体系为重点，通过重点行业典型工业源的水污染控制与节水减排技术，通过典型区域面源污染控制技术，在流域层面进行水质改善与生态保障综合技术的研发与集成，为实现源头区水污染防治提供技术支撑。

5.1.2 辽河干流区治理技术现状

辽河干流地处辽宁省的轴线位置，生态区位和功能十分重要，是国家振兴东北老工业基地的核心区域；长期工农业发展带来的污染和生态破坏，导致辽河生态环境退化严重。为根治辽河生态系统，修复辽河水生态，2010 年，辽宁省决定建立辽河保护区。保护区从东、西辽河交汇处福德店开始到盘锦入海口，全长为 538 km，总面积为 1 869.2 km²，涉及昌图县和铁岭、沈阳、鞍山、盘锦 4 个市及其所辖的 13 个县（区），68 个乡（镇、场），286 个村。针对辽河保护区水生态修复和恢复技术需求，水专项辽河保护区水生态建设综合示范研究按照"整体修复，系统管控"的总体思路，遵循河流生态系统"点—线—面"恢复原则，实施"河势稳定与泥沙调控同步、湿地重建与污染阻控结合、河岸带恢复与生态监测管理并重"的技术策略，研发河口污染阻控湿地网构建、河道综合整治与河岸带修复、水生态监控网络优化、健康河流完整性诊断与评估、河流水体和沉积物综合毒性甄别 5 项技术，支持建设河流生态修复和综合管理示范工程 4 项，建设了 100 km² 的水污染控制及水环境治理综合示范区，实现了示范段水质达到Ⅳ类标准（以 COD 计），河滨带植被覆盖率≥90%，湿地面积≥100 万亩（1 亩≈666.7 m²），鱼类及鸟类种类恢复到 30 种以上，支撑了保护区河流水质持续改善，生物多样性得到显著恢复。研究成果对我国北方寒冷地区河流水生态恢复具有重要的参考价值。

作为北方寒冷地区典型大型河流，辽河流域污染具有结构性、复合性、区域性的特点。针对河流管理体制机制创新先行示范区——辽河保护区水生态建设开展研究，能够为北方大型河流健康恢复与保护提供经验借鉴。2010 年，辽宁省划定辽河保护区，设立辽河保护区管理局，将水利、环保、国土、农业、林业、渔业、交通 7 个部门涉及辽河管理的职能划归辽河保护区管理局，制定了《辽宁省辽河保护区条例》，为治理和保护辽河提供行政和法律保障。这是我国流域生态环境治理与保护的大事，标志着河流管理进入了以流域为统筹的新阶段，是重要的体制机制创新。辽河的污染防治、资源保护和生态建设工作进入了统一管理、科学规划、全面保护、生态优先、综合治理的新时期。然而，在辽河这样刚刚摆脱重污染的河流上建立保护区，没有先例可循，面临着如何统筹河道整治与河流湿地恢复、环境污染控制、生态建设保护等一系列重大科学问题。针对辽河保护区仍存在的河势不稳、河床泥沙淤积、湿地面积萎缩和破碎化、河岸带植被破坏，以及生物多样性锐减等生态环境问题，"十二五"水专项"辽河保护区水生态建设综合示范"课题以改善河流水质、提高河流生态系统功能、逐步建设健康河流为目标，开展技术研发与工程示范。开展辽河保护区生态系统完整性、河流水体沉积物综合毒性，以及河流水生态健康调查与诊断，确定提高辽河保护区生态完整性对策。研发河口污染阻控湿地网构建技术、多泥沙河流河道综合整治技术、退化河岸带修复关键技术及河流水生态监测管理技术，建设水污染控制及水环境治理综合示范区，提出辽河水生态系统恢复途径与相关技术措施及管理对策，为辽河保护区有效管理提供科技支撑。

针对大伙房水源保护区，提出了源头区水源涵养林结构优化与调控技术体系，研发了源头区水源涵养林结构优化与调控技术体系，筛选出最优水源涵养林结构模式；研发并集成了低效水源涵养林改造、河/库周边滨水植被结构调控与空间配置技术体系，研发并集成了河/库滨水植被带生态恢复及水质改善技术体系，突破了北方寒冷地区河/库周边植被生态恢复关键技术，研发了源头水源涵养区植被生态恢复与河岸植被缓冲带构建关键技术，确保大伙房水库水质、水量安全。研发了上游汇水区点、面源污染负荷综合削减及污水资源化回用关键技术，保护了大伙房水库水质，实现浑河水质改善。

5.1.3　辽河河口区治理技术现状

辽河河口区湿地位于辽河流域末端的辽河入海口处，受海洋和陆地交互作用影响，形成了复杂多样的湿地类型和生态环境。辽河河口区湿地具有保持物种多样性、拦截和过滤物质流、稳定毗邻生态系统及净化水质等多种生态功能，其污染状况和面临的生态风险对辽东湾生态保护有着举足轻重的意义。

辽河河口区湿地拥有世界第二大滨海芦苇湿地，也是我国第三大油田——辽河油田开采区、著名的盘锦大米生产区和河蟹养殖区。受油田开采、稻田种植和苇田养蟹等人类活动多方面的影响，上下游污染叠加特征明显，加上生态缺水和保护体系不完善，导致该区域芦苇群落退化，氮磷和石油类污染问题日趋严重，生态功能显著下降，对辽河河口区湿地生态健康和辽东湾水域生态安全造成严重威胁，因此，迫切需要建立一套完善的辽河河口区湿地生态安全保护体系和生态用水调控、污染阻控与生态修复技术，以有效遏制辽河河口区湿地水质恶化和生态功能下降问题。本书开展的辽河河口区湿地水质改善和生态修复技术研究，可为辽河流域污染物控制和辽河河口区湿地生态功能提升提供理论依据和技术支撑，为辽东湾近岸水域污染阻控提供技术保障。

辽河河口区拥有世界第二大芦苇湿地，浩瀚的苇海、延绵的滩涂、丰富的水网构成其独特的自然生态景观，发挥着涵养水源、净化水质、调节气候、养育珍禽的重要生态功能，也是辽河流域污染物进入辽东湾的最后一道生态屏障。然而，由于油田开采、路网修建、稻田种植、苇田养殖等人类活动，逐渐改变了辽河河口区湿地原有的自然风貌，加上生态缺水、保护体系不完善，导致芦苇群落明显退化，显著影响其生态功能的发挥，植被退化和水体污染严重威胁着辽河河口区湿地和辽东湾的生态安全。"十二五"期间，水专项辽河河口区水质改善与湿地水生态修复技术集成与示范研究，针对辽河河口区湿地"油田、稻田、苇田"三大典型功能区中油田开采的烃类污染、稻田种植的氮磷污染、苇田养殖的有机营养物污染及芦苇湿地植被退化、生态功能下降等问题，以控制湿地水体污染、提升湿地生态功能和实现河口区水生态健康为目标，以河口湿地石油烃类、氮磷和 COD 等点（面）源特征污染物联合阻控关键技术研发为主线，形成了集"辽河河口区石油开采区湿地功能恢复和烃类污染物削减"、"河口水稻生产全过程氮磷多级生态削减与控制"和"河口区芦苇湿地生态用水调控及生境修复与污染阻控"三大核心技术于一体的"辽河河口区大型湿地水质改善与生态修复集成技术"标志性成果。构建了《辽河河口区湿地生态保护体系》，编制了《辽河河口区湿地生态安全预警标准》。研发的关键技术在辽宁省盘锦市进行了工程示范，示范面积达 51.9 km²，实现了示范区污染物控制、生物群落恢复、生态功能提升的总体目标。

辽河属季节性河流，河道径流量对水质影响差异较大，枯水期属重度污染，COD、氨氮等 4 项指标超标，丰水期、平水期水质相对较好，为Ⅳ类以上水质，水环境质量超Ⅴ类问题尚未得到稳定解决。流域非点源污染逐年递增，加剧了辽河干流水质污染，河道内的生态环境得不到自身的修复和改善，水土流失、洪涝和土壤沙化等生态环境问题比较突出。植被退化严重，生态功能下降。"十一五""十二五"水专项实施期间，辽宁省加大辽河流域治理攻坚力度，使辽河流域水质发生了历史性转变，自 2007 年起，国家水专项将辽河流域列为重点示范流域，针对流域性、区域性、行业性治理难题从治理和管理两个方面开展科技攻关，创新研发和综合集成关键技术和成套技术，为辽河流域治理提供了技术支持和综合解决方案。基于水专项的实施，在流域生态治理方面构建了大型河流域生态治理与修复技术体系，针对辽河保护区，研发了河岸边坡土壤-植物稳定技术与河岸缓冲带污染阻控技术，形成了辽河保护区河岸带人工强化自然封育模式；构建了基于石块抛填、水生植物种植、水生动物恢复的牛轭湖湿地恢复技术，基于坑塘湿地群建设、水质优化与水系连通的坑塘湿地恢复技术，以及基于支流污染程度和河口滩涂面积的支流汇入口湿地恢复技术。构建了梯级石笼植物坝、抛石护根植物坝、生态柔性坝为主体的河势稳定生态控制技术，构建了辽河下游河势特征和输送泥沙需水量的配置模式，确定了辽河干流不同断面的输沙水量，构建了以无纺纤维为主材，以芦苇、茭白、香蒲为种植植物锚固式支流河口人工浮岛水质净化技术。

辽河河口区湿地位于辽河流域末端的辽河入海口处，拥有亚洲最大的芦苇型滨海湿地，受油田开采、稻田种植和苇田养蟹等人类活动多方面的影响，上、下游污染叠加特征明显。水专项根据辽河河口区湿地的污染问题，开展辽河河口区湿地水质改善和生态修复技术研究，充分优化环境资源配置，推进陆海统筹发展，突破河口区湿地生态用水调控和污染阻控技术难题，研发了以改善辽河河口区水质、恢复河口区湿地生态为目标的关键技术 18 项，工程示范 7 项。

研发了"河口区累积性烃类有机污染物的强化阻控与水质改善技术"，实现土壤累积性烃类污染物削减率达 50%，并在山东胜利油田进行了推广应用。研发了"河口区湿地养殖水体污染的物理-生物联合阻控与水质改善技术"，并应用于盘锦市羊圈子苇场"河口区苇田养殖水体污染阻控示范工程"。构建生态修复关键技术与示范工程。河口区湿地生态恢复关键技术，将水力调控技术、高抗盐芦苇扩植技术、生物降盐技术进行技术集成，应用于盘锦市东郭苇场"河口区湿地芦苇生态恢复示范工程"，建立了河口区退化芦苇湿地生境修复技术，在盘锦市羊圈子苇场的"河口区湿地芦苇群落生态修复关键技术示范工程"中得到应用，示范面积 2.1 km^2，使示范区芦苇生物量提高 65%以上。

保障生态安全，构建辽河河口区湿地生态演变格局与生态保护体系。针对辽河河口区湿地生态退化与生态安全问题，通过分析近 30 年河口湿地自然演化过程与人为影响，对河口区湿地的演变格局、生态安全和潜在生态风险进行预测和预警，构建了辽河河口区湿地生态安全预警标准和保护体系。

5.2　辽河流域典型生态治理技术

5.2.1　稳定塘技术

稳定塘旧称氧化塘或生物塘，是一种利用天然净化能力对污水进行处理的构筑物的总称。其净化过程与自然水体的自净过程相似。通常是将土地进行适当的人工修整，建成池塘，并设置围堤和防渗层，依靠塘内生长的微生物来处理污水。主要利用菌藻的共同作用处理废水中的有机污染物。稳定塘污水处理系统具有基建投资和运转费用低、维护和维修简单、便于操作、能有效去除污水中的有机物和病原体、无须污泥处理等优点。

稳定塘是以太阳能为初始能量，通过在塘中种植水生植物，进行水产和水禽养殖，形成人工生态系统，在太阳能（日光辐射提供能量）作为初始能量的推动下，通过稳定塘中多条食物链的物质迁移、转化和能量的逐级传递、转化，将进入塘中污水的有机污染物进行降解和转化，最后不仅去除了污染物，而且以水生植物和水产、水禽的形式作为资源回收，净化的污水也可作为再生资源予以回收再利用，使污水处理与利用结合起来，实现污水处理资源化。

人工生态系统利用种植水生植物、养鱼、养鸭、养鹅等形成多条食物链。其中，不仅有分解者生物即细菌和真菌，生产者生物即藻类和其他水生植物，还有消费者生物，如鱼、虾、贝、螺、鸭、鹅、野生水禽等，三者分工协作，对污水中的污染物进行更有效地处理与利用。如果在各营养级之间保持适宜的数量比和能量比，就可建立良好多生态平衡系统。污水进入这种稳定塘，其中的有机污染物不仅被细菌和真菌降解净化，而且其降解的最终产物，一些无机化合物作为碳源、氮源和磷源，以太阳能为初始能量，参与到食物网中的新陈代谢过程，并从低营养级到高营养级逐级迁移转化，最后转变成水生作物、鱼、虾、蚌、鹅、鸭等产物，从而获得可观的经济效益。

在我国，特别是在缺水干旱的地区，生物氧化塘是实施污水的资源化利用的有效方法，所以稳定塘处理污水成为我国着力推广的一项新技术。

5.2.1.1　氧化塘的优点

（1）能充分利用地形，结构简单，建设费用低。

采用污水处理稳定塘系统，可以利用荒废的河道、沼泽地、峡谷、废弃的水库等地段，建设结构简单，大都以土石结构为主，具有施工周期短，易于施工和基建费低等优点。污水处理与利用生态工程的基建投资为相同规模常规污水处理厂的 1/3～1/2。

（2）可实现污水资源化和污水回收及再用，实现水循环，既节省了水资源，又获得了经济收益。

稳定塘处理后的污水，可用于农业灌溉，也可在处理后的污水中进行水生植物和水产的养殖。将污水中的有机物转化为水生作物、鱼、水禽等物质，提供给人们使用或其他用途。如果考虑综合利用的收入，可能到达收支平衡，甚至有所盈余。

（3）处理能耗低，运行维护方便，成本低。

风能是稳定塘的重要辅助能源之一，经过适当的设计，可在稳定塘中实现风能的自然曝气充氧，从而达到节省电能降低处理能耗的目的。此外，在稳定塘中无须复杂的机械设备和装置，这使稳定塘的运行更能稳定并保持良好的处理效果，而且其运行费用仅为常规污水处理厂的 1/5～1/3。

（4）美化环境，形成生态景观。

将净化后的污水引入人工湖中，用作景观和游览的水源。由此形成的处理与利用生态系统不仅将成为有效的污水处理设施，而且将成为现代化生态农业基地和游览的胜地。

（5）污泥产量少。

稳定塘污水处理技术的另一个优点就是产生污泥量小，仅为活性污泥法所产生污泥量的 1/10，前端处理系统中产生的污泥可以送至该生态系统中的藕塘或芦苇塘或附近的农田，作为有机肥加以使用和消耗。前端带有厌氧塘或碱性塘的塘系统，通过厌氧塘或碱性塘底部的污泥发酵坑使污泥发生酸化、水解和甲烷发酵，从而使有机固体颗粒转化为液体或气体，可以实现污泥等零排放。

（6）能承受污水水量大范围的波动，其适应能力和抗冲击能力强。

我国许多城市的污水 BOD 浓度很小，低于 100 mg/L，使活性污泥法尤其是生物氧化沟无法正常运行，而稳定塘不仅能够有效地处理高浓度有机物水，也可以处理低浓度污水。

5.2.1.2　氧化塘的缺点

①占地面积过大。

②气候对稳定塘的处理效果影响较大。

③若设计或运行管理不当，则会造成二次污染。

④易产生臭味和孳生蚊蝇。

⑤污泥不易排出和处理利用。

5.2.1.3　氧化塘的类型

按照塘内微生物的类型和供氧方式来划分,稳定塘可以分为厌氧塘、兼性塘、好氧塘、曝气塘。

此外,还有其他一些类型的稳定塘:

深度处理塘——作用是进一步提高二级处理水的出水水质。

水生植物塘——在塘内种植一些纤维管束水生植物,如芦苇、水花生、水浮莲、水葫芦等,能够有效地去除水中的污染物,尤其是对氮磷有较好的去除效果。

生态系统塘——在塘内养殖鱼、蚌、螺、鸭、鹅等,这些水产水禽与原生动物、浮游动物、底栖动物、细菌、藻类之间通过食物链构成复杂的生态系统,既能进一步净化水质,又可以使出水中藻类的含量降低。

由于稳定塘具有很多类型,所以可以组合成多种不同的流程。

稳定塘又称氧化塘,依靠藻类的光合作用和空气中的溶解氧为塘中的水体提供好氧环境,利用微生物分解水中的有机物质。该工艺可以由兼性塘或高负荷氧化塘组成,其中兼性塘较为常用,兼性塘最大有效深度为 1.5～1.8 m。由于 0.9 m 以下不能进行光合作用,而浅池又容易导致水生植物疯长与水温过高,所以一般采用 0.9～1.2 m,池底最好是不渗水的土壤。在氧化塘系统中,微生物利用藻类产生的氧气分解水中的有机物,产生的无机物作为营养物质被藻类所吸收,两者是共生关系。如果能有效地将系统中藻类去除,将极大地改善水体水质。氧化塘系统中最重要的运行参数是 BOD 负荷与溶解氧,BOD 负荷一般为 2～6 g/(m²·d),呼吸作用好氧效率一般为 0.1～0.23 g/(m²·d),冬季光合作用降低,溶解氧不足的情况下一般采用人工曝气供氧。不同于其他污水处理技术,这类技术在建设投入以及成本控制方面表现出显著优势。我国已经成功建立的稳定塘包括日处理 20 万 m³ 城市污水的齐齐哈尔稳定塘、日处理 17 万 m³ 城市污水的西安漕运河稳定塘等。20 世纪 50 年代,我国学者便逐步展开了稳定塘的理论分析和实践探索,随着技术的不断更新,理念的持续丰富,在稳定塘的生物强化处理机理、设计运行参数、设施运行规律等方面取得了突出的成就,同时基于前期技术原理,进行了新技术的研发和组合塘工艺的设计,包括活性藻系统、高效藻类塘等。其中生态塘还可以借助水体自身水生环境的打造进行水质的调整净化,生态塘利用食物链网络的构建,促使能量能够在各级之间有效传递,确保有机污染物及氮、磷含量能够不断在这个过程中被削减。生态塘不仅可以用于日常鱼类、水禽养殖,还为芦苇等水生植物生长提供了必要的环境,在生态系统作用下,周边环境得以有效改善,具有良好的生态效益和经济效益。

5.2.2　高效藻类塘耦合水生植物塘

高效藻类塘是由美国加州大学伯克利分校的 Oswald 教授提出并发展起来的一种传统稳定塘的改进形式。高效藻类塘中安装有连续搅拌装置,可以使藻类塘中的污水完全混合,

调节塘内 O_2 和 CO_2 的浓度、均衡塘内水温，这些条件促进了塘内藻类和细菌的共同生长。高效藻类塘内有着比较丰富的生物相，对有机物、氮和磷等污染物均有较好的去除效果。

高效藻类塘的特征包括：①塘深较浅，一般为 $0.3\sim0.6$ m；②有连续搅拌装置，促进塘内的污水与藻类完全混合并推动水流作环形或螺旋形流动，流速为 $0.15\sim0.45$ m/s；③停留时间较短，一般随季节不同在 $4\sim10$ d 内变化；④高效藻类塘通常分成几个狭长的廊道。

高效藻类塘的优点包括：①出水稳定，对有机物、悬浮固体的去除率高；②菌藻共生体系，产生大量可加以利用的藻类生物量；③占地面积小、水力停留时间短、操作简便、易管理。

藻类具有独特的代谢方式，可以通过光合作用利用太阳能和无机物合成本身的原生质，利用藻类处理污水可以克服传统污水处理方法易引起二次污染、潜在营养物质丢失、资源不完全利用等弊端。利用藻类去除污水中的 N、P 已引起广泛关注。利用藻类净化污水既可以廉价高效地去除污水中的 N、P 等污染物质，还可以产生大量的藻类生物量，这些生物量可以作为饲料、肥料或者燃料等加以利用。因此，利用藻类处理污水具有重大的生态学意义及广阔的前景。

自 20 世纪 60 年代初 Oswald 在美国建造第一座高效藻类塘以来，因其对氮和磷的去除效率高、占地面积少，加之运行成本低、易管理，收获的藻类又可创造经济效益（如作为肥料、发酵、动物饲养、制药和颜料等原料），藻类塘受到越来越多专家的关注，在德国、法国、新西兰、以色列、南非、新加坡、印度、玻利维亚、墨西哥和巴西等国家先后有了高效藻类塘的应用，并取得了良好的运行效果。

Oswald 研究小组早在 1967 年研究开发并在美国加利福尼亚 St.Helnea 建造了包括兼性塘、高效藻类塘、藻类沉淀塘和再处理塘的联用系统（以下简称 AIWPS 系统）。1979 年又对系统进行完善，并在加利福尼亚的 Holster 建造了第二代 AIWPS 系统。将两代 AIWPS 系统与同在加利福尼亚州的活性污泥系统和氧化沟系统在总耗能方面比较后发现，第二代 AIWPS 系统的吨水耗能为 0.109 kW·h，仅为活性污泥法的 19%，为氧化沟的 26%。可见，高效藻类塘系统的确为一种耗能低的废水处理工艺。

水生植物塘是氧化塘中的一种，以其能耗低、简单易行、良好的净化效果和独特的生态功能而成为近年来的研究热点。它的深度一般为 $0.3\sim0.7$ m，既有好氧塘的优点，也有厌氧塘的优点。利用植物、动物、藻菌共生系统使有机物分解，在塘的上部水生维管束植物进行光合作用，接着将氧从上部输送至根部，从而在根区或根际形成好氧环境，好氧菌在此水层进行氧化代谢，同时它的根区为微生物生存提供必要的场所；在塘的下部氧含量较少，厌氧菌在此进行厌氧反应。塘中的微生物将废水中的污染物、生产者和消费者的排泄物及动植物尸体等有机物分解，转变为无机物，并从中取得供自身生长繁殖的营养物质，这样在水生植物塘中形成了具有生产者、消费者和分解者的食物链。利用这种生物方法来处理受污染的河水是一种廉价、高效的处理方法，值得大力推广。

水生植物塘中的水生植物能吸收和富集水体中的有毒有害物质，并且在植物体内的富集含量可达到污染物在水中浓度的几十倍、几百倍甚至几千倍以上，对水体能起到很好的净化作用，因而受到环境污染治理工作者的普遍重视。

5.2.3　模块化多层组合生物浮岛

生物浮岛又称人工浮床、生态浮岛，是一种像筏子似的人工浮体，在这个人工浮体上栽培一些芦苇之类的水生植物，放在水里。生物浮岛能支持许多植物的生长，并且具有漂浮结构。由于人类大规模的开发建设活动，使原来的自然环境发生了很大的变化，特别是湿地面积不断缩小、水质的恶化，造成了河流、湖沼、池塘等水生态的严重破坏。人工浮岛在水体净化、环境改善、景观美化等方面的作用正越来越受到大家的关注。2000 年德国 BESTMAN 公司开发出第一个生物浮床之后，以日本为代表的国家和地区成功地将生物浮岛应用于地表水体的污染治理和生态修复。随着人工浮岛工程案例的增多，其结构设计、规模形状、选材、布设方式也越来越受到人们的重视。

生物浮岛技术的整体思路：采用浮床陆生植物作为先锋植物种植于河湖水面，通过其对湖水中 P、N 等营养盐的吸收利用，大幅减少水体中的过剩营养物，以控制浮游植物的过量繁殖，使水体透明度得到大幅提高，水质得到改善，从而为水生动植物的自然恢复、人工补种补养，为保证其正常生育和繁衍营造一个良好的水环境条件，使一部分水生动植物得以自然恢复，一部分得到补充，最终使水生态系统得到全面修复。

我国城市河流污染主要以有机物和氨氮为主，90%以上是因水体中 N、P 含量过高引起的水体富营养化，并且不同水体有机物、N 和 P 的分配不同，导致水体污染类型不同。河湖水污染实质上是生态系统退化问题，必须以生态的理念、思路、方法来探索切实有效的河湖污染水域治理的新途径，生物浮岛技术越来越得到广泛的应用。

生物浮床应用于水体污染治理开始于 20 世纪 70 年代。1979 年德国建造的浮动岛礁是当代最早的将生物浮岛（又名人工浮床）应用于水处理领域的案例。

国外有人研究了利用水生高等植物净化污水的实例，选用的是一般的水生杂草，如凤眼莲、喜旱莲子草和阔叶香蒲等。这些植物不但有一定的净水能力，有些也可用作饲料、燃料等，具有一定的经济效益。1982 年开始，日本在滋贺县琵琶湖建造了生物浮床系统（生物浮岛），作为鲤鱼、鲫鱼等鱼类的孵卵所。1995 年日本研究者在霞浦（土浦市大岩田）进行了隔离水域试验，结果表明，在生物浮床覆盖率只有 25%的条件下，削减了 94%的浮游植物细胞数，而且有浮床的水域 COD 浓度比对照水域减少 50%，但是冬天因受水温影响，有浮床的水域与对照水域水质差别不大。

同一时期，美国也利用多种鱼类养殖废水水培生产生菜、西红柿、草莓和黄瓜等蔬菜及风信子等花卉。Nathalie 等用商业化深液流（NFT）水培系统漂浮栽培毛曼陀螺（*D.innoxia*）

净化修复生活污水，取得了较好的效果。德国建设公司的一座污水处理厂无土栽培了 3 000 m² 的芦苇群，植物根系表面积可达 120 m²/m³，这些根系大量吸收氮、磷和重金属，通过收割芦苇回收污水中的营养盐和重金属。

（1）生物浮岛技术国内研究现状。

我国的一些学者从 20 世纪 80 年代起也对生物浮床技术在水环境污染生态修复方面开展了一些有意义的研究。

近年来，生物浮床技术在我国水体污染控制工程领域已有实际应用的例子。例如，应用于治理太湖内湖——五里湖上的生物浮岛（生态浮床）在净化水质和消除波浪方面都起到积极的作用，同时也提高了水体的透明度，为沉水植物的恢复提供了有利条件。2002 年，北京首次应用浮床技术修复什刹海富营养化水体，一定程度上控制了蓝藻"水华"，消除了水体异味，提高了水体透明度，被测试植物中的美人蕉和旱伞草被优先选用。

宋祥甫等利用浮床技术种植水稻，不但收获了农产品、美化了水域景观，也去除了水体中导致富营养化的主要因素——N、P 元素，为利用浮床植物净化富营养化水域提供了科学依据。在"十五"期间，宋祥甫教授就对生物浮岛技术在治理污染水体方面的有效性做了具体论述，为浮岛技术的进一步发展奠定了基础。

马立珊等利用香根草分别净化南京秦淮河、金川河、玄武湖的富营养化水体，生物量可高达 750 t/（hm²·a），理论上可去除氮、磷的量分别达 1 125～1 325 kg/（hm²·a）、450～600 kg/（hm²·a），试验为利用浮岛技术治理富营养化水域提供了更为具体的技术参考。

邓春光等研究表明水蕹菜对污水中的 N、P 和 COD_{Cr} 具有明显的去除效果。由文辉等研究表明水蕹菜和水芹菜具有很好的净水效果和经济价值。

陈荷生等利用风车草对重庆双龙湖水体进行净化试验，分析了风车草净化水体的作用规律、适用范围、对营养物质吸收的能力以及对富营养化水体总叶绿素 a 的影响，并提出了"净化半径"这一概念，其试验结果表明风车草对富营养化水体有良好的修复功能。

卢进登等利用风车草、彩叶草和茉莉净化富营养化水体，试验结果表明 3 种植物对氮、磷、COD_{Cr} 的净化能力为：风车草最好，彩叶草次之，茉莉最差，并提出今后还需要进一步对污染物吸收量更高的具有观赏价值的植物进行筛选。

李英杰等利用浮岛种植香根草技术研究了香根草对富营养化水体的净化能力，结果表明，香根草对富营养化水体中的 N、P、COD_{Cr}、BOD_5 等有明显的去除功能，能显著改善富营养化水体的水质。

程伟等采用 3 种人工浮床池（美人蕉+组合填料、美人蕉+球形填料、美人蕉）对西太湖地区的一条富营养化的河水进行了浮床池净化试验，结果表明设置填料的两种浮床池对河水净化效果比不设置填料的浮床池好，并且组合填料因具有较大的表面积能够固定更多的微生物净水效果最好。

任照阳等选用冬、春季生长良好的陆生植物黑麦草，采用围隔系统现场试验研究其对富营养化水体的总氮的净化效果及净化的动态过程，结果表明，当浮床覆盖率为 30%时，TN 去除率最高，达到 74.91%，通过对浮床黑麦草去除水体总氮的动态过程进行数据拟合表明其符合三次方程曲线。

张建梅等应用凤眼莲-泡沫塑料浮床在实验室开展了黑臭水质净化的小试研究，比较了曝气增氧技术、微生物技术、生物促生技术等不同组合条件下人工浮岛对水质净化和生态修复效果的影响规律。

于晓章等利用美人蕉浮床开展水产养殖塘水质净化试验，结果表明，人工浮床的覆盖率为 20%时对 TN、TP、COD_{Cr} 及叶绿素 a 的净化率分别为 72%、82%、31%和 56%。

综上所述，生物浮岛技术在水环境治理方面，尤其是水体富营养化修复方面的应用有着广阔的发展前景，关于该技术的研究也是当前生态修复领域内的热点问题之一，选用生物浮岛技术控制河流富营养化污染具有现实意义。

（2）生物浮岛的净化机理。

①植物吸收净化。

生物浮岛栽植的挺水植物由于整个或大部分植株位于水中，可以直接吸收水体中的 N、P 等营养元素，并同化为自身的结构组成物质。同化的速率与生长速度、水体营养物水平呈正相关，并且在合适的环境中，它往往以营养繁殖方式快速积累生物量，而 N、P 正是植物大量需要的营养物质，所以对这些物质的固定能力也就非常高。除吸收 N、P 元素外，部分水生植物还对 Hg、Pb、Cd、Cu、As、Cr、酚、苯等多种金属及有机污染物具有较强的富集、去除能力。

②物理化学作用。

以大型水生植物为核心的生物浮岛系统中，有小部分污染物通过物理化学作用被去除，主要有挥发、吸附和沉降等途径。物理化学作用主要去除 SS 和高分子有机物等大颗粒污染物，改善水体的感官效果。水生植物发达的根系与水体接触面积很大，能与人工填料共同形成一道密集的过滤层，当水流经过时，不溶性胶体会被根系吸附或截留。与此同时，黏附于根系的细菌在进入内源呼吸阶段后会发生凝聚，把悬浮性的有机物和新陈代谢产物沉降下来。高等水生植物及其共生细菌构成的多级生态系统分泌物和水体中的悬浮颗粒与胶体凝聚后沉降，快速提高水体的透明度。

③释氧复氧作用。

水生植物（特别是沉水植物）的光合作用过程中释放氧，可明显增加水体中的 DO 浓度。由于植物体位于水下，对水体的增氧效果较为显著。如灯芯草的释放速率为 126 mol O_2/（g·h）；宽叶香蒲为 120～200 mol O_2/（g·h）。不同植物释放氧的潜力不同，宽叶香蒲远大于灯芯草。邓辅唐等通过对几种湿地植物的氧释放速率测定结果表明，几种实验水生植物对河道水中 DO 的增长作用依次为：水芹菜＞水葱＞香蒲＞蘆草＞大藻。水体 DO 浓度增加，有利于水质的改善。

④植物化感作用。

植物化感作用是指大型水生植物通过生长代谢过程释放某些化学物质，抑制藻类及细菌生长的现象。如灯芯草可从根部释放抗生素，当污水经过灯芯草植被后，一系列细菌如大肠杆菌、沙门菌属和肠球菌明显消失。

水生植物除吸收 N、P 等营养物质，通过营养物质的竞争来抑制藻类生长外，一些水生植物还通过释放某些复合物来抑制藻类的生长。何池全等发现挺水植物石菖蒲从根系向水体分泌化学物质抑制藻类生长，戴树桂等从香蒲提取物中分离出了克藻化合物，并对比了对不同的藻类抑制效果，鲜启鸣等研究发现金鱼藻、苦草、伊乐藻、微齿眼子菜等具有较好的克藻效应。

⑤植物-微生物的协同净化。

在以大型水生植物为核心的水体净化系统中，微生物对污染物的降解仍起着重要作用，特别是对 COD_{Cr}、氨氮的去除，微生物作用仍占有重要地位。

水生植物为了满足其根部的呼吸需要，可以通过体内发达的通气系统使氧从茎叶向根处转移，呼吸消耗剩余的氧气就会直接释放到水中，沉水植物通过光合作用从茎叶释放氧气，增加水体溶解氧的含量，形成良好的根际微生态环境和叶片微生态环境。

根系也可以作为微生物附着的良好的界面，为好氧微生物提供适宜的生长环境，而根区以外则适于厌氧微生物的生存，进行反硝化和有机物的厌氧降解。因此，尽管微生物起着直接的作用，但植物的作用也是不可或缺的，植物的代谢直接关系到污染物的降解。植物通过根还可释放很多有机复合物，这种释放的数量目前还不清楚。在某些植物中，由根分泌的这种有机碳可作为反硝化的碳源从而有利于硝酸盐的去除。

组合生物浮岛分为上层生物浮岛和下层生物浮岛两部分，中间由支架连接组成。上、下两层生物浮岛的箱体中均填充悬浮生物填料，并种植水生植物。下层生物浮岛上装有浮体。安装在下层中的潜水泵将水提升到上层，利用喷头形成景观跌水，上层净化后的水通过跌水喷头形成自然跌水进入下层，对水体进行循环净化。这样既解决了生物浮岛的覆盖率问题，又可在处理过程中实现复氧。该技术将植物净化、生物膜和跌水复氧技术相结合，对城市河湖水体进行净化时，可以有效削减水体中的有机污染物、氨氮和磷酸盐，同时改善景观。

模块化多层组合生物浮岛技术，可用于削减细河水体中的氨氮、有机污染物和总磷含量，还可以在城市河道中形成一道亮丽的风景，美化城市居民生活环境。

5.2.4　人工湿地技术

辽河流域地区属于北温带大陆季风气候，全年平均气温为 4～10℃，西丰地区冬季极端气温达到 −30℃。冬季的低温天气对于湿地的正常运行有很大影响。为了保证湿地冬季的正常运行，东北地区的构筑湿地均以潜流湿地为主。潜流湿地单元的深度主要受两方面因素的控制：冬季冻土深度和工程造价。从理论上来讲潜流湿地单元的深度越深，其保温效果越好，湿地对污水的处理效果越好，但是深度的增加也加大了工程的建设费用，这就需要找到合理的深度能够兼顾保温和造价两方面因素。

冻土深度决定湿地深度。2007 年冬季，辽宁省各地冬季平均气温为 –13.9～–1.7℃。辽宁省各地冻土深度为 41～129 cm，其中朝阳西部、阜新、铁岭北部、锦州北部及沈阳地区冻土最大深度大于 100 cm，大连大部分冻土最大深度在 50 cm 以下，其余地区冻土最大深度为 51～99 cm。为了保证湿地冬季正常运行，潜流湿地单元的深度一定要超过当地的冻土深度 20 cm 以上。

保温措施决定深度。北方地区构筑湿地在冬季要采取必要的保温措施。目前通常方法是将湿地植物收割，并在湿地表面铺设草炭土、稻草、芦苇、地膜等覆盖物来保温，由于稻草、苇秆等可以就地取材，地膜春季埋土收藏可连续使用 3～5 年，采取保温措施对运行成本的增加影响较小。铁岭市昌图县污水处理厂湿地采取上述保温措施后，湿地进出水温降低幅度为 3～5℃。湿地冻深小于 30 cm。另外，北方湿地在表面覆盖一层 20 cm 厚的草炭土，保温效果非常好，在 –15℃的气温下，草炭土覆盖下的芦苇根系还处于发芽的状态。这样在辽河流域冬季，芦苇的大量根系在湿地的运行中还可以起到夏季同样重要的作用。

人工湿地在 20 世纪 70 年代由天然湿地发展而来，借助人工手段进行模拟和控制，确保其表现出同天然湿地类似的特征。这一技术是将污水、污泥合理分配到人工建设的湿地区域，污水与污泥在沿一定方向流动的过程中，主要利用土壤、人工介质、植物、微生物的物理、化学、生物三重协同作用，对污水、污泥进行处理的一种技术。人工湿地作用机理包括吸附、滞留、过滤、氧化还原、沉淀、微生物分解、转化、植物遮蔽、残留物积累、蒸腾水分和养分吸收及各类动物的作用。同时在确保水体中污染物良性循环的情况下，充分发挥资源的生产潜力，防止环境的再污染，获得污水处理与资源化的最佳效益。1980 年之后，国外对于人工湿地的探索逐渐深入，人工湿地在河流污染治理的作用逐渐受到重视。而我国在这方面的探索还处于初期阶段，"七五"时期之后，我国才开始意识到人工湿地在环境治理和水质净化方面的重要性。1990 年 7 月，我国首个人工湿地——白泥坑人工湿地正式用于实践，在取得了一系列成效之后，杭州、武汉、沈阳等也开始进行人工湿地示范工程的建设。到 2009 年，全国范围内人工湿地数量达 200 个。聂志丹等（2007）研究了 3 种不同类型的湿地对水体富营养化的处理效能。结果表明，人工湿地的垂直流、潜流和表面流 3 个类型对 $NH_3\text{-}N$ 的平均去除率分别为 33.2%、27.4%和 14.1%；对 TN 的去除率分别为 52.3%、50.1%和 19.2%；TP 去除率分别为 58.8%、57.7%和 26.3%；高锰酸盐指数去除率分别为 37.2%、28.3%和 14.8%；叶绿素 a 去除率分别为 86.9%、96.1%和 55.3%。可见，垂直流人工湿地对 $NH_3\text{-}N$、TN 和 TP 的去除性能最佳，潜流人工湿地在高锰酸盐指数与叶绿素 a 去除方面表现出最佳的性能。从出水稳定性角度来看，垂直流湿地＞潜流湿地＞表面流湿地，可见对于处理富营养化水体来说，垂直流湿地与潜流湿地更为适用。

5.2.4.1 不同流态人工湿地组合技术

水平流人工湿地的主体结构类似表面流人工湿地，但污水在基质中流动时，水面低于基质表面，呈潜流状态，一方面充分利用了基质表面生长的生物膜、植物根系和基质的截留作用，提高了处理效果和处理能力，另一方面由于水流一直在基质表面以下流动，避免了表面流湿地中的蚊蝇及臭味问题，在一定程度上降低温度变化的影响。水平流人工湿地的污染物降解接触点多、微生物丰富、耐冲击、负荷较大、占地面积小、污水处理效率高。缺点是建造费用高、有机负荷较高时易发生堵塞、维护和管理费用也较高。水平流人工湿地污水以水平方式在基质空隙中流动，污染物在微生物、基质和植物的共同作用下，通过一系列物理、物化和生物作用得以去除。垂直流湿地污水从湿地表面流入，从上到下流经湿地基质层，由底部流出，氧气可随水流传输进入湿地系统，其内部充氧更为充分，有利于好氧微生物的生长和硝化反应的进行，N、P去除效果较好。

采用复合水平流-垂直流人工湿地组合关键技术，对分散式生活污水进行处理，验证该关键技术的处理效果，为"十二五"辽河流域分散式污水治理技术产业化提供可靠的技术支撑。首段采用水平流人工湿地，水流经均匀布水后自左向右下流经湿地，而后进入垂直流湿地，水流最终从垂直流湿地底部排出至受纳水体。

辽宁省环保集团针对辽河流域污染现状及现存的环境问题和技术问题，在集成"十一五"水专项研究成果的基础上研发了不同流态的人工湿地组合技术，通过中试试验，进一步对比优化复合垂直流+垂直流（VW_1+VW_1）、复合水平流+垂直流（SSW_2+VW_2）、单一垂直流（VW_3）和单一水平流（SSW_3）4种不同构筑类型人工湿地对COD、TP和TN的去除效果，验证了不同流态湿地组合关键技术较好的适用性，为人工湿地产业化推广提供了可靠技术支持。结果表明：4种不同流态人工湿地对TN去除率依次为：（SSW_2+VW_2）＞（VW_1+VW_1）＞SSW_3＞VW_3；TP去除率依次为：（SSW_2+VW_2）＞（VW_1+VW_1）＞SSW_3＞VW_3；COD去除率依次为：（VW_1+VW_1）＞（SSW_2+VW_2）＞SSW_3＞VW_3。不同流态人工湿地及组合工艺对污染物去除效果如表5-1所示。

表5-1 不同流态人工湿地及组合工艺对污染物去除效果

项目	进水浓度/（mg/L）	VW_1+VW_1		SSW_2+VW		SSW_3		VW_3	
		出水浓度/（mg/L）	去除率/%	出水浓度/（mg/L）	去除率/%	出水浓度/（mg/L）	去除率/%	出水浓度/（mg/L）	去除率/%
COD	105.27	33.5	68.16	44.4	57.8	50.96	51.56	58.94	35.22
TN	25.77	7.48	70.91	8.3	67.64	18.96	26.06	21.11	17.96
TP	2.12	0.89	58.02	0.86	59.43	1.53	27.83	1.82	14.15

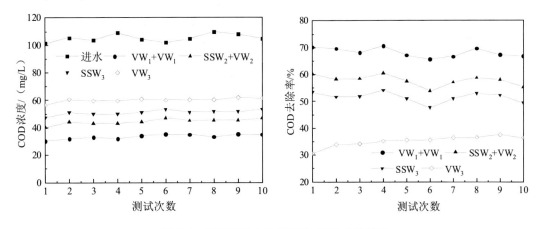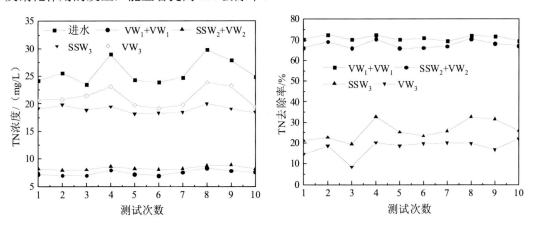

（1）COD 去除效果分析。

人工湿地的显著特点之一是对有机污染物有较强的降解能力，废水中的不溶性有机物通过湿地的沉淀、过滤作用，可以很快地被截留，进而为微生物所利用；废水中的可溶性有机物可通过植物根系生物膜的吸附、吸收及生物代谢降解过程而被分解去除。通过试验研究表明，4 种不同构筑类型的人工湿地对 COD 去除效果如图 5-1 所示，不同流态人工湿地对 COD 的去除率为：（VW_1+VW_1）＞（SSW_2+VW_2）＞SSW_3＞VW_3，（VW_1+VW_1）和（SSW_2+VW_2）组合工艺对 COD 的去除效果高于单一的水平流和垂直流人工湿地。

图 5-1　不同流态人工湿地的 COD 去除效果

（2）TN 去除效果分析。

研究结果表明，4 组人工湿地中，TN 去除率依次为：（VW_1+VW_1）＞（SSW_2+VW_2）＞SSW_3＞VW_3（图 5-2），其中（VW_1+VW_1）和（SSW_2+VW_2）组合工艺对 TN 去除率高于单一的水平流或者单一的垂直流，这主要是由于污水在垂直流湿地中经过上行流和下行流的往复流动过程中可以维持湿地基质中 DO 的恒定，维持微生物活性，有利于微生物硝化反硝化作用的发生，能显著提高 TN 去除率。

图 5-2　不同流态人工湿地的 TN 去除效果

（3）TP 去除效果分析。

研究结果表明，4 组不同流态人工湿地的 TP 去除效果如图 5-3 所示，由图 5-3 可知，TP 的去除率依次为：（SSW_2+VW_2）＞（VW_1+VW_1）＞SSW_3＞VW_3。

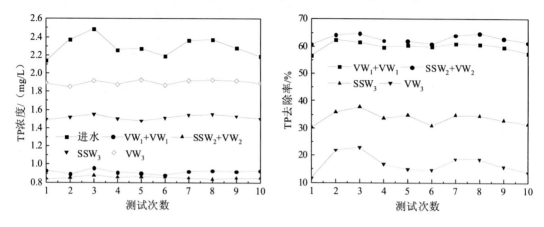

图 5-3　不同流态人工湿地的 TP 去除效果

研究结果表明，研发的（VW_1+VW_1）和（SSW_2+VW_2）两种组合工艺对 COD、TN、TP 的去除效果明显优于单一的水平流和单一的垂直流人工湿地。分析其原因可能为，污水在（VW_1+VW_1）和（SSW_2+VW_2）组合的人工湿地中循环流动，增加污水与基质的接触时间，提高了填料吸附、微生物同化和植物对有机物、N、P 等污染物的吸收，提高了污染物的去除效果。此外，空气中的氧气可以通过湿地中污水流态的改变而进入基质中，进而维持湿地中溶解氧的恒定，保证微生物的活性，使湿地中硝化与反硝化反应高效进行，提高污染物的去除率。结合北方寒冷地区气候条件和人工湿地运行特点，课题选取复合水平流+垂直流人工湿地组合关键技术作为示范及产业化推广的关键技术。

5.2.4.2　功能材料的选取与研制

人工湿地是一种高效低耗，具有广泛应用前景的生态处理系统，其对污染物的去除主要依靠植物、微生物、基质三者的共同作用来实现，其中基质的作用比较显著。在人工湿地系统中，基质作为人工湿地的重要组成部分，基质自身可以通过吸附和过滤作用除氮，不仅对进入系统的污染物有直接去除功能，还可为湿地植物和微生物的附着和生长提供介质，基质的选择直接影响人工湿地的成本及净化效果。人工湿地系统对氮的去除主要依靠微生物的硝化和反硝化作用。基质主要为脱氮微生物的生长、繁殖以及降解活动提供适宜的场所。硝化作用需要充足的氧气，比表面积较大、通气性好的基质，有利于空气中的氧气进入湿地，为硝化细菌提供有利的氧化环境，有利于硝化除氮；而一些多孔基质由于含水率高，容易使湿地形成厌氧环境，有利于反硝化作用除氮；有机质含量丰富的基质可以为湿地微生物提供碳源，促进脱氮作用的进行。

基质是人工湿地的载体，它支撑着人工湿地动植物和微生物的生命过程，基质对污染物的成功截留为后续植物吸收创造良好条件，是出水水质的保证。人工湿地基质对污染物的去除过程包括物理过滤、离子交换、专性与非专性吸附、螯合作用和沉降反应等。

人工湿地所用基质对湿地系统的运行效果起着关键的作用，目前人工湿地系统可用的基质主要有土壤、碎石、砾石、细沙、粗砂、沸石、多孔介质和工业废物中的一种或几种组合的混合物，为了综合发挥各基质优势，基质往往由多种材料组成。基质级配十分重要，适当的基质级配可以有效去除各种污染物质，同时有效避免堵塞，提高运行周期。

辽宁省环保集团在集成"十一五"水专项研究成果的基础上，结合北方寒冷地区气候特点和分散式生活污水产生及水质特点，选取了陶瓷填料、石英砂、砾石、炉渣 4 种物质作为研究对象，研究了填料的性质及材料级配对污染物的净化效果，结合人工湿地基质的特点，筛选砾石作为人工湿地基质，并进行了砾石的静态吸附性能与级配研究。

（1）4 种基质静态吸附性能。

通过填料吸附等温公式确定填料的吸附量，为选择填料提供可比较的参数，对于人工湿地产业化推广提供重要支撑。

对于恒温条件下填料表面发生的吸附现象，常用 Langmuir 方程和 Freundlich 方程来表征填料表面的吸附量和介质中溶质平衡浓度之间的关系。

Langmuir 方程：
$$\frac{C_e}{q} = \frac{1}{aq_o} + \frac{C_e}{q_o}$$

Freundlich 方程：
$$\log_{10} q = \log_{10} k + \frac{1}{n}\log_{10} C_e$$

式中，q 为吸附平衡时填料表面的吸附量，mg/kg；q_o 为常数，表示填料表面吸附单一分子层的吸附量，mg/kg；C_e 为吸附平衡时介质中的氮磷浓度，mg/L；a、k、n 为常数。

本研究内容研究了恒温条件下不同填料对氨氮和磷酸盐的吸附。4 种填料对氨氮的吸附均可用 Langmuir 方程和 Freundlich 方程进行拟合，并且 4 种填料对氨氮的吸附更符合 Freundlich 方程。Freundlich 等温式中，k、n 为经验常数，$1/n$ 越小，吸附性能越好，炉渣的 $1/n=0.464\,3<1$，炉渣易于吸附氨氮。Langmuir 方程中，q_o 表征填料对氮的理论饱和吸附量，常数 a 表征填料对氮素的结合能。由表 5-2 可知，炉渣对氨氮的理论饱和吸附量（26 057 mg/kg）远高于其他 3 种基质，a 值依次为炉渣＞陶瓷填料＞砾石＞石英砂。

不同填料 Langmuir、Freundlich 拟合吸附等温方程及参数如表 5-2 和表 5-3 所示。

表 5-2　填料 Langmuir 拟合吸附等温方程及参数

填料	$\dfrac{C_e}{q}=\dfrac{1}{aq_o}+\dfrac{C_e}{q_o}$	相关系数（R^2）	a	q_o
炉渣	$\dfrac{C_e}{q}=3.358\,21\times10^{-5}C_e+1.224\,33\times10^{-5}$	0.892 4	2.442 9	26 057
石英砂	$\dfrac{C_e}{q}=9.815\,1\times10^{-4}C_e+0.002\,94$	0.689 8	0.333 9	1 018.83
砾石	$\dfrac{C_e}{q}=8.459\,81\times10^{-4}C_e+5.883\,64\times10^{-4}$	0.692 4	1.437 9	1 182.06
陶瓷填料	$\dfrac{C_e}{q}=5.459\,81\times10^{-4}C_e+5.883\,64\times10^{-4}$	0.783 6	1.977 9	10 182.06

表 5-3　填料 Freundlich 拟合吸附等温方程及参数

填料	$\lg q=\lg k+\dfrac{1}{n}\lg C_e$	相关系数（R^2）	$1/n$	k
炉渣	$\lg q=0.464\,3\lg C_e+3.844\,7$	0.931 5	0.464 3	6 993.59
砾石	$\lg q=1.766\,2\lg C_e+0.873\,8$	0.965 6	1.766 2	7.478
陶瓷填料	$\lg q=1.828\,34\lg C_e+0.931\,58$	0.858 1	1.828 34	8.542
石英砂	$\lg q=1.828\,34\lg C_e+0.931\,58$	0.987 6	1.547 2	7.248

　　由表 5-2 和表 5-3 可知，炉渣易于吸附氨氮；炉渣对氨氮的理论饱和吸附量最大（26 057 mg/kg）。

　　4 种填料对磷酸盐的吸附均可用 Langmuir 方程和 Freundlich 方程进行拟合，并且 4 种填料对磷酸盐的吸附更符合 Langmuir 方程。根据 Langmuir 方程计算出填料的磷吸附特征参数。其中 q_o 表征对磷素的理论饱和吸附量；常数 a 表征填料对磷素的结合能；最大缓冲容量（MBC=aq_o）综合反映填料吸附强度和容量。由表 5-4 可知，q_o 依次为陶瓷填料（476.19 mg/kg）＞炉渣（381.68 mg/kg）＞砾石（333.33 mg/kg）＞石英砂（308.19 mg/kg）。4 种填料 a 值差异较小，一定程度上反映了填料吸附能级，a 为正值，表示反应在常温下可自发进行，a 值越大，反应自发性越强，生成物越稳定，吸附能力相对较强。a 值依次为陶瓷填料＞炉渣＞砾石＞石英砂。Freundlich 方程中，$1/n$ 越小，吸附性能越好，4 种填料中陶粒的 $1/n$=0.338，最小，说明陶瓷填料对磷酸盐的吸附性能最好。

表 5-4　填料 Langmuir 拟合吸附等温方程及参数

填料	$\dfrac{C_e}{q}=\dfrac{1}{aq_o}+\dfrac{C_e}{q_o}$	相关系数（R^2)	a	q_o
砾石	$\dfrac{C_e}{q}=0.00262C_e+0.00889$	0.8787	0.2947	381.68
陶瓷填料	$\dfrac{C_e}{q}=0.0021C_e+0.0038$	0.9764	0.5526	476.19
石英砂	$\dfrac{C_e}{q}=0.003C_e+0.009$	0.9848	0.3333	308.19
炉渣	$\dfrac{C_e}{q}=0.003C_e+0.009$	0.9058	0.4953	333.33

表 5-5　填料 Freundlich 拟合吸附等温方程及参数

填料	$\lg q=\lg k+\dfrac{1}{n}\lg C_e$	相关系数（R^2)	$1/n$	k
砾石	$\lg q=0.4439\lg C_e+2.0221$	0.8545	0.4439	105.220
陶瓷填料	$\lg q=0.338\lg C_e+2.286$	0.9050	0.338	193.197
石英砂	$\lg q=0.392\lg C_e+1.945$	0.9802	0.392	88.105
炉渣	$\lg q=0.392\lg C_e+1.945$	0.9432	0.389	98.132

由表 5-4 和表 5-5 可知，陶瓷填料易于吸附磷酸盐；陶瓷填料对磷酸盐的理论饱和吸附量最大（476.19 mg/kg）。

根据研究结果，炉渣对氨氮具有较好的吸附性能，陶瓷填料对磷酸盐具有较好的吸附性能，考虑到炉渣机械强度低、不能长期经受污水的冲刷，长时间使用容易破碎，产生二次污染；陶瓷填料成本高，不易获得，不利于微生物的挂膜、附着和生长。虽然砾石对氨氮和磷酸盐的吸附性能略低于炉渣和陶瓷填料，但是砾石机械强度高，能长期经受污水的冲刷，化学稳定性良好，不产生二次污染，水头损失小，砾石表面容易形成生物膜，有利于微生物附着和生长，价格合理，容易获得，能降低湿地建设的总体成本。所以本研究选择砾石为人工湿地填料基质进行进一步的研究及工程推广。

（2）材料级配。

当前，困扰人工湿地高效长期稳定运行最严重的问题之一就是基质堵塞，使得人工湿地净化效能降低，甚至无法继续运行。粒径组配对湿地内部空隙大小和水溶量有决定性的影响，是影响基质堵塞的主要因素，对于有多层基质的人工湿地，除基质材质外，不同粒径基质之间配比的选择也十分重要。合理的材料级配可以防止湿地基质堵塞，提高污染物净化效率。

砾石由暴露在地表的岩石经过风化作用或由于岩石被水侵蚀破碎后，经河流冲刷沉积后产生，按平均粒径大小，可以把砾石分为巨砾、粗砾和细砾 3 种：平均粒径 1～10 mm 的为细砾；10～100 mm 的为粗砾；大于 100 mm 的为巨砾。在集成优化"十一五"水专项研究成果的基础上，对砾石填料进行级配对污水净化效果的影响进行了研究。

试验装置为直径 35 cm、高 80 cm 的有机玻璃圆柱体，有效体积为 0.054 m³。反应器内按不同级配比例 [C_1：粒径（1～10 mm）；C_2：粒径（10～100 mm）；C_3：粒径（100～150 mm）；C_4：粒径（1～10 mm）：粒径（10～100 mm）：粒径（100～150 mm）=1：1：1] 填充砾石，填充高度为 60 cm（表 5-6 和图 5-4）。

表 5-6 级配比例方案

级配方案及编号	C_1	C_2	C_3	C_4
方案 A_1	基质深度 60 cm	—	—	—
方案 A_2	—	基质深度 60 cm	—	—
方案 A_3	—	—	基质深度 60 cm	—
方案 A_4	—	—	—	各 20 cm

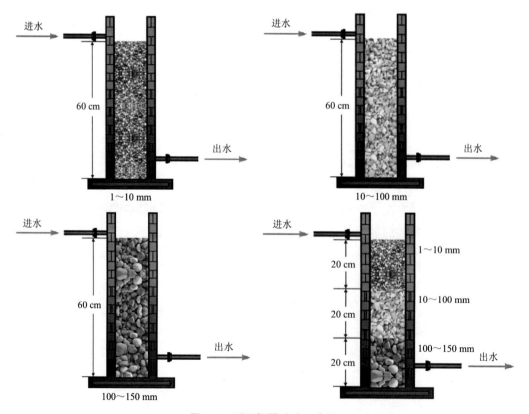

图 5-4 砾石级配试验示意图

人工湿地对营养物质起主要转移和矿化作用的是基质中的微生物。基质的比表面积越大，对生物膜的生长越有利，就越有利于除氮。人工湿地对磷的去除是植物的吸收、微生物的去除作用和基质的理化作用等共同作用的结果，但其中最主要的是基质对磷素的吸附作用。人工湿地中，微生物作用于氨氮的过程为正、反两个方面。在有氧条件下氨氮在硝化细菌、亚硝化细菌的作用下转化为亚硝酸盐氮、硝酸盐氮，即硝化反应。缺氧条件下在反硝化细菌作用下硝酸盐氮还原为亚硝酸盐氮，即反硝化作用。氨氮、亚硝酸盐氮和硝酸盐氮的相互转化是一个动态反应，受 pH、温度、DO 等环境因子影响。

砾石在不同级配条件下对污水的净化效果，结果表明，人工湿地基质（砾石）填充过程中，由下到上基质的粒径应逐渐减小，并按一定比例确定各个级别粒径的填充深度。本研究成果为人工湿地产业化提供了可靠的技术支撑。不同级配砾石对污染物的净化效果如图 5-5 所示。

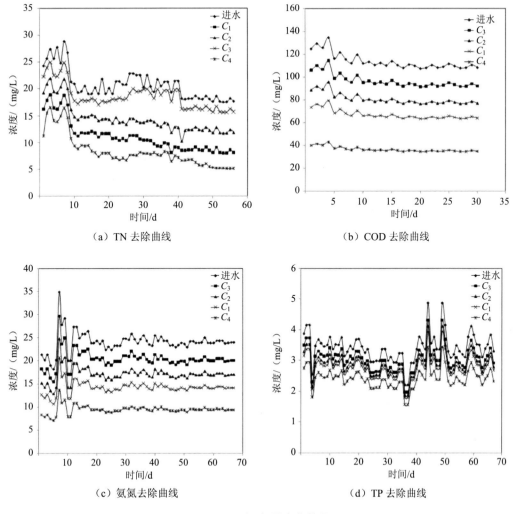

（a）TN 去除曲线　　（b）COD 去除曲线

（c）氨氮去除曲线　　（d）TP 去除曲线

图 5-5　砾石级配净化效果

5.3 人工湿地成套技术及设备

人工湿地是一种模拟自然湿地的人工生态系统，由人工建造和监督控制，其主要由四大基本要素——水体、基质、水生植物和微生物组成，通过基质、水生植物、微生物以及三者之间的一系列物理、化学、生物的途径，来完成对污染物的高效去除。人工湿地技术具有投资和运行费用低、抗冲击负荷能力强、处理效果稳定、出水水质好、具有较强的氮磷去除能力等优点，具备一定的景观美学效应和环境效益，尤其是适用于排水管网不完备和土地资源充足的村镇地区。人工湿地技术对于乡镇、村镇生活污水分散式特点、对操作人员的水平要求不高等具有较好的适用性，但是人工湿地技术存在布水均匀性差、出水水位难以准确调节等问题，影响了它作为一种新型污水处理技术的应用与推广。课题在传统的潜流湿地基础上对配水、集水及人工湿地冬季低温运行等方面进行了改进和优化，以人工湿地系统化、模块化为设计理念，研制了适用不同规模湿地单元的成套设备。成套设备以人工湿地污水处理工艺为技术基础，配合填料过滤截留，微生物吸附分解，植物系统吸收转化等技术措施，确保对水中污染物质的分解和去除。成套设备以模块化为设计理念，进水、布水、集水等装置均为不锈钢防腐材料的单体结构。系列化的模块，可根据不同的处理水量及现场场地条件进行拼接安装，简便快捷。设备采用不锈钢材质，不仅使用寿命长，而且大大减少了施工工程量和施工成本。不锈钢箱体密封性能好，结构简单，连接部位容易密封处理，配合湿地的防渗，湿地单元成为一个完整的密闭系统。

5.3.1 人工湿地均匀配水技术及设备

潜流人工湿地污水处理方式主要采用的是混凝土结构，钢混池施工工艺复杂、周期长、结构设计烦琐、造价高，不太适用于中小型污水处理工程，该研究所研发的均匀配水系统采用了渠堰式均匀配水技术，降低了配水设施投资，并解决了传统管式配水不均等问题。

人工湿地污水处理系统具有建造和运行费用低、处理效果稳定、适用面广等优点，得到国内外众多专家和学者的认可。人工湿地中除了基质、植物和微生物是基本组成外，配水系统也是重要的组成部分。为实现人工湿地高质量、低能耗、稳定可靠的工程运行，同时针对辽河流域分散式污水的特点，该课题自行研发了渠堰式均匀配水系统，降低了配水设施投资，并解决了传统管式配水不均等问题。

渠堰式均匀布水系统由 3 部分构件组成，包括进水槽、导流槽和布水槽，如图 5-6 和图 5-7 所示。

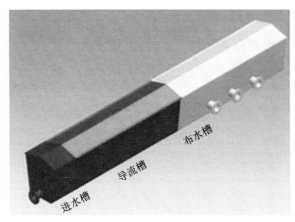

图 5-6　均匀布水系统组成示意图　　　　　　　图 5-7　布水装置示意图

该系统中各构件均采用玻璃钢材料制成，将整个系统分解成规格相同的多个部件，并实现模块化生产。玻璃钢具有重量轻、无锈蚀、不渗漏、使用寿命长、保温性能好、外形美观、安装方便、清洗维修简便等特点。采用拼接的方式，进水、布水一体化，可根据现场的实际情况扩容或移动，增加水处理的灵活性，降低了投资成本，缩短了施工工期。

（1）进水槽。

进水槽由进水槽体、进水口、法兰和进水槽体盖板组成。进水槽通过进水管与上级构筑物相连，将上级构筑物出水引入进水槽，进水槽标高设计要保证上级构筑物液面有足够的水头自由流入进水槽。进水槽通过法兰与导流槽相连接，如图 5-8 所示。

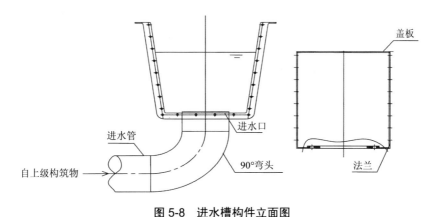

图 5-8　进水槽构件立面图

管道设计按照压力管线设计，设计流速 v 为 0.7～2.0 m/s，管道选用钢管，设计进水管管径 DN50～DN300 6 个系列，可保证进水量 Q 为 150～12 000 m³/d。设计流量与进水管管径选取列表见表 5-7。

表 5-7 设计流量与进水管管径选取列表

型号	流速/ (m/s)	流量/（m³/d）					
		DN50	DN100	DN150	DN200	DN250	DN300
CW-SC-0.7	0.7	129	527	1 036.8	1 857.6	3 024	4 406.4
CW-SC-2	2	371	1 512	2 937.6	5 356.8	8 640	12 614.4
适用进水流量/（m³/d）		150～350	550～1 500	1 100～2 500	2 000～5 000	3 000～8 000	4 500～12 000

（2）导流槽。

导流槽通过法兰与布水槽相连接，作用是保证水流稳定流动。导流槽内部结构、宽、高与进水槽相同，长度不同。由导流槽体、法兰和槽体盖板组成。如图 5-9 所示。

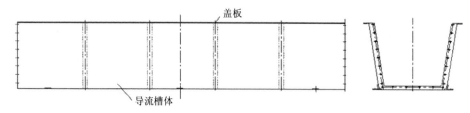

图 5-9 导流槽构件立面图

（3）布水槽。

布水槽由布水槽体、溢流堰板、法兰和槽体盖板组成，如图 5-10 所示。水流通过导流槽进入布水槽，溢流堰板将布水槽体内腔分割成导水室和布水室两部分，而且导水室和布水室上部相通，布水室通过布水孔与湿地填料相通，水流经过溢流堰板后均匀地进入湿地系统。

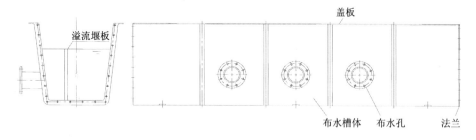

图 5-10 布水槽立面图

5.3.2 水平潜流人工湿地液位调节技术及设备

根据人工湿地在北方寒冷地区低温条件及不同季节条件下运行水位的要求，研制了集水系统。集水系统采用了防堵均匀集水和水位无极调节技术，解决了大面积单元池水力负荷和污染负荷的均衡分布问题，并保证了植物根系垂直延展度，提高了植物根系净化污水的功效。为了保证湿地的处理效率，需要有效地控制湿地的进水水位和湿地水位，一般在填料层底部设穿孔集水管，并设置旋转弯头和控制阀门。通常，潜流和垂直流人工湿地对水位的控制有几点要求：①在系统接纳最大设计流量时，湿地进水端不出现壅水，以防发生表面流；②在系统接纳最小设计流量时，出水端不出现填料床面的淹没，以防出现表面流；③为了利于植物的生长，床中水面浸没植物根系的深度应尽量均匀，并尽量使水面坡度与底坡基本一致。课题通过设计集水构件将集水与液位调节功能得到统一的发挥。

经过人工湿地处理的出水经过集水管收集至集水井的内腔，再经液位调节管的上溢流口进入湿地排水管内，由排水管排入受纳水体。湿地内的水位受水位调节管高度的影响，可通过更换不同长度的调节管达到调节湿地水位的目的。

集水及液位调节装置采用不锈钢材料，现场组合安装。集水装置内置插接的溢流管（用"O"形橡胶圈密封），设计成 LC300（300 mm）、LC600（600 mm）、LC900（900 mm）3 种不同的高度规格，可根据实际需要，调整湿地出水。这种设计结构不仅操作简单，安全可靠，而且节约了空间。

图 5-11 集水及液位调节装置图

该研究所研发的人工湿地系统，适合分散式村镇生活污水，突破了传统的混凝土结构池的设计方式，而将进水、布水、集水装置全部制作成玻璃钢材料的产品，这些产品全部在工场生产，现场只进行简单的拼接、安装。此种发明不仅安装、设计、操作简单，而且缩短了工期，大大减少了直接投资费用。

王全金等（2013）在 2012 年 11 月至次年 1 月，将潜流人工湿地和后置生态塘组成处理系统，采用正交试验法研究了湿地水力负荷、碳氮比、预曝气强度和塘深 4 个因素对氮元素去除效果影响，并借助 SPSS 软件对正交试验结果进行方差分析。结果表明，4 种因素对组合系统中 TN 和 NH_3-N 去除率的影响湿地水力负荷最强，其次为碳氮比、预曝气强度，最后是塘深。

黄建洪等（2011）研究了氧化塘/人工湿地复合系统处理城市旱期低污染与雨期重污染河水的净化效果。旱期日平均气温为 20～25℃，处理水量为 11.52 m^3/d，系统 HRT 为 4.1 d，塘与湿地的 HRT 分别为 3 d 和 1.1 d。雨期日平均气温为 26～28℃，处理水量为 12 m³/d，系统 HRT 为 3.4 d，塘与湿地的 HRT 分别为 2.5 d 和 0.9 d。运行结果显示，在旱期系统对 SS、COD、TP 的去除率分别为 89.2%±10.4%、73.8%±5.1%、78.9%±4.5%，雨期去除率分别为 93.6%±0.5%、74.7%±0.8%、81.0%±1.0%。该复合系统可以有效处理旱季低污染河水和雨季高污染河水，实现水质净化与提升景观效果。

5.4 典型案例示范与推广

结合课题研究成果及示范工程应用效果，在辽河流域进行了高效人工湿地成套技术及配套设备污水处理技术的产业化推广，已形成产业化项目 17 项，共实现产值 15 754.32 万元，年减排 COD 3 109.8 t、氨氮 341.19 t，环境、社会效益显著。该课题产业化项目在辽河流域污染防治规划实施过程中发挥了重要作用，为辽河流域分散式污水治理方面提供了全面技术支撑。

5.4.1 西丰县人工湿地污水处理工程

5.4.1.1 项目概况

项目名称：西丰县人工湿地污水处理工程。

建设单位：原西丰县环境保护局。

建设内容及规模：5 000 m³/d 的复合水平流-垂直流人工湿地组合工程。

项目总投资：682 万元。

应用的关键技术：复合水平流-垂直流人工湿地组合+功能性强化生物产品。

5.4.1.2 关键技术与工艺路线

采用"复合水平流-垂直流人工湿地组合+功能性强化生物产品"的关键技术。

西丰县人工湿地污水处理工程工艺流程如图 5-12 所示。

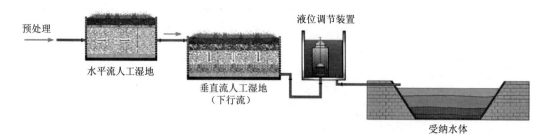

图 5-12 西丰县人工湿地污水处理工程工艺流程

5.4.1.3 主要工程内容

人工湿地对废水的处理综合了物理、化学和生物 3 种作用，使最终出水 COD_{Cr}、BOD_5、

TP、SS、TN 等指标达到设计要求。布水区和出水区自上而下依次为：草炭土、豆石（直径 5～8 mm）、卵石（直径 20～30 mm）、砾石（直径 40～80 mm）、粗砂层。

（1）水平流人工湿地。

二沉池出水经管线输送至人工湿地前端布水渠，通过布水渠接入水流湿地单元。水平流湿地填料深度 1.2 m。填料层从自下而上依次为粗砂层、沸石（直径 20～30 mm）、豆石（直径 5～8 mm）、草炭土。

湿地表层种植植物，主要为芦苇和鸢尾。

湿地防渗采用 700 g/m² HDPE 膜作为防渗方式。先将基底土平整碾压处理，除去尖锐易破坏 HDPE 膜的杂物后再进行铺设（图 5-13）。

图 5-13　人工湿地施工现场照片

（2）垂直流人工湿地。

表流湿地出水进入垂直流单元，在垂直流单元内自上而下流动，由底部排出。垂直流单元内填料层自下而上分布：粗砂、卵石（直径 20～30 mm）、豆石（直径 5～8 mm）、草炭土。

湿地表层种植植物，主要为芦苇和鸢尾。

湿地防渗采用 700 g/m² HDPE 膜作为防渗膜。先将基底土平整碾压处理，除去尖锐易破坏 HDPE 膜的杂物后再进行铺设。

图 5-14　人工湿地施工照片

（3）人工湿地均匀布水系统。

均匀布水系统采用渠堰式均匀布水系统（图 5-15），由进水槽、导流槽和布水槽 3 部分构件组成。进水槽由进水槽体、进水口、法兰和进水槽体盖板组成。进水槽通过进水管与上级构筑物相连，将上级构筑物出水引入进水槽，进水槽标高设计要保证上级构筑物液面有足够的水头自由流入进水槽。导流槽通过法兰与布水槽相连接，作用是保证水流稳定流动。导流槽内部结构、宽、高与进水槽相同，长度不同。布水槽由布水槽体、溢流堰板、法兰和槽体盖板组成。

图 5-15　人工湿地均匀布水系统

（4）人工湿地液位调节系统。

为了保证湿地的处理效率，需要有效控制湿地的进水水位和湿地水位，一般在填料层底部设穿孔集水管，并设置旋转弯头和控制阀门。经过人工湿地处理的出水经过集水管收集至集水井的内腔，再经液位调节管的上溢流口进入湿地排水管内，由排水管排入受纳水体。湿地内的水位受水位调节管高度的影响，可通过更换不同长度的调节管达到调节湿地水位的目的（图 5-16 和图 5-17）。

图 5-16　人工湿地液位调节系统

图 5-17　人工湿地图片

5.4.1.4　示范工程第三方监测

　　该示范工程于 2014 年 9 月—2015 年 5 月开展了连续 7 个月的示范工程第三方监测。主要监测指标为 COD 和氨氮，取样点设在示范工程附近的拉古河上下游。监测数据表明（表 5-8），工程前后进水 COD、氨氮削减量明显，出水满足设计要求；周边河流上、下游水质基本不变，出水排放无不良影响。

表 5-8　第三方污水站检测数据

时间	进水		出水		上游		下游	
	COD	氨氮	COD	氨氮	COD	氨氮	COD	氨氮
2014 年 9 月 17—18 日	25	1.870	20	1.880	16	0.730	20	0.460
	18	1.260	14	1.580	13	0.246	21	0.590
	25	1.290	23	1.340	12	0.219	25	0.490
	42	1.39	22	1.170	18	0.260	18	0.480
2014 年 11 月 1—2 日	32	1.080	20	0.850	12	1.180	20	1.330
	22	1.420	12	0.850	28	1.330	16	1.290
	20	1.200	11	0.700	12	1.190	14	1.110
	27	1.33	22	1.400	12	1.140	15	1.150
2015 年 1 月 13—14 日	48	0.361	23	0.355	18	1.910	21	1.970
	49	0.369	27	0.345	18	1.940	20	1.980
	45	0.358	26	0.355	16	1.910	24	1.980
	47	0.369	28	0.345	21	1.940	24	1.950
2015 年 2 月 8—9 日	44	0.363	22	0.349	15	1.630	20	1.660
	41	0.357	25	0.349	15	1.630	19	1.650
	38	0.354	23	0.349	17	1.590	22	1.610
	43	0.352	25	0.341	18	1.630	23	1.650
2015 年 3 月 15—16 日	27	2.120	15	1.300	31	1.850	32	6.000
	19	2.240	16	1.290	40	1.900	42	6.040
	19	2.490	16	1.430	30	1.790	38	5.970
	26	1.720	18	1.350	34	1.920	46	6.300

时间	进水		出水		上游		下游	
	COD	氨氮	COD	氨氮	COD	氨氮	COD	氨氮
2015年4月16—17日	16	0.239	14	0.189	14	0.145	19	0.395
	16	0.182	13	0.110	14	0.097	20	0.592
	16	0.276	14	0.163	14	0.121	26	0.166
	17	0.232	14	0.132	14	0.089	25	0.237
2015年5月28—29日	71	5.440	23	2.720	11	0.461	13	0.547
	60	5.870	24	2.730	12	0.498	13	0.576
	70	5.770	24	2.940	13	0.508	14	0.656
	67	5.910	23	2.800	12	0.664	14	0.748

5.4.1.5　环境效益

工程建设后改变了污水直排入辽河重要支流——寇河的现状，有效削减污水中污染物质的排放量，可削减 COD 529.25 t/a、NH_3-N 56.58 t/a，大大改善了寇河水质和西丰县居民的生活环境，促进了社会经济的持续发展。

5.4.2　阜新蒙古族自治县泡子镇人工湿地污水处理工程

5.4.2.1　工程项目概况

项目名称：阜新蒙古族自治县泡子镇人工湿地污水处理工程。

施工单位：辽宁北方环境保护有限公司。

建设地点：阜新蒙古族自治县泡子镇。

项目总投资：554 万元。

设计规模：2 000 m^3/d。

工艺流程：前处理+湿地。

采用技术：采用"人工湿地均匀布水设备+复合水平流-垂直流人工湿地系统+人工湿地功能生物强化技术及产品+人工湿地液位调节设备"。复合流态人工湿地系统四周 240 砖墙护围，湿地底部夯实，湿地防渗采用 HDPE 防渗膜。人工湿地功能性生物强化技术及产品、布水设备及液位调节设备均为自主研究成果。

5.4.2.2　工程建设背景

随着工业结构调整和城市建设的迅速发展及人口的增长，泡子镇的生活污水量以及工业废水排风量也在逐年增长，而且水质也在逐年恶化，由于城市基础设施和环保工程欠账较多，这些污水未进行处理直接排入细河，泡子镇的环境状况日趋恶化，早已超出环境容量所允许的程度。

饶阳河是流经泡子镇的主要河流，自北向南从镇区东侧流过。泡子镇污水对地表水的污染首先表现在对城内沟、渠和细河的污染。城内沟、渠和排水明渠环绕城区，流经各居民生活区，河内水质污浊，呈灰黑色，时有恶臭，严重影响了市容、生态环境和投资环境，污染了水资源，在很大程度上制约着该县的经济发展，同时也给人民生活造成不利影响。

为实现辽宁省"碧水工程"的具体任务，消除城市污水对城市、流域环境的污染，保护生态和人民身体健康，使环境保护的步伐与经济发展同步，结合"十二五"水专项高效人工湿地成套技术及配套设备产业化研究成果市场推广需求及北方寒冷地的气候条件，泡子镇污水处理工程采用了适用于水温 4～10℃、气温 –33～–20℃低温条件下人工湿地成套技术及配套设备处理工艺。

5.4.2.3　设计水质及污染物去除率

项目总投资 554 万元；设计规模 2 000 m³/d，变化系数 1.0，设计流量 83.33 m³/h，设计水质及污染物去除率见表 5-9。

表 5-9　设计水质及污染物去除率

序号	项目	进水水质/（mg/L）	二级标准/（mg/L）	去除率/%
1	COD	350	100	83.3
2	BOD	150	30	80
3	SS	180	30	83.3
4	氨氮	35	25（30）	28.6（14.3）
5	TP	4	3	25

5.4.2.4　主要建设内容

砾石过滤系统：在湿地系统前端设置砾石过滤区域，作为湿地系统的前处理，用于除去水中颗粒物及湿地进水的布水，过滤区域面积 120 m²，过滤区域填充砾石滤料，运行过程中定期进行反冲洗或更换。

湿地系统：采用"人工湿地均匀布水设备+复合水平流垂直流人工湿地系统+功能性生物强化技术及产品+液位调节设备"成套技术及设备。总水力负荷按 0.5 m³/（m²·d）设计。

湿地面积为 4 800 m²，分为 6 个单元。湿地结构如下：压实黏土、防水土工膜、500 mm 砾石（直径 16～32 mm）、400 mm 砾石（直径 8～16 mm）、400 mm 碎石（直径 8～16 mm）、50 mm 粗砂、250 mm 种植土，湿地内按比例种植芦苇、菖蒲、香蒲湿地植物。底部夯实，湿地防渗采用土工布防渗膜（900 g/m²）。

阜新市阜蒙县泡子镇人工湿地污水处理工程见图 5-18。

图 5-18 阜新市阜蒙县泡子镇人工湿地污水处理工程

5.4.2.5 解决环境问题

泡子镇污水处理工程可以有效改善投资环境，促进社会经济持续发展，污水处理厂所采用的人工湿地工艺在满足污水处理厂达标排放的基础，较常规市政污水处理厂的基建费用和运行费用大大降低，可实现年减排 COD 233.6 t、氨氮 24.09 t，为当地政府节省了运行费用并带来了明显的环境效益。

5.4.3 开原市八宝镇人工湿地污水治理工程

5.4.3.1 项目概况

项目名称：开原市八宝镇人工湿地污水处理工程。

施工单位：辽宁北方环境保护有限公司。

建设地点：开原市八宝镇。

工艺流程：前处理+湿地。

项目总投资：340 万元。

设计规模：1 500 m^3/d。

采用技术：采用"人工湿地均匀布水设备+复合水平流-垂直流人工湿地系统+人工湿地功能生物强化技术及产品+人工湿地液位调节设备"。复合流态人工湿地系统四周 240 砖墙护围，湿地底部夯实，湿地防渗采用 HDPE 防渗膜。人工湿地功能性生物强化技术及产品、布水设备及液位调节设备均为课题自主研究成果。

5.4.3.2　工程建设背景

八宝镇位于开原市西部平原，在辽河主要支流清河的右畔，境内主要由清河、穆河、寇河、马仲河等多条河流。由于开原市的村镇建设和经济发展比较迅速，给水体造成了严重的污染，随着城市的发展，大量的养殖废水和未经处理的生活污水直接排入水体。

5.4.3.3　设计水质及设计流量

工艺设计水质见表 5-10。工艺构筑物设计流量见表 5-11。

表 5-10　工艺设计水质

项目	进水/（mg/L）	二级处理	
		出水/（mg/L）	去除率/%
COD_{Cr}	300	60	80
BOD_5	150	20	86.7
SS	180	20	88.9
NH_3-N	35	8（15）	77.1
TP	3.5	1	71.4

表 5-11　工艺构筑物设计流量

项目	设计规模/（m³/d）	流量系数	设计流量/（m³/h）
粗格栅	1 500	1.2	75
调节池	1 500	1.2	75
预处理反应池	1 500	1.0	62.5
人工湿地	1 500	1.0	62.5

5.4.3.4　主要建设内容

粗格栅：调节池前设置粗格栅，以保护污水提升泵不受损害。粗格栅按最大日最大时设计，设栅宽为 800 mm 平板格栅一套，格栅渠与调节池一体化设计。

调节池：污水经粗格栅进入调节池，调节池按最大日最大时设计，设计流量 75 m³/h，停留时间 3 h，调节池内设计选用不堵塞型潜污泵 2 台，1 用 1 备。

人工湿地系统：设计水量，75 m³/h；尺寸，40.0 m×20.0 m×1.2 m；数量，2 座。采用"人工湿地均匀布水设备+复合水平流垂直流人工湿地系统+功能性生物强化技术及产品+液位调节设备"成套技术及设备。总水力负荷按 0.5 m³/（m²·d）设计。湿地面积为 4 800 m²，分为 6 个单元。湿地结构如下：压实黏土、防水土工膜、500 mm 砾石（直径 16～32 mm）、400 mm 砾石（直径 8～16 mm）、400 mm 碎石（直径 8～16 mm）、50 mm 粗砂、250 mm 种植土，湿地内按比例种植芦苇、菖蒲、香蒲湿地植物。底部夯实，湿地防渗采用土工布防渗膜（900 g/m²）。

开原市八宝镇人工湿地污水处理工程如图 5-19 所示。

图 5-19　开原市八宝镇人工湿地污水处理工程

5.4.3.5　解决环境问题

开原市八宝镇城镇污水处理厂工程建设有效改善了投资环境，促进了社会经济持续发展，污水处理厂所采用的人工湿地工艺在满足污水达标排放的基础上较常规市政污水处理厂的基建费用和运行费用大大减少，可实现年减排 COD 175.2 t、氨氮 18.07 t，为当地政府节省了运行费用并带来了明显的环境效益。

5.5　效益分析

课题在绕阳河流域、东沙河流域、阜新细河流域、清河流域、小清河流域、古城子河流域、浑河流域、卧龙湖省级湿地自然保护区、桓仁县亚铅河流域等 27 乡镇共完成高效人工湿地成套技术及配套设备产业化推广项目 17 项，实现产值 15 754.32 万元，年减排 COD 3 109.8 t、氨氮 341.19 t，环境效益、社会效益显著，提高了北方寒冷地区低温条件下人工湿地污水净化效果，在辽河流域分散式污水治理市场中所占份额高达 80%。人工湿地技术产业化项目汇总见表 5-12。部分人工湿地产业化项目照片见图 5-20。

表 5-12　人工湿地技术产业化项目汇总表

序号	工程名称	所处县（区）乡镇	主体工艺	设计规模	COD削减量/(t/a)	NH₃-N削减量/(t/a)	排放水体	服务人口/万人	产值/万元	建设期/月
1	阜蒙县泡子镇人工湿地处理工程	阜蒙县泡子镇	湿地	2 000 t/d	233.6	24.09	绕阳河	3.3	554	6
2	阜蒙县福兴地镇人工湿地处理工程	阜蒙县福兴地镇	湿地	600 t/d	70.08	7.23	绕阳河	2.6	120	6
3	阜蒙县务欢池镇人工湿地处理工程	阜蒙县务欢池镇	湿地	2 000 t/d	219	24	东沙河	1.9	509	6
4	阜蒙县伊吗图镇人工湿地处理工程	阜蒙县伊玛图镇	湿地	2 000 t/d	218	24.1	西细河	2.2	500	6
5	开原市八宝镇人工湿地处理工程	开原市八宝镇	湿地	1 500 t/d	175.2	18.07	清河	3.5	340	9
6	开原市靠山镇人工湿地处理工程	开原市靠山镇	湿地	300 t/d	35.8	2.7	清河	2.8	60	9
7	黑山县分散式污水人工湿地治理工程	八道壕、大虎山	湿地	4 000 t/d	123	19.8	庞家河	7.9	743.14	6
8	开原市老城污水处理工程	开原市老城镇	湿地	5 000 t/d	593.125	45.2	清河	3.1	1 500	10.5
9	开原市庆云堡污水处理工程	开原市庆云堡镇	湿地	2 000 t/d	216	23.8	清河	2.55	509	10.5
10	开原市小清河人工湿地处理工程	开原市庆云堡镇、金沟子镇	湿地	120 hm²	195	20	小清河	5.4	864	9
11	农村环境整治示范项目人工湿地处理工程	新民	湿地	1 000 t/d	67	10.2	辽河	2.1	1 230.25	6
12	抚顺市古城子河湿地处理工程	抚顺市河北乡、塔峪镇	湿地	136 hm²	148	20	浑河	4.2	1 049	7.5
13	卧龙湖湿地保护工程	康平县康平镇、二牛所口镇、东升满族蒙古族乡、东关屯镇	湿地	50 hm²	115	19	卧龙湖	14.39	950	1

序号	工程名称	所处县（区）乡镇	主体工艺	设计规模	COD削减量/(t/a)	NH₃-N削减量/(t/a)	排放水体	服务人口/万人	产值/万元	建设期/月
14	桓仁县亚铅河湿地保护工程	桓仁县	湿地	50 hm²	113	17	亚铅河	29	5 555	3
15	大凌河西八千断面上游湿地工程	凌海市大榆树堡镇、石佛堡乡、白庙子乡、张家堡乡	湿地	110 hm²	150	19	大凌河	7.6	45	1
16	阜新四合镇及玉龙新城污水处理设施（人工湿地）工程	四合镇、玉龙新城	湿地	3 000 t/d	310	27	阜新细河	3.1	30	2
17	大凌河建昌段湿地处理工程	建昌县建昌镇	湿地	60 hm²	128	20	大凌河	8.3	1 195.93	3
总计					3 109.8	341.19	—	103.94	15 754.32	—

图 5-20　部分人工湿地产业化项目照片

第6章 辽河流域水专项技术成果转化应用存在的问题及展望

6.1 水专项技术成果转化应用存在的问题

6.1.1 我国科技成果转化现状

我国科技成果转化经历了探索起步阶段、快速成长阶段、平稳运行阶段、创新发展阶段。1978 年全国科技大会召开，初步确立技术的商品属性，技术可以有偿转让；1985 年，《关于科技体制改革的决定》中指出大力开发技术市场，催生了技术转移机构；1999 年《中共中央　国务院关于加强技术创新发展高科技实现产业化的决定》指出强化技术市场法制环境优化，技术转移机构蓬勃发展；2012 年党的十八大提出发挥市场在资源配置中的决定性作用，发展技术市场，健全技术转移机制，促进科技成果资本化、产业化，不断完善管理体系和服务体系。

截至 2018 年年底，全国共有各类众创空间 6 959 家，全国科技企业孵化器 4 849 家，创业孵化平台孵化团队和企业近 62 万家，拥有有效知识产权 65 万项，培育上市挂牌企业近 3 700 家，其中境内外上市 306 家，总市值达 3.3 万亿元。

有关数据显示，目前我国科技成果只有 10%～30%应用于生产，真正能形成产业化的科技成果仅为其中的 20%左右，科技研发对经济和社会的支撑作用没有得到充分发挥。

根据中国环境科学学会统计，在生态环境科技成果转化领域，2015—2017 年 163 项国家级获奖项目中，企业获奖项目转化率为 94.7%、科研院所转化率为 40.4%、高校转化率为 49.3%。其中，技术服务和自用分别占比为 49.4%和 40.7%，成为成果转化的主要形式；联合开发、产权转让和技术入股所占比例较小，分别为 2.3%、1.3%和 0.2%。成果持有者在自由产权方面具有较强的保护意识，技术转化的途径比较单一，市场化程度不高。

6.1.2 水专项技术成果转化存在的问题

①市场需求与成果供给不对称、不匹配,大企业普遍缺乏自主创新和引进新技术的主动性,中小企业缺乏成果转化的经济和技术实力,高校和科研院所缺乏成果转化的积极性,高校和科研院所的许多成果没有市场应用需求。

②科学化的技术评估方法不完善,技术评估是生态环境科技成果转化的入口,通过技术评估规范转化秩序,从源头控制转化风险;目前尚缺少从决策者、投资者、使用者等多视角的科技成果评估。

③工作体系存在结构性缺失,尤其是技术二次开发环节不完整。面向生态环境产业发展需求开展中试熟化与产业化开发的工作格局尚未形成,没有专门从事生态环境工程技术设计方面的国家级研究院所,生态环境科技成果成熟度低,中试与产业化载体建设滞后的局面难以改善,引导低成熟度生态环境科技成果工程化、产品化和标准化的能力缺失。

④缺乏适用于评价生态环境领域科技成果转化率和贡献率的方法体系。目前,评价科技成果的作用主要包括科技进步贡献率和科技成果转化率两个指标,科技成果转化是实现科技进步贡献的前提和纽带,是否能有效解决实际环境问题是检验生态环境科技成果转化的核心标准。

⑤信息渠道不畅通、缺少足够服务生态环境科技成果转化的专业平台。科技成果转化是一个系统性过程,一个完整周期包含研发、创新、市场推广并被市场认可等过程,通常需要较长的时间,其周期性决定了科技成果转化具有较强的不确定性,需要专业服务平台支持。

6.2 水专项技术成果转化应用展望

在新形势下环境保护工作开展过程中,环保科技成果的转化及推广已经成为重要内容及任务,也是提升环保工作质量及效果的重要基础,可提供有效的科技支持。在环保科技成果转化及推广方面,为能够取得比较理想的效果,相关工作人员应当对其进行创新,从而使环保科技成果转化及推广更好符合实际需求,为环保科技成果的更理想应用提供有效的支持与保障,进而实现环保事业的更理想发展。

6.2.1 通过构建成果展示推广平台实现全面推广

在环保科技成果转化与推广工作开展过程中,为了能够较好实现创新,应当构建功能全面的展示推广交易平台,从而使环保科技成果得以更好推广展示,这一平台应当具备的功能包括技术咨询及技术推广功能、评估转化功能以及交易与信息服务功能,还需要具备培训与宣传功能,同时应当构建专业化团队,使管理、运营以及技术与网络实现有效融合。在实际工作过程中,相关工作人员应当注意与区域内环保产业发展具体情况相结合,对有关分平台进行合理构建，在此基础上使推广平台网络能够得以形成。另外，在环保科技成果推广方面，应当对多媒体、模型以及场景模拟等现代化展示形式进行合理应用，使与市场需求相符合的有关技术优化组合能够得以体现，使专业程度较强且涉及范围比较广的有关环保科技成果能够转变成为大众比较容易接受的技术，使其立体性及形象性得以提升，从而使人们能够对环保科技成果加强认识程度，保证科技转化及推广能够取得更加理想的效果。

6.2.2　构建公共服务及交易信息网络平台

在环保科技成果转化及推广工作开展过程中，对于计算机多媒体技术及现代网络通信技术应当进行合理利用，全面收集科研院所内相关环保科技成果，并且收集企业环保需求，同时实行科学管理，对成果认证体系进行合理构建。另外，对于比较成功的有关网络商城模式经验，应当实行研究及借鉴，对在线推广交易平台进行构建，使在线交易平台得以形成，与实体平台之间相互呼应，使网络信息及时交流、对接洽谈以及成果交易得以更好实现，在环保科技成果转化及推广方面提供范围较广的远程交易模式，使其能够更加形象、便捷及迅速。另外，对于移动互联网应当进行充分利用，通过对微博及微信公众号等新媒体传播方式及手段进行利用，使企业、政府及公众之间互动交流得以实现，从而保证环保科技成果转化与推广能够取得更加理想的效果。

6.2.3　创新多样化交易模式

在环保科技成果转化与推广过程中，创新多样化的交易模式也是十分重要的一个方面，具体包括以下几种。首先，应用技术整合交易模式。对于这种交易模式而言，其具体就是研究客户需求对接方案，对于有关环节技术资源实行集成与整合，从而使包括政府及企业的全程服务模式得以形成，在这一服务模式中包括多个环节内容，分别为用户咨询、科技成果二次开发、装备制造、方案的合理设计及工程施工，还有设施运营与金融融资等各个方面的相关内容，从而将整体解决方案提供给企业，使环保科技成果推广及转化能够更好实现。其次，应用公开拍卖竞价交易模式。在这种交易模式的实施过程中，应当注意选择合理拍卖竞价交易模式，所选择的交易模式应当保证具备较高技术含量，且具有较大市场潜力，可提升科技成果价格，同时能够吸引企业，保证环保科技成果能够实现市场定价，促使科研技术人员积极性得以有效提升，促使科技成果产业化途径得以拓展，从而为环保科技成果转化及推广提供更好支持与保障。最后，应用在线交易模式。以公告服务及交易信息网络平台为基础，构建全面在线交易服务体系，在这一体系中包含在线对接洽谈、技术评估认证以及在线合同签订与在线支付等相关内容，使线上资金流、信息流及线下服务流能够实现密切结合，使新型技术交流流程及规范得以形成，从而使环保科技成果转化及推广效率能够得以有效提升，使科技成果推广能够取得更满意的效果。

参考文献

[1] 韩雪婷. 人居环境科学理论指导下的村庄整治规划初探[D]. 北京：北京交通大学，2016.

[2] 鞠昌华，朱琳，朱洪标，等. 我国农村人居环境整治配套经济政策不足与对策[J]. 生态经济，2015，31（12）：155-158.

[3] 马涛，陈颖，吴娜伟. 农村环境综合整治生活污水处理现状与对策研究[J]. 环境与可持续发展，2017，42（4）：26-29.

[4] 于法稳，侯效敏，郝信波. 新时代农村人居环境整治的现状与对策[J]. 郑州大学学报（哲学社会科学版），2018，51（3）：64-68.

[5] 谢林花，吴德礼，张亚雷. 中国农村生活污水处理技术现状分析及评价[J]. 生态与农村环境学报，2018，34（10）：865-870.

[6] 余运红. 人居环境综合整治背景下农村生活污水处理工艺的选择[J]. 中国资源综合利用，2019，37（5）：61-63.

[7] 辽宁统计局，国家统计局辽宁调查总队. 辽宁统计年鉴[M]. 北京：中国统计出版社，2018.

[8] 兰书焕，高俊，李旭东，等. 生物接触氧化-蔬菜型人工湿地处理农村生活污水[J]. 水处理技术，2019，45（5）：97-100.

[9] 于法稳，于婷. 农村生活污水治理模式及对策研究[J]. 重庆社会科学，2019，3：6-18.

[10] 王子洲，刘青阳，俞昀肖，等. 村镇建设中农村生活污水处理设施的选择[J]. 中国资源综合利用，2019，3（37）：77-79.

[11] LIANG Wei，YANG Ming. Urbanization，economic growth and environmental pollution：evidence from China [J]. Sustainable Computing：Informatics and Systems，2019，21：1-9.

[12] OSWALD M，ANDREW H，PETER C，et al. Directing urbandevelopment to the right places：assessing the impact of urban development on water quality in an estuarine environment[J]. Landscape and Urban Planning，2013，113：62-77.

[13] 张建云. 城市化与城市水文学面临的问题[J]. 水利水运工程学报，2012（1）：1-4.

[14] 陈国栋，韩燕，何飞. 探究环境保护验收监测难点与解决方法[J]. 环境与发展，2018，30（4）：169-171.

[15] 宋明华，刘丽萍，陈锦，等. 草地生态系统生物和功能多样性及其优化管理[J]. 生态环境学报，2018，27（6）：193-202.

[16] 马海良，王若梅，庞庆华，等. 中国城镇化进程中工业废水污染排放分析[J]. 生态经济，2015，31（11）：14-18.

[17] 辽宁省环境监测实验中心. 构建辽河流域水环境安全监控与监测体系, 为水环境改善提供科技支撑: 水专项"辽河流域水环境安全监控与监测体系建设"课题成果综述[J]. 环境保护与循环经济, 2016, 36 (12): 10-13.

[18] 李丛. 辽河流域水污染治理技术评估与优选[D]. 沈阳: 东北大学, 2011.

[19] 尹铭, 李思辰, 曲磊. 辽河招苏台河河口水环境综合治理措施分析[J]. 水利规划与设计, 2014 (7): 53-56.

[20] 邬娜, 傅泽强, 谢园园, 等. 辽河流域产业布局生态适宜性分析及优化对策研究[J]. 生态经济, 2015, 31 (7): 60-64.

[21] 曾祥玲. 辽河流域水生态管理指标体系构建[J]. 环境保护与循环经济, 2017 (8): 69-73.

[22] 王辉, 刘春跃, 荣璐阁, 等. 辽河干流水环境质量监测网络优化研究[J]. 环境监测管理与技术, 2018, 30 (3): 17-21.

[23] 惠婷婷, 李艳红. 浅析辽河流域水环境管理现状及改善措施[J]. 环境保护科学, 2015, 41 (1): 31-33.

[24] 杜鑫, 许东, 付晓, 等. 辽河流域辽宁段水环境演变与流域经济发展的关系[J]. 生态学报, 2015, 35 (6): 1955-1960.

[25] 孙启宏, 韩明霞, 乔琦, 等. 辽河流域重点行业产污强度及节水减排清洁生产潜力[J]. 环境科学研究, 2010, 23 (7): 869-876.

[26] 刘瑞霞, 李斌, 宋永会, 等. 辽河流域有毒有害物的水环境污染及来源分析[J]. 环境工程技术学报, 2014, 4 (4): 299-305.

[27] 何志琴, 陈盛, 李云. MBR 技术在农村生活污水处理中的研究进展[J/OL]. 环境工程技术学报: 1-13 [2021-09-12]. http://kns.cnki.net/kcms/detail/11.5972.X.20210827.1832.013.html.

[28] 乔馨丹. MBR 工艺与人工湿地技术处理农村生活污水效果的探究[J]. 低碳世界, 2021, 11 (7): 63-64, 67.

[29] 李昀婷, 石玉敏, 王俭. 农村生活污水一体化处理技术研究进展[J]. 环境工程技术学报, 2021, 11 (3): 499-506.

[30] 李贵亮, 鄂正阳, 张赞萍, 等. A/O 生物接触氧化处理农村生活污水研究[J]. 能源与环保, 2020, 42 (8): 50-54.

[31] 杨春雪, 施春红, 张喜玲. 膜生物反应器处理农村生活污水研究进展[J]. 水处理技术, 2020, 46 (8): 1-5.

[32] 刘光旭. 城镇污水处理厂 A^{2}O 工艺改良及运行探讨[J]. 江西建材, 2020 (6): 36-37.

[33] 崔成武. 生物膜反应器处理农村生活污水强化措施研究[D]. 北京: 中国农业科学院, 2020.

[34] 刘君, 朱春游, 涂灿, 等. 农村生活污水生物膜反应器的研究进展[J]. 再生资源与循环经济, 2020, 13 (5): 38-40.

[35] 侯帅帅. A^{2}O 处理农村生活污水的现状调研及优化工艺研究[D]. 上海: 上海师范大学, 2020.

[36] 张文楠. 北方农村生活污水处理技术研究[D]. 长春: 吉林大学, 2019.

[37] 邹渊. 改良型土壤渗滤装置处理农村生活污水试验研究[D]. 成都: 西南交通大学, 2019.

[38] 孙丽. 菌藻共生 MBR 系统碳氮磷强化去除及膜污染减缓机制研究[D]. 哈尔滨: 哈尔滨工业大学, 2019.

[39] 付丽霞, 崔宁, 刘世虎, 等. 水解酸化-接触氧化-MBR 一体化装置处理农村生活污水[J]. 环境工程, 2018, 36 (11): 49-52.

[40] 谢林花，吴德礼，张亚雷. 中国农村生活污水处理技术现状分析及评价[J]. 生态与农村环境学报，2018，34（10）：865-870.

[41] 贾小宁，何小娟，韩凯旋，等. 农村生活污水处理技术研究进展[J]. 水处理技术，2018，44（9）：22-26.

[42] 马常玥. 多级慢速渗滤系统深度处理农村分散式生活污水研究[D]. 北京：北京交通大学，2019.

[43] 谢泽宇. 基于 MBR 技术的农村生活污水处理工艺技术研究[D]. 绵阳：西南科技大学，2017.

[44] 王郑，崔康平，许为义，等. 改良型土壤渗滤系统处理农家乐污水[J]. 环境工程学报，2017，11（4）：2054-2058.

[45] 谢晴，张静，麻泽龙，等. A^2O-MBR 工艺在农村生活污水处理中的示范[J]. 环境工程，2016，34（7）：38-41，87.

[46] 周亮，汪啸. 我国新农村建设污水处理效益分析[J]. 中国高新技术企业，2015（8）：96-97.

[47] 张思，宁国辉，杨铮铮，等. 复合填料土壤渗滤系统处理农村生活污水的效果[J]. 环境工程学报，2014，8（11）：4625-4630.

[48] 马琳，贺锋. 我国农村生活污水组合处理技术研究进展[J]. 水处理技术，2014，40（10）：1-5.